刘培杰数学工作室

近代欧氏几何学

Advanced Euclidean Geometry

[美] 约翰逊 著

单墫 译

哈尔滨工业大学出版社
HARBIN INSTITUTE OF TECHNOLOGY PRESS

内 容 简 介

本书探讨了三角形和圆形的几何结构,主要专注于欧氏理论的延伸并详细地研究了许多相关定理。在讨论的数百个定理和推论中,一些已经给出了完整的证明,另一些未证明的用以留作读者练习使用。

本书适合大、中学师生及数学爱好者学习和收藏。

图书在版编目(CIP)数据

近代欧氏几何学/(美)约翰逊著;单墫译. —哈尔滨:哈尔滨工业大学出版社,2012.3(2025.6 重印)

ISBN 978-7-5603-3510-0

Ⅰ.①近… Ⅱ.①约… ②单… Ⅲ.①欧氏几何-研究-近代 Ⅳ.①O184

中国版本图书馆 CIP 数据核字(2012)第 027341 号

策划编辑	刘培杰 张永芹
责任编辑	王勇钢 王 慧
出版发行	哈尔滨工业大学出版社
社　　址	哈尔滨市南岗区复华四道街 10 号　邮编 150006
传　　真	0451-86414749
网　　址	http://hitpress.hit.edu.cn
印　　刷	哈尔滨久利印刷有限公司
开　　本	787mm×1092mm　1/16　印张 16.75　字数 300 千字
版　　次	2012 年 3 月第 1 版　2025 年 6 月第 10 次印刷
书　　号	ISBN 978-7-5603-3510-0
定　　价	48.00 元

(如因印装质量问题影响阅读,我社负责调换)

序

这本书,研究三角形与圆的几何学,它们在19世纪被英国与欧洲大陆的作者们广泛地发展了.这门几何学,完全以欧几里得的初等平面几何或它的近代版本为基础,很快被认为是学院的课程的优秀材料.或许没有其他领域,包含这么多可以被读者直接接受的几何真理,而在发展方法与技术时只需要很少的预备知识.熟悉高中数学与三角术语的学生,就足以从这门学科的课程中获得充分的益处.因此,这一课程非常适合于中学数学教师或未来的中学数学教师;适合于喜爱数学的一般学生,特别是喜爱几何,而不被解析几何中的艰苦的代数困难吸引的学生;适合于经常在其他数学领域中遇到这门近世初等几何的应用的那些数学家.与他们的这种关系,不时地在本书中出现,所以熟悉较高等的几何的读者会经常发现或多或少有些变形的熟悉定理.

学习这新的初等几何有几种途径.有些作者自由地使用中心射影的射影方法与非调和比;另一种方法是解析的,采用重心坐标.本书的观点是:既然这门学科专门研究与全等形、相似形有关的初等概念,而综合射影方法或解析方法的处理,需要更费心的基本概念,它们关于变换的射影群不变,所以更优雅,更适当的办法是仅用欧几里得的全等与相似的关系.这样,可以取得直接、统一的处理,而用较高等的几何的更有力的方法,这些却似乎要失去.于是,在本书中,关于定理的构成与证明,我们都仅限于研究相等与相似图形.

关于圆的反演的大量应用,可能被认为是破坏了这种统一性;但虽然几何学家可以将反演看做二次 Cremona 变换,用相似形和比例来定义反演也是同样容易和自然的,这就说明引入和使用反演是合理的.

本书所用材料,绝大部分可以从标准的来源获得,其中多数是容易找到的.最重要的如下:

Simon, Max: *Ueber die Entwickelung der Elementarge ometrie im XIX Jahrhundert*. Berlin, 1906.

(几何学的最重要的近代发展的一个总结,有非常完全的文献目录,对参考者极为有用)

Casey, John: *A Sequel to Euclid*. Dublin, 1881, 1888.

(这本名著的第一版发行于1881年,第四版后又出了第五版,包含80页的"补充",讨论布洛卡几何.作者开世1891年去世后,又出版了标上"第一部分"而没有这章补充的第六版.因此,第五版是这书的最有趣的版本;但由于书中的材料在其他地方也可以找到,对这本书的兴趣主要是在历史方面.作者感谢 R. C. Archibald 博士借阅比较罕见的第五版)

Lachlan, R.: *Modern Pure Geometry*. London, 1893.

McClelland, W. J.: *Geometry of the Circle*. London, 1891.

Russell, J. W.: *Elementary Pure Geometry*. Oxford, 1893.

Durell, C. V.: *Modern Geometry*. London, 1920.

Gallatly, W.: *Modern Geometry of the Triangle*. London, 1910.

(这几本书有些类似,讨论通常用射影方法研究的各种几何内容)

Coolidge, J. L.: *A Treatise on the Geometry of the Circle and the Sphere*. Cambridge (England), 1914.

(这书的第一章是我们这一领域的概述.其余各章解析地、非常全面地处理圆与球的几何学,有很多富于启发的与初等领域的联系)

Fuhrmann, W.: *Synthetische Beweise Planimetrischer Sätze*. Berlin, 1890.

Emmerich, A.: *Die Brocard' schen Gebilde*. Berlin, 1891.

(这是两本很有价值的德文文献.第二本讨论布洛卡几何,部分采用解析法.第一本在本书中被广泛地引用)

Altshiller - Court, N.: *College Geometry*. Richmond, 1923.

(一本新的、成功的美国课本,我们希望与它进行友好的竞争)

我们也试图利用非常大量的杂志上的文章,以及较为陌生的书籍,将从中获得的最重要的结果融入本书.因为本书的目标不是成为一本包罗万象的文集,而是这个非常广泛的领域的一个导引,许多在期刊上出现的非常复杂的研究没有足够的篇幅容纳①.同时,本书的主旨对资料的原始性要求不多,作者的原始贡献不很重要,所以作者本人致力于将材料有机地结合起来,致力于证明的清晰、简化与加强.如果读者对于各部分之间的关系与安排的协调、统一,感到美学的满意,作者就成功了.

或许本书对于几何艺术的发展的主要贡献是设计"有向角"(缺乏更好的名字)的概念与证明方法.这个方法的优点,已经在几年前美国数学月刊的文章中指出.只有在充分熟悉之后才能欣赏它,我们希望它能得到更普遍的应用.除了作为证明方法的力量,它也给一些基本定理的陈述提供了一种有价值的形式,否则对不同的情况将需要几种不同的叙述.这种类型的定理,如§75,§186,§238,在一些教材的表述中一直是含糊不清的,它们的充分意义只有在使用有向角时才能说明白,这个新的严谨的方法谨供所有几何学家考虑.

毫无疑问,本书提供的材料多于通常一个学期的课程所能处理的.在减少材料与简略证明的两难境地,作者倾向于后一种选择;因此只有较少的定理完整详细地给出证明,留给学生完成的原始证明,量是很大的.同时,作者相信本书的逻辑顺序是非常清晰的,所以读者很少会因任何实质的困难而困惑.希望读者能对课文中所有未证明的定理与系(推论)补出证明;在需要的地方,我们已提供了提示.细心地作图也是极为重要的;希望学生能画出图形,用以说明较重要的定理②.

相信教师们能够发现,根据他们个人的爱好来选取材料供任意长的课程使用,而不损害全部内容的统一性,是可能的.最主要的几章,对这一学科的任一种学习都是基本的,是一、二、三、七至十一章及四、五、十二章的指定部分.无论圆的几何学(五、六章),还是布洛卡几何(十二、十六、十七、十八章)都不应忽视;第十四章虽然不是不可缺少的,它给出一种有价值的看法,可以看到前面几章的本质.

作者借此机会表示对哈佛大学柯立芝(J. L. Coolidge)教授的感谢,在他所开设的圆的几何学的课程中,作者首次接触这一领域;他的和蔼与循循善诱支持着本书的准备工作.同时,应当说明本书的任何不妥之处均与柯立芝教授无

---

① 在这三角形几何学的最重要的贡献中,必须提到爱丁堡的麦凯博士(John S. Mackey),爱丁堡数学会的首任主席.麦凯博士是这一领域的热情的工作者,在该数学会成立后的第一个二十年间,他在该会的会刊 Proceedings 上发表了三十五篇文章,其中有简短的注记,也有与三角形相关的最重要的图形的长篇专论.他的数学史的研究也极有价值,在本书中将要见到.学完本书并希望在这一领域进一步研究的学生,没有比麦凯的文章更令他长进的事了;而且在麦凯的文章中,还能找到完整的文献目录.

② 见§14.

干.

  作者还要感谢 J. W. Young 教授(这套丛书的编辑)与 B. H. Brown 教授(两位都在 Dartmouth 学院工作),他们耐心地阅读我的手稿并提出很多有价值的意见;感谢 Brown 大学的 R. C. Archibald 教授提供了很多同样有用的意见.

编者的介绍

数学与服装一样,讲究时尚.并且在这两个领域内,时尚都有重复出现的趋势.在19世纪下半叶,"近世几何",即本书的内容,曾引起广泛的兴趣,在英国与欧洲大陆两方面都有很多人积极从事研究.很多优美的定理获得证明,其中大多数是使用初等方法.到该世纪末,这种兴趣有所减弱.

本书似显示这种兴趣的复活,很大程度上是由于认识到这新的材料对训练我们高中未来的几何教师的价值.事实上,这是一种训练,它是初等几何的自然的"继续",由一批可用类似于经典平面几何所用方法导出的命题组成,具有新奇的吸引力与内在的美.因此,毫不奇怪,越来越多的学院与师范学校将这门"近世几何"列入它们的现行课程中.

但这本书,不仅可作为这类课程的教材,而且也给我们增加了一本有价值的数学文献.由于本书对读者预先的训练,要求极为合理,可以期望它会受到许多有兴趣、有志向追求增长知识与了解几何的高中与学院的教师们的喜爱.而且,许多受过高级训练的数学家会欢迎它,因为这给他们一个机会,去填补他们先前学习中一个并非罕见的缺口.这本书的内容,尽管有初等的特色,一般说来不是数学家所熟悉的.

最后,作者成功地将大量在杂志上零碎地出现的材料收集在一起,否则它们是不易见到的,这非但没有减弱它作为初等课本的价值,而且也使它成为一本很有价值的参考书.

J. W. Young

目录

第一章　引论 //1

§1　预备知识　//1

§2　正负量　//1

§8　无穷远点　//3

§13　记号　//5

§16　有向角　//7

第二章　相似形 //11

§21　位似形　//11

§25　两个圆的位似中心　//13

§31　相似形通论　//14

第三章　共轴圆与反演 //19

§40　根轴　//19

§50　共轴圆　//23

§63　反演　//28

第四章　三角形及多边形 //37

§84　三角形中的比　//37

§89　四角形与四边形　//39

§92　托勒密(Ptolemy)定理　//40

§96　三角形与四角形的定理　//44

§101　多边形的定理与练习　//46

§107　关于面积的定理　//52

第五章　圆的几何学 //57

§113　开世的幂的定理　//57

§ 126　逆相似圆　//64
§ 134　极点与极线　//66
§ 144　球面射影　//70

第六章　相切的圆　//73

§ 150　与两个圆相切的圆　//73
§ 158　斯坦纳(Steiner)链　//75
§ 165　鞋匠的刀　//77
§ 166　阿波罗尼问题　//78
§ 172　开世定理　//81
§ 179　相交成已知角的圆　//85

第七章　密克定理　//87

§ 184　密克定理　//87
§ 189　垂足三角形与垂足圆　//90
§ 191　西摩松线　//90

第八章　塞瓦定理与梅涅劳斯定理　//97

§ 213　塞瓦定理与梅涅劳斯定理　//97
§ 229　三个圆的位似中心　//102
§ 231　等角共轭点　//103
§ 241　等距共轭点及其他关系　//107
§ 245　杂题　//108

第九章　三个特殊点　//109

§ 249　垂心与外心的基本性质　//109
§ 259　垂心组　//112
§ 271　重心的性质　//118
§ 278　极圆　//120

第十章　内切圆与旁切圆　//125

§ 287　基本性质　//125
§ 298　代数公式,转换原理　//130

第十一章　九点圆　//135

§ 308　九点圆的性质　//135
§ 320　费尔巴哈定理　//138
§ 326　西摩松线的进一步的性质　//142

第十二章　共轭重心与其他特殊点　//147

§ 341　共轭中线与共轭重心　//147
§ 352　等角中心　//151
§ 361　奈格尔点,斯俾克圆,夫尔曼圆　//155

第十三章　透视的三角形　//159

§374 笛沙格定理 //159
§385 帕斯卡定理 //162
§387 布利安桑定理 //163

第十四章 垂足三角形与垂足圆 //167
§394 四角形的垂足三角形与垂足圆 //167
§401 封腾定理,费尔巴哈定理 //170
§406 垂极点 //172

第十五章 小节目 //173
§408 力学定理:重心,向量的合成 //173
§417 圆内接四角形与它的垂心 //175
§420 莫莱(Morley)定理 //176
§424 杜洛斯-凡利(Droz-Farny)圆 //178
§428 杂题,神奇的三角形 //180

第十六章 布洛卡图 //185
§433 布洛卡点及其性质 //186
§448 塔克圆 //191
§461 布洛卡三角形与布洛卡圆 //195
§469 斯坦纳点与泰利点 //198
§473 一些有关的三角形 //199

第十七章 等布洛卡角的三角形 //203
§480 纽堡圆 //203
§486 正射影 //206
§490 阿波罗尼圆与等力点 //209
§497 舒特圆 //211
§499 推广 //212

第十八章 三个相似形 //215
§506 三角形各边上的相似形 //215
§516 一般的三个相似形 //219

三角形中的符号索引 //223
索引 //225
译者赘言 //233
再说几句 //235

引 论

第一章

§1 预备知识 假定读者熟悉美国中学通常讲授的平面几何与初等代数,以及最简单的三角原理. 假定读者对平面几何中的标准定理有一定的熟悉,如果在读本书之前,复习一下更好. 简单的代数化简与运算经常用到,几何关系的表达式经常通过引入三角函数来化简,偶尔也利用与它们有关的最基本的恒等式来化简. 中学数学课程里的三角知识已足够本书的需要,而自由地运用代数与三角方法对几何的研究大为方便. 不再需要更多的数学知识;当然,熟悉高等几何的读者可以常常感觉到本书与其他几何学的关系.

本章将介绍全书所采用的一般原理、方法及观点. 数学水平较高的学生对这些原理不会觉得新奇,第一次接触的读者也不会觉得非常困难.

[1]

正负量

§2 有时我们讨论的几何量可以从两个方向中的任一个来度量. 通常约定一个方向为正,另一个方向为负. 温度计是一个熟悉的例子. 再如,沿东西向的街量距离,可以将向东的距离附上正号,向西的附上负号. 于是,在这段路上行走两次或更多次,不管各次的方向是否相同,结果对出发点的距离与方向等于表示各次行走的数的代数和. 类似的例子可以同样说明. 一般的原理, 即某种量的组合可以用它们的度量的代数和表示. 这种量的度量在下面定义.

最重要的例子是直线上的距离. 设 A, B 为任意两点, 则 $\overline{AB}$ 表示从 A 到 B 的距离, 而 $\overline{BA}$ 表示从 B 到 A 的距离. 其中一个用一个正数表示, 另一个是同一个数添上负号. 对一条直线上任意三点 A, B, C, 有下列重要关系

$$\overline{AB} + \overline{BA} = 0$$
$$\overline{AB} + \overline{BC} = \overline{AC}$$
$$\overline{AB} + \overline{BC} + \overline{CA} = 0$$
$$\overline{BC} = \overline{AC} - \overline{AB}$$

[2] 后三式其实是同一事实的不同表现形式. 特别注意最后一式, 它将两点间的有向距离, 用定点 A 到它们的距离来表示. 由此得出一个有用的方法, 即一条直线上各点间的距离都可以这样表示, 并且它们之间的关系可以用代数关系来建立. 设在直线 $ABC\cdots$ 上的点 O 到各点的距离为

$$a = \overline{OA}, b = \overline{OB}, \cdots$$

则 AB 用 $(b-a)$ 表示, 等.

§3 欧拉定理 设 A, B, C, D 为一条直线上的任意四点, 则
$$\overline{AB} \cdot \overline{CD} + \overline{AC} \cdot \overline{DB} + \overline{AD} \cdot \overline{BC} = 0$$
因为
$$(b-a)(d-c) + (c-a)(b-d) + (d-a)(c-b) =$$
$$bd - ad - bc + ac + \cdots = 0$$

§4 角的正负, 按照惯例规定: 依逆时针方向度量的角为正, 顺时针方向度量的角为负. 由这个规定, 我们有关系
$$\angle ABC + \angle CBD = \angle ABD$$
不管直线 BA, BC, BD 的位置如何.

有时需要给一点到一条固定直线的距离添上符号. 这时习惯上将直线某一侧的点到这直线的距离都添上正号, 另一侧的都添上负号. 习惯上, 将三角形内的点到边的距离定为正的.

§5 对于面积, 通常不计正负, 即认为都是正的, 但有时需要添上符号. 在面积是由两条(有向)线段的积确定时, 符号就是积的代数符号. 另一种方法是[3] 考虑绕这面积的周界行走的方向. 如果行走方向为正(即逆时针方向), 面积规定为正. 如果行走方向为顺时针方向, 面积为负. 但在本书中, 很少需要区别面积的正负.

§6 线段的比 与上面的叙述保持一致, 一条直线上两条线段的比, 根据这两条线段的方向相同或相反, 确定它为正或为负. 考虑两个固定的点 A, B, 及直线 AB 上另一个任意的点 P. 定义 AB 被 P 分成的线段为有向距离 $\overline{PA}$ 与 $\overline{PB}$,

AB 被 P 分成的比为 $\dfrac{\overline{PA}}{\overline{PB}}$. 这比的大小、符号与单位长度及直线方向的选择无关. 对所有 A,B 之间的点 P,这比为负;对线段 AB 之外的点 P,这比为正. 现在设点 P 在整个直线 AB 上移动,考虑比

$$r = \dfrac{\overline{PA}}{\overline{PB}}$$

的变化. 当 P 在 BA 方向很远处,r 略小于 1. 当 P 趋近于 A 时,r 顺次通过从 1 到 0 的所有值;当 P 通过 A,向 B 移动时,r 变为 0,然后顺次通过所有的负值,在 AB 中点处值为 -1. 当 P 趋近于 B 时,r 通过绝对值越来越大的负值. 在 P 通过点 B 后,比为正而且很大;最后,P 沿 AB 方向移远时,比递减至极限值 $+1$.

于是,我们看到对这直线上每一点,除 B 外,这比的值都是确定的;反过来,r 的每一个值,除 $+1$ 外,确定这直线上一个点. 这可以代数地叙述并证明如下: [4]

§7 定理 设 A,B 为任意两点,k 为任一不同于 $+1$ 的数,则在直线 AB 上存在并且只存在一点 P,使比 $\dfrac{\overline{PA}}{\overline{PB}} = k$.

证明 令 $\overline{AB} = a, \overline{PA} = x$,则

$$\overline{PB} = \overline{PA} + \overline{AB} = x + a$$

于是所求的关系是

$$\dfrac{\overline{PA}}{\overline{PB}} = \dfrac{x}{a+x} = k$$

对 x 来解,得

$$(1-k)x = ak$$

它产生唯一的 x 值 $\dfrac{ak}{1-k}$,除非上面所说的 $k = +1$.

无穷远点

§8 定理中讨论的点,经常是一个图形中两条直线的交点. 在特殊情况,问题中的两条直线平行,定理就没有意义了. 为了消除这种例外情况,我们采用新的观点,认为平行直线有一公共点,这点可以称为无穷远点.

考虑两条直线,一条固定,另一条绕它的一个点(不是两条直线的交点)旋转. 当它趋近平行线的位置时,交点越移越远;当两条直线成为真正平行时,交

点消失了.因此产生了熟悉的说法"平行线相交于无穷远".这句话在普通的头脑里形成难懂的意思,因为它暗示有一个实实在在的点,或许在超出我们所能想象的极远处,在那里平行线真的相交了.当然,从这里无法推出任何东西;正确的说法是平行线根本不相交,上面那句话完全没有意义.

[5]

正因为那句话没有固有的意义,我们可以随心所欲地自由给它任意一种意义,并且按照这一解释来使用它.在数学中,这样的扩展一个词或一句话的意义是通常的习惯①.稍后还有其他的例子出现.于是,我们有如下的定义:

§9 定义 两条或更多条直线相交于一点,或共点,意思是以下两件事中的任一种:或者有一个点,所有直线都通过它;或者这些直线都平行.两条或多条平行线可以说成有一公共的无穷远点,或者在无穷远处相交.

这样,无穷远点,我们并没有定义;两条或多条直线有一公共的无穷远点只能解释为这些直线平行的另一种说法.

这一定义最通常的应用是在下面的情况.在一个定理中,某条直线应当通过两条已知直线的交点;如果在特殊情况,这两条直线成为平行线,那么这第三条直线也应与它们平行.换句话说,如果定理断定三条直线共点,那么在这些直线平行时,定理仍然被看做成立的.

[6]

§10 我们再列举一些补充的定义与命题,并解释如下:

a. 所有无穷远点都在一条直线上,这直线称为无穷远线.

b. 如果 P 是直线 AB 上的无穷远点,那么

$$\frac{\overline{PA}}{\overline{PB}} = 1 \quad (参考 §6, §7)$$

(请读者仔细地叙述每一个定义的解释,并建立以下命题)

c. 在任一条直线上,有且只有一个无穷远点.

d. 平面上的每两条直线确定一个点.

e. 平面上的每两个点(可以是无穷远点)确定一条直线.

§11 采用这种观点的价值,可通过下面的简单的例子看出.回忆一下平面几何中的一条定理:

定理 三角形的外角平分线外分对边为两份,它们的比等于邻边的比.

在两条邻边相等时,这一定理失去意义,除非我们采取某种特殊的如像上面刚刚建立的约定.在这一约定下,定理仍然成立.因为这时外角平分线与对边

---

① "给一个词产生意义是一件很吃力的事,"爱丽丝带着沉思的语调说.
"当我像这样给一个词更多的事做的时候,"胖墩儿说,"我总给它额外的钱."
译者注:爱丽丝(Alice),胖墩儿(Humpty-Dumpty)都是著名的童话《爱丽丝镜中世界奇遇记》中的人物.

相交于无穷远点,所分的比为 +1,恰好是邻边的比. 又,可以证明三角形三条外角平分线与对边的交点,这三点共线. 利用我们的约定,这命题对等腰三角形,乃至等边三角形都同样成立. 读者应仔细研究这一情况,验证这些结论.

§12 现在,我们再介绍某些其他的推广与定义的扩展,这是有用的. 一般地,过三点可以作一个圆,但在三点共线时出现例外的情况. 为了将这两种情况化为一种,我们扩展圆这个词的定义,使得直线也纳入圆的范畴. 这就是说,圆这个词,我们可以指按照通常的定义,有圆心与半径的真正的圆,也可以指一条直线. 在后一种情况,圆心用这条直线的垂线上的无穷远点来表示,半径的倒数用数值 0 代替. 我们还允许,而且有时有用(如§118),将一条直线与无穷远线的组合作为圆处理. [7]

圆的另一种特殊的(极限的)类型是零圆,它的半径为 0. 我们约定任一点可以看做一个圆,圆心在这一点,半径为零. 在定理中说到圆,究竟是限制于真正的圆,还是某一种允许考虑的特殊类型,都会在上下文中予以说明.

记 号

§13 研究三角形时,标准的记号使叙述简单明了(图 1). 所讨论的三角形均指不等边三角形,除非特别申明. (在三角形成为直角三角形或等腰三角形时,定理常有必要修改,但这些修改往往是明显的,不需特别提出)

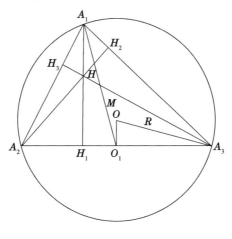

图 1

令 A_1, A_2, A_3 为三角形的顶点;
a_1, a_2, a_3 为边 $\overline{A_2 A_3}, \overline{A_3 A_1}, \overline{A_1 A_2}$ 的长;

$\alpha_1, \alpha_2, \alpha_3$ 为三个内角；

O 为外心，R 为外接圆半径；

[8] O_1, O_2, O_3 为 O 到三条边的垂线足，也就是边 A_2A_3, A_3A_1, A_1A_2 的中点；

H_1, H_2, H_3 为高与对边的交点；

H 为垂心，即三条高的交点；

h_1, h_2, h_3 为高的长；

m_1, m_2, m_3 为中线 $\overline{A_1O_1}, \overline{A_2O_2}, \overline{A_3O_3}$ 的长；

M 为重心，即三条中线的交点；

s 为周长的一半；

Δ 为面积；

X_1, X_2, X_3 是与点 X 相关联的点，通常是 X 到三条边的垂线足；

I 为内心，ρ 为内切圆的半径.

在引入其他点时，将指定相应的字母.

练习 证明三角形三边的垂直平分线交于一点；角平分线、中线、高也都是

[9] 这样.（这些定理的证明可在任何一本平面几何书中找到；也可见§219）

§14 画图 非常希望读者对所有重要的定理作出完整、精确的图. 特别在图形很复杂的情况，自己画图远比印好的图富于启发性. 学生应自备直尺、圆规及一对绘图员用的三角板，应当学会使用三角板作平行线与垂线. 本书中所需要的作图都是可以用尺规作出的，但对于经常反复出现的作图，使用三角板或其他特殊工具可以节省很多时间（在仅用近似作法与标准的作法精确程度相同时，应当采用前者. 例如，从圆外一点向圆作切线或作两个圆的公切线，最好的也是最简便的方法是把直尺仔细地放在相切的位置上，随即画出直线. 切点可以这样找出：将三角板放在直尺边上，定出圆心到切线的垂线足）.

在研究三角形时，常需画图. 随手画一个既不是直角也不是等腰的三角形相当困难. 最好的办法是先作外接圆，在这圆内作内接三角形. 通过圆心到各边的距离可以控制三角形的形状.

练习 在一个半径约为 3 英寸的圆内，作一个三角形 $A_1A_2A_3$，它的边 A_2A_3 与 A_3A_1 到圆心的距离分别约为 $\frac{3}{4}$ 英寸与 $1\frac{1}{2}$ 英寸. 这是一个不等边的三角形. 用三角板作出圆心 O 到三边的垂线 OO_1, OO_2, OO_3. 作高 A_1H_1, A_2H_2, A_3H_3 并定出它们的交点 H. 找出中线 A_1O_1, A_2O_2, A_3O_3 的交点 M.

[10] 延长 OO_1, OO_2, OO_3 交圆于 P_1, P_2, P_3；作角平分线 A_1P_1, A_2P_2, A_3P_3. 从而求出内心 I，作出内切圆.

求出过 H_1, H_2, H_3 的圆的圆心；作出这个圆.

§15 三角形的下列定理不难建立. 公式 a 可由图形立即导出. 由 a 可直

接导出 b 与 d. 而 c 可由两三个标准的几何定理(其中包括勾股定理)组合而成,是三角学中的余弦定理. 等式 e 与 f 通常在几何课本中有推导,而 g 是 c 与 d 的简单组合.

a. $h_1 = a_2 \sin \alpha_3 = a_3 \sin \alpha_2$.

b. $\dfrac{a_1}{\sin \alpha_1} = \dfrac{a_2}{\sin \alpha_2} = \dfrac{a_3}{\sin \alpha_3} = 2R$. (正弦定理)

c. $a_1^2 = a_2^2 + a_3^2 - 2a_2 a_3 \cos \alpha_1$. (余弦定理)

d. $\Delta = \dfrac{1}{2} a_1 h_1 = \dfrac{1}{2} a_2 a_3 \sin \alpha_1 = 2R^2 \sin \alpha_1 \sin \alpha_2 \sin \alpha_3 = \dfrac{a_1 a_2 a_3}{4R} = \rho s$.

e. $h_1 = \dfrac{2}{a_1} \sqrt{s(s-a_1)(s-a_2)(s-a_3)}$.

f. $\Delta = \sqrt{s(s-a_1)(s-a_2)(s-a_3)}$.

g. $\cot \alpha_1 = \dfrac{a_2^2 + a_3^2 - a_1^2}{4\Delta}$.

应当记在心中:任何一个式子中,下标不对称地出现时,可以将下标依轮换的顺序增加,产生类似的式子,以适用于三角形中任意的边或角.

练习 给出公式 a 到 g 的完整证明.

有向角

§16 我们将引入一种特定形式的角的定义,它在本书中非常有用①. 从现在起,记号 ∠ 用来表示通常方式定义的角,而即将定义的有向角用记号 ⊰ 表 [11] 示.

定义 从一条直线 l 到另一条直线 l' 的有向角是 l 依正向旋转,到与 l' 平行或重合时,所经过的角,记为 ⊰l, l'. 类似地, ⊰ABC, 从 AB 到 BC 的有向角是整个直线 AB 依正向绕 B 旋转,到与 BC 重合时,所经过的角.

由定义可知,两个相差 180°或 180°的倍数的有向角是等价的. ⊰ABC 的度量等于 ∠ABC 或 ∠ABC 的补角. 设 ABC 为正向即逆时针方向的三角形时,则有向角 ⊰ABC, ⊰BCA, ⊰CAB 等于相应的外角,而内角是 ⊰CBA, ⊰ACB, ⊰BAC.

§17 有向角的加法定义如下

$$\sphericalangle l_1, l_2 + \sphericalangle l_2, l_3 = \sphericalangle l_1, l_3$$

---

① 参见本书著者 Johnson 在 American Mathematical Monthly 第 24 卷(1917 年),101 页的论文 "Directed Angles in Elementary Geometry" 及 313 页的论文 "Directed Angles and Inversion, with a proof of Schoute's Theorem"; 及第 25 卷(1918 年), 108 页的论文 "The Theory of Similar Figures".

$$\sphericalangle l_1,l_2 + \sphericalangle l_3,l_4 = \sphericalangle l_1,l_5$$

其中 l_5 是满足 $\sphericalangle l_2,l_5 = \sphericalangle l_3,l_4$ 的一条直线.

§18 作为这些定义的直接推论,我们有下列关于有向角的运算法则:

定理

a. $\sphericalangle l_1,l_2 + \sphericalangle l_2,l_1 = 0$ 或 $180°$.

b. 若 l_1 平行于 l'_1,l_2 平行于 l'_2,则
$$\sphericalangle l_1,l_2 = \sphericalangle l'_1,l'_2$$

类似地,若 l_1 垂直于 l'_1,l_2 垂直于 l'_2,结论也成立.

c. 对任意四条直线有恒等式
$$\sphericalangle l_1,l_2 + \sphericalangle l_3,l_4 = \sphericalangle l_1,l_4 + \sphericalangle l_3,l_2$$

因为 $\sphericalangle l_1,l_2 = \sphericalangle l_1,l_4 + \sphericalangle l_4,l_2$

而 $\sphericalangle l_3,l_4 = \sphericalangle l_3,l_2 + \sphericalangle l_2,l_4$

两式相加即得 c.

d. 三点 A,B,C 共线当且仅当
$$\sphericalangle ABC = 0$$

或换一种等价的说法,对任意的第四点 D
$$\sphericalangle ACD = \sphericalangle BCD$$

e. 设 $\triangle ABC$ 中,边 $AB = AC$,则
$$\sphericalangle ABC = \sphericalangle BCA$$

反过来也成立.

f. 对任意四点 A,B,C,D,有
$$\sphericalangle ABC + \sphericalangle CDA = \sphericalangle BAD + \sphericalangle DCB$$

§19 现在介绍有向角的基本定理,它显示这一方法的极大用处.

定理 四点 A,B,C,D 当且仅当
$$\sphericalangle ABC = \sphericalangle ADC$$

时共圆.

回忆一下:同弧上的圆周角相等,反之亦然. 又,如果圆周分为两段弧,它们所对的圆周角互补;换句话说,凸四边形当且仅当顶点共圆时,对角互补(图2). 这两个著名的定理可以合成一个一般的定理,即:如果四点 A,B,C,D 共圆,那么 $\angle ABC$ 与 $\angle ADC$ 相等或互补,根据 B,D 在 AC 同侧或异侧而定;反过来,逆命题也成立. 现在注意:如果 B,D 在 AC 同侧,且 $\angle ABC = \angle ADC$,那么 $\sphericalangle ABC = \sphericalangle ADC$;反过来也成立. 但如果 B,D 在 AC 异侧,且 $\angle ABC$ 与 $\angle ADC$ 互补,仍有 $\sphericalangle ABC = \sphericalangle ADC$;反过来也成立. 在四点不共线时,这就建立了上述定理. 最后,我们已经看到当且仅当
$$\sphericalangle ABC = \sphericalangle ADC = 0$$

时,四点共线. 因此,在所有情况,等式
$$\measuredangle ABC = \measuredangle ADC$$
是四点共圆(在圆这词的扩展的意义上)的充分必要条件.

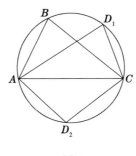

图 2

系 设 A,B 为定点,则使 $\measuredangle APB$ 为定值的点 P 的轨迹是过 A 与 B 的圆.

总之,虽然对几何学的研究,采用有向角并不是必须的,但这一方法可以使很多定理与证明得到很大程度的简化与明晰,使得只用一个定理,一个证明便可包罗一切. 否则的话,需要考虑很多情况,叙述不够简明精确. 以下各章自由地运用这些内容;第七章开始有一个说明它的优点的好例子,在那里,一个重要简单的定理用两种方法证明,既用通常的方法,也用上面的设计. 我们总可以将用有向角的任一个命题还原为熟悉的语言,只需记得在断言两个有向角相等[14]时,图中由同样直线形成的角,根据它们的方向,确实相等或互补. 但正是这种不确定性,造成不同的图情况不同,这一点启发我们引入有向角. 在有向角的系统下,各角间的实际位置如何无关紧要. 并且图的安排即使发生偶然的变化,所[15]得结论都相同.

Advanced Euclidean Geometry

相似形

第二章

§20 本章研究平面上两个相似形的关系. 回忆一下, 在初等几何中已经证明:"如果两个图形的所有对应角①都相等, 那么所有的对应线段成比例, 两个图形相似."我们将先讨论对应边互相平行的两个相似形, 并证明过它们每一对对应点的直线必交于同一点, 这点称为位似中心. 在一般情况, 两个相似形在同一平面, 但对应边不互相平行, 这时存在一个相似中心, 即自身对应的点, 它关于这两个图形具有同样的对应位置. 这个点的性质, 下面将详细讨论, 以便今后应用. 其中, 两个圆的特殊情况给予了应有的注意.

§21 我们首先考虑位似形, 即两个图形的对应线互相平行, 并且对应点的连线交于同一点(图3).

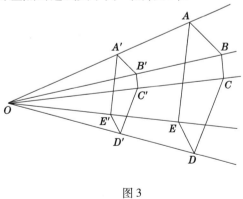

图 3

---

① 即作所有可能的对应直线, 它们围成的所有三角形的角.

定理 设点 O 及图形 $ABC\cdots$ 为已知. 将每条线段 $OA, OB, OC, \cdots$ 分成定比 k, 分点为 $A', B', C', \cdots$, 则图形 $A'B'C'\cdots$ 与图形 $ABC\cdots$ 顺相似①, 对应边互相平行.

[16]　因为,我们立即看出任两个对应的三角形,例如 OAB 与 $OA'B'$, 是相似的; 所以对应边互相平行, 并且比等于 k.

应当指出, 已知的图形不限定为直线形. 例如:

定理 联结一个定点与一个圆上各点的线段, 它们的中点的轨迹是另一个圆, 半径为已知圆的一半. 两圆对应的半径互相平行, 过对应点的切线也互相平行.

§22 作为另一种推广, 我们指出在第一个定理中的点 O, 不限定在图形 $ABC\cdots$ 所在的平面上. 这可以得出下面的定理:

定理 如果点 O 在图形 $ABC\cdots$ 所在平面外, 线段 $OA, OB, OC, \cdots$ 被分成定比 k, 分点为 $A', B', C', \cdots$, 那么点 $A', B', C', \cdots$ 在与平面 ABC 平行的平面上, 并且图形 $A'B'C'\cdots$ 与图形 $ABC\cdots$ 相似. 反过来, 任一个与已知平面 ABC 平行的平面与射线 $OA, OB, OC, \cdots$ 相截, 得到的图形与已知图形 $ABC\cdots$ 相似. 还有, 如果两个相似形分别在两个平行平面上, 并且对应边平行, 那么对应点的连线必交于同一点.

§23 现在继续讨论在同一个平面上的图形. 由相似三角形容易证明, 每
[17]　一对对应点的连线通过点 O. 这点称为位似中心或相似中心, 比 k 称为两个图形的相似比. k 可取任意的正值或负值. 如果 k 是正的, 对应点在 O 的同侧, 对应边的方向相同; 如果 k 是负的, O 在每一对对应点之间, 对应边的方向相反. 在前一种情况, O 称为外位(相)似中心; 在后一种情况, O 称为内位(相)似中心.

§24 定义 如果两个图形的所有对应角都相等, 并且旋转的方向相同, 那么这两个图形称为顺相似. 如果两个图形的所有对应角都相等, 但旋转的方向相反, 那么这两个图形称为逆相似. 特别地, 如果对应边都相等, 那么前一种称为全等形, 后一种称为对称形.

如果两个图形的对应点的连线交于同一点, 并且这点将对应点的连线分成同样的比, 那么这两个图形称为互相位似. 位似图形之间的关系称为放缩.

定理 反过来, 如果两个图形相似, 并且对应边平行, 那么它们一定位似, 即必有一位似中心 O, 所有对应点的连线都通过这点.

利用相似三角形立即得出证明. 和上面相同, 根据平行的对应边方向相同或相反, 分为两种情况. 例外的情况是两个图形全等并且对应边方向相同, 这时

---

① 译者注: 顺相似的定义见下面的 §24.

对应点的连线平行,位似中心为无穷远点.

§25 两个圆可用两种方式看成位似形.   [18]

定理 如果在两个不同心的圆内,作平行而且方向相同的半径,那么联结半径端点的直线通过连心线上的一个固定点,这点将连心线外分为两段,它们的比等于两圆半径的比. 如果作方向相反的平行半径,那么半径端点的连线通过连心线上一个固定点,这点将连心线内分为两段,它们的比等于两圆半径的比.

定义 将两圆连心线内分与外分为两圆半径之比的两个点,分别称为这两个圆的内相似中心与外相似中心,或内位似中心与外位似中心.

系 如果两个圆有外公切线,那么外公切线必通过外相似中心;如果两个圆有内公切线,那么内公切线必通过内相似中心.

系 如果两个圆相交,那么交点与位似中心的连线平分过交点的两圆半径所成的角.

§26 **对应点与逆对应点** 两圆的平行的半径的端点,关于与它们共线的位似中心,称为对应点;如果分别在两个圆上的点与位似中心共线,但不是对应点,则称为关于这个位似中心的逆对应点.

换句话说,过位似中心的一条直线交两个圆于四点;对一个圆上的两点之一来说,另一个圆的两点,一个是它的对应点,一个是它的逆对应点.

两个圆的对应点与逆对应点的概念非常有用,我们再用些篇幅详细讨论.

§27 **定理** 两对逆对应点与位似中心组成逆相似的三角形. 即,如果 P,Q 关于位似中心 C 的逆对应点分别为 P',Q',则三角形 CPQ 与 $CQ'P'$ 逆相似. [19]

设两个圆的圆心为 O,O'(图 4);过位似中心 C 的两条直线为 $CPP'P''$ 与 $CQQ'Q''$,$O'P''$ 与 $O'Q''$ 分别平行于 OP 与 OQ;则 P' 与 Q' 分别是 P,Q 的逆对应点. 显然 PQ 与 $P''Q''$ 平行,$\overparen{PQ}$ 与 $\overparen{P''Q''}$ 相似,所含角的度数相等. 因此

$$\angle CPQ = \angle CP''Q'' = \angle P'Q'Q'' = \angle P'Q'C$$
$$\angle PQC = \angle P''Q''C = \angle P''P'Q' = \angle CP'Q'$$

于是两个三角形的对应角方向相反,两个三角形逆相似.

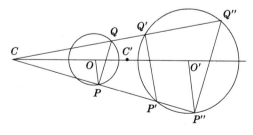

图 4

§28 定理 由位似中心到两个逆对应点的距离的积是常数.

因为在图 4 中,由相似三角形得
$$\overline{CP}\cdot\overline{CP'}=\overline{CQ}\cdot\overline{CQ'}$$
固定 Q,让 P 变动时,积 $\overline{CP}\cdot\overline{CP'}$ 仍为定值.

[20]

§29 定理 任意两对关于一个位似中心逆对应的点共圆.

因为§27 的证明中,所得等式等同于
$$\angle P'PQ = \angle P'Q'Q$$
这表明(§19) P, P', Q, Q' 共圆. 后面,这定理可用§42 给出另一个简单的证明.

§30 定理 两个圆在逆对应点处的切线与过这两个点的直线成等角.

因为 P, P'' 处的切线互相平行,而 P'' 与 P' 处的切线与 PC 成等角.

系 联结两个逆对应点的直线,在这两点处的切线,组成等腰三角形. 反过来,如果从圆外一点向两圆所作切线相等(§45),那么切点是逆对应点.

相似形通论

§31 现在我们讨论一个平面上的两个顺相似形之间的一般关系. 有四种关于图形的基本变换与相似的概念有关,即:

　　a. 平移,即平行移动,图形中每一个点依同一个方向移动同样的距离;

　　b. 图形绕一定点旋转;

　　c. 关于一个固定的位似中心放缩(§24);

　　d. 关于一条直线的反射,即将图形以这条直线为轴翻转.

[21]

显然,将一个图形施行任意多次上述变换,最后所得的图形与原来图形相似,并且根据反射的次数为偶数或奇数,相似为顺相似或逆相似. 两者的相似比,等于其中各次放缩的比的乘积. 一个图形经过平移与旋转,得到的是全等形. 经过一次反射,得到的是对称形. 反过来,如果两个图形相似,那么可以经过一系列的变换,使得它们重合. 例如,可用一个平移使一点 A 与对应点 A' 重合,然后再用一个旋转与一个放缩就能达到目的. 而我们现在的目标,是将上面最后这一陈述简化到最低可能. 我们所得的结果表明,一般地,两个顺相似形,可以经过关于一个定点的放缩与关于同一点的旋转——这两者的组合使它们重合.

§32 定义 现在,我们用"转缩"一词表示关于一个点的旋转及随后的关于同一点的放缩. 作为特殊情况,仅有旋转或仅有放缩,也包含在这定义中.

定理 任一条线段 AB,可以用一种而且只有一种方式经过一次变换,使它

与任意一条线段 $A'B'$ 重合, 这里的变换是平移或转缩.

特例 1: 如果 $AA'B'B$ 是平行四边形, 那么沿 AA' 与 BB' 平移即得结果.

特例 2: 如果 AB 与 $A'B'$ 平行, 但 AA' 与 BB' 相交于 C, 那么以 C 为位似中心的适当放缩将 AB 变为 $A'B'$.

一般情况: 设 AB 与 $A'B'$ 相交于 P, 并且这四点均不与 P 重合. 令过 A, A', P 的圆与过 B, B', P 的圆除点 P 外还相交于一点 O (图 5). 因为

$$\angle OAB = \angle OA'P = \angle OA'B', \cdots\cdots$$

立即得出三角形 OAB 与 $OA'B'$ 顺相似. 因此, 如果绕 O 旋转 OAB, 直至 A 落到 OA' 上, 然后再以 O 为位似中心放缩, 直至 A 与 A' 重合, 那么线段 AB 与线段 $A'B'$ 重合.

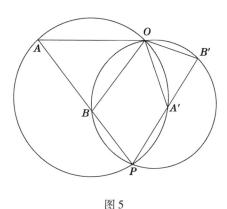

图 5

如果一个已知点, 例如 B, 与点 P 重合, 我们用过 B' 并且与 AB 相切于 B 的圆代替圆 BPB'. 证明仍然成立, 无须修改. 又如果上述两圆在点 P 相切, 即 O 与 P 重合, 这时 AA' 与 BB' 平行.

定理   如果两个图形顺相似, 并且一个图形有两个点与另一个图形的两个对应点重合, 那么这两个图形处处重合.

这个定理本身平庸无奇, 但它与上一个定理结合, 可以导出我们的主要结果, 即:

§33   定理   如果两个图形全等, 那么必有一个旋转或一个平移, 使一个图形与另一个重合. 如果两个图形顺相似而不全等, 那么必有一个转缩, 使一个图形变为另一个.

定义   转缩或旋转的中心称为这两个图形的相似中心; 旋转角与放缩的比分别称为相似角与相似比.

作图   为了确定相似中心, 可作两个圆, 每个圆通过一对对应点及过它们的对应直线的交点. 每个这样的圆通过相似中心.

§34　如果任一点具有相似中心的性质,那么它一定是上面所确定的点 O;因此,将第一个图形变为第二个图形的相似中心,也是逆变换的相似中心.

定理　两个顺相似图形,它们的相似中心是自对应点.反过来,如果一个点与自身对应,它一定是相似中心.

这个定理常常使确定两个图形的相似中心变得容易.

§35　作为前面所说理论的一个有趣的解释,我们可以考虑地图的性质. 如果同一平面区域的两幅地图放在一个平面上,图面都朝上,那么根据我们的定理,有且仅有一点,在两幅地图中表示它的点重合;如果两幅地图采用同一比例尺,那么它们中任一幅可绕这点旋转而使它们重合,除非自对应点在无穷远处,这时可将一幅地图平移与另一幅地图重合. 如果两幅地图采用不同的比例尺,自对应点一定是有限点(虽然这一点可能远远地落在实际地图的边界之外);由这个自对应点与任一对对应点组成的三角形,形状都相同.

§36　下面作一点说明和应用. 在以后各章,我们常常用到相似形的相似中心(自对应点).

a. 定理　如果一个三角形的形状固定,一个顶点固定,第二个顶点走过一个图形,那么第三个顶点走过一个相似的图形. 固定的顶点是相似中心.

b. 定理　如果两个顺相似图形内接于同一个圆,那么这两个图形全等,相似中心就是圆心.

c. 定理　如果一个三角形的顶点是另一个三角形三边的中点. 那么两个三角形位似,相似比为 $-\dfrac{1}{2}$,相似中心是后一个三角形的重心.

d. 系　定理 c 中,小三角形的三条高相交于大三角形的外心,由此可以导出什么结果?

§37　由 §31 的观点,两个圆可以以无穷多种方式看成互相相似,两圆上任一对点可选作对应点. 更确定些,我们可以考虑内接于这两个圆的相似多边形;当其中一个多边形绕所在圆圆心旋转时,相似中心的位置也随之变动,我们来寻求它的轨迹. 显然,不论两多边形位置如何,相似中心到两圆圆心距离的比为定值,即等于两圆半径的比. 因此,在两圆相等时,所求轨迹是连心线的垂直平分线.

定理　两个不同心的圆的相似中心的轨迹是一个圆,这圆以这两个已知圆的两个位似中心的连线为直径.

显然这轨迹通过两个位似中心. 设已知圆为 $O(r)$①与 $O'(r')$,位似中心为 E 与 I(图6). 又设 P 为相似中心的任一位置,则

---

①　即圆心为 O,半径为 r.

$$\frac{\overline{OP}}{\overline{O'P}} = \frac{r}{r'}$$

但 E 与 I 分别将线段外分与内分成比 $\frac{r}{r'}$；所以在 $\triangle POO'$ 中，PE,PI 将 OO' 分成的线段都与 PO,PO' 成比例，因此它们是 $\angle OPO'$ 的外角平分线与内角平分线. 但邻补角的平分线互相垂直，所以 $\angle EPI$ 是直角，P 在以 EI 为直径的圆上. 证毕.

[25]

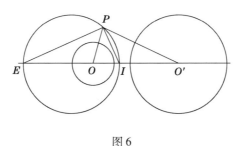

图 6

在两圆相等的特殊情况下，E 在无穷远处，轨迹变成一条直线，如上所述.

定义 圆心在两个已知圆的连心线上，且同时将连心线内分与外分为两已知圆半径之比的圆，称为两已知圆的相似圆.

这个圆上的每一点是两个已知圆的相似中心. 因此，这圆是到两已知圆圆心的距离与这两圆半径成比例的点的轨迹，也是对这两个圆张等角的点的轨迹. 如果已知的两个圆相等，相似圆是一条直线；如果已知圆中有一个是直线，相似圆不存在；如果已知圆中有一个是零圆，另一个不是，相似圆与这零圆重合. 两个同心圆仅有一个相似中心，即它们共同的圆心.

§38 逆相似形 逆相似形的理论与前面类似，但在几何问题中的应用不太普遍. 所以，我们仅将主要结果概括如下，细节与证明留给有兴趣的读者①.

已知两个对称形在同一平面，那么必有一条确定的轴，使得每一个图形关于这轴反射后，再结合一个平移，便与另一个图形重合.

用地图来说，这就是说，如果同一个地图有两幅，将它们面对面地放在一起，那么必有一条直线具有这样的性质：将一幅地图以这条线为轴翻转过去，再沿同一条直线滑动，可以与另一幅地图重合.

[26]

如果两个图形逆相似，但不一样大，那么必存在两条互相垂直的直线，称为相似轴，它们的交点为相似中心. 如果一个图形关于其中任一条轴反射，再关于这中心作转缩，就可以与另一个图形重合.

---

① Lachlan 的 Modern Pure Geometry 一书 (134 页) 有详细的讨论.

练习 证明:如果两个图形逆相似,那么两条对应直线的夹角的平分线,与两条固定直线(即相似轴)平行.

练习 证明并推广下面的结论:两次连续的反射等同于关于两条轴的交点的一次旋转. 旋转角是什么? 能否选择两条轴,使得两次连续的反射等同于一个给定的旋转?

练习 证明本章中下列未证或未全证的命题:§21,§22,§24,§25(定理 [27] 与两个系),§30,§36(四个定理),§38.

共轴圆与反演

第三章

§39 本章研究圆组. 首先, 由一些熟知的初等几何定理, 引入"幂"的关系. 对这关系的广泛研究引到两个圆的根轴, 以及共轴组的性质, 然后讨论非常重要的反演理论, 并建立它的基本原理. 本章包含很多研究三角形时需要的理论. 在第五章, 对本章涉及内容的某些进一步发展, 将更详细地讨论.

§40 根轴 首先, 我们重新建立初等几何学中的两个标准的定理, 并将它们融合为一个定理, 以适合我们的目的.

定理 如果从一个定点作直线与一个定圆相交, 那么从这定点到两个交点的距离的积是定值①.

[28]

设 P 为已知点, 在圆内或圆外均可(图 7). 令直线 PAB 与 PCD 分别交圆于 A, B 与 C, D. 在每一种情况, 三角形 PAD 与三角形 PCB 的对应角均由相同的弧度量, 所以两个三角形相似

$$\overline{PA} \cdot \overline{PB} = \overline{PC} \cdot \overline{PD}$$

证毕

系 如果定圆的半径为 r, 圆心为 O, 那么定积 $\overline{PA} \cdot \overline{PB}$ 等于

$$p = \overline{OP}^2 - r^2$$

定义 点 P 关于圆心为 O、半径为 r 的圆的幂是 $\overline{OP}^2 - r^2$.

§41 读者可以建立幂的下列性质, 它直接依赖于上面的定理与定义.

---

① 几何课本中, 常根据这固定点在圆内或圆外, 分为两种情况, 叙述如下: (a) 如果一个圆的两条弦相交, 分成的线段成反比. (b) 如果从一点向圆作切线与割线, 切线是割线与割线在圆外部分的比例中项.

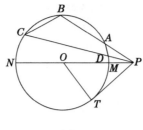

图 7

定理 如果点 P 在圆外,那么 P 关于这个圆的幂是正的,并且等于 P 到这圆的切线的平方. 如果 P 在圆上,这幂是零. 如果 P 在圆内,这幂是负的;它可以解释为过 P 的直径被分成的两条线段的积:$(\overline{OP}+r)(\overline{OP}-r)$,或过 P 而且垂直于 OP 的弦的一半的平方的相反数.

过圆内一点 P,垂直于 OP 的弦,被点 P 平分,称为点 P 的最小弦;因为过 P 的弦中,这条弦最短. 如果点在圆外,幂的关系用圆的切线简洁地表示;如果点在圆内,则用最小弦表示.

§42 **定理** 反之,如果两条线段 AB,CD 相交于 P,并且
$$\overline{PA}\cdot\overline{PB}=\overline{PC}\cdot\overline{PD}$$
(两边的数值与符号均相同),那么 A,B,C,D 共圆.

因为由 §40,设圆过 A,B,C 并且交 PC 于 D',则 $\overline{PA}\cdot\overline{PB}=\overline{PC}\cdot\overline{PD'}$,所以 D 与 D' 重合. 过已知四点中三点的圆必过第四点.

§43 为完整起见,定义一点关于一个零圆的幂为这点到零圆的距离的平方. 在圆退化为一条直线时,点的幂无法满意地定义.(但容易证明,在这种情况,点的幂与直径的比趋于一个极限,即这点到这直线的距离)

因为如前所述,设 O 为圆心,r 为半径,直线 OP 交圆于 M,N,则
$$p=\overline{OP}^2-r^2=\overline{PM}\cdot\overline{PN}$$
$$\frac{p}{2r}=\frac{\overline{PN}}{\overline{MN}}\overline{PM}$$

如果 M 固定,而 O 沿直线 $PNOM$ 趋于无穷,则 N 亦随之而趋于无穷,圆的极限位置是过 M 且垂直于 PM 的直线. 而比 $\dfrac{p}{2r}$ 的极限显然为 PM. 因此,在涉及幂的定理时,如果需要考虑圆退化为直线的情况,我们的定理必须用幂对直径的比来叙述.

§44 **定理** 关于半径为 r 的定圆,幂为 k 的点的轨迹是已知圆的同心圆,半径为 $\sqrt{r^2+k}$,只要 $r^2+k>0$.

§45 关于幂的基本定理是:

定理 关于两个不同心的圆,幂相等的点的轨迹是一条与两圆连心线垂直的直线. 当两圆相交时,它就是过两圆交点的直线.

设圆为 $C_1(r_1), C_2(r_2)$,P 为关于这两个圆的幂相等的点. 令 PL 为 P 到连心线 C_1C_2 的垂线. 记 $\overline{C_1L}$ 为 d_1,$\overline{C_2L}$ 为 d_2,$\overline{C_1C_2}$ 为 d, 由题设得

$$\overline{PC_1}^2 - r_1^2 = \overline{PC_2}^2 - r_2^2$$

即
$$\overline{PL}^2 + d_1^2 - r_1^2 = \overline{PL}^2 + d_2^2 - r_2^2$$

因此
$$d_1^2 - d_2^2 = r_1^2 - r_2^2$$

但
$$d_1 - d_2 = d$$

所以相除得

$$d_1 + d_2 = \frac{r_1^2 - r_2^2}{d}$$

将以上两个方程联立,解得

$$d_1 = \frac{d^2 + r_1^2 - r_2^2}{2d},\; -d_2 = \frac{d^2 + r_2^2 - r_1^2}{2d}$$

这些结果与 P 无关. 因此,不论 P 的位置如何,L 为一固定点. 这也就是说 P 在 C_1C_2 的过 L 的垂线上(图8).

反之,因为上面的证明可逆,所以在这直线上的任意一点,关于两个圆的幂相等. 当两个圆相交时,由几个方面明显看出这条直线是公共弦.

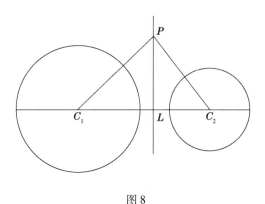

图8

系 圆心到这条直线的距离是

$$\overline{C_1L} = \frac{\overline{C_1C_2}^2 + r_1^2 - r_2^2}{2\overline{C_1C_2}},\; \overline{C_2L} = \frac{\overline{C_2C_1}^2 + r_2^2 - r_1^2}{2\overline{C_2C_1}}$$

定义 这条直线——关于两个圆的幂相等的点的轨迹,称为这两个圆的根轴. 两个同心圆的根轴定义为无穷远线.

任意两圆有一条根轴. 根轴在两圆外的部分,是到两圆的切线相等的点的

轨迹;在两圆内的部分,如果有的话,是关于两圆的最小弦(§41)相等的点的轨迹.这样的点可以作为圆心,这圆与任一已知圆的公共弦是它的直径.

§46 定理 三个圆中每两个的根轴,这三条直线交于同一点.

因为任两条根轴的交点关于这三个圆的幂相等,所以必在第三条根轴上.对各种特殊情况,即一个或几个圆为零圆,或其中两个圆同心,或它们的圆心共线,定理显然仍旧成立.

定义 三个圆的根轴的交点称为根心.如果它在这些圆外,那么它是到这三个圆的切线相等的唯一的点.

§47 问题 作两个圆的根轴.

如果两个圆相交,根轴就是过交点的直线.否则,作一个辅助圆,交一圆于 P, Q,交另一圆于 R, S. PQ 与 RS 的交点是三个圆的根心,因而是所求作的根轴上的一个点.用同样的方法可以再求出一个点(图9).

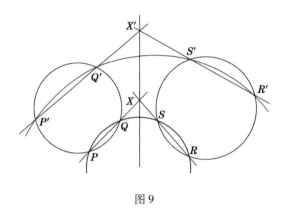

图9

§48 定义 两个相交的圆所成的角,是过任一交点所作两圆的切线组成的角.或相当地,定义为在任一交点的两条半径所成的角.

两个圆交成直角的情况,特别有趣.

定义 如果两个圆的交角是直角,那么这两个圆称为正交,或互相正交.这时,在一个交点的、任一圆的切线过另一个圆的圆心.

由这定义,立即得出一些推理:

a. 如果 r_1, r_2 是两个圆的半径,d 为圆心距,那么两圆正交的条件是
$$r_1^2 + r_2^2 = d^2$$

b. 已知一圆及圆外一点,以这点为圆心可以作一个圆与已知圆正交,而且也只能作一个这样的圆.

c. 过已知圆上任两点可以作一个圆与已知圆正交.

d. 两个正交的圆,一个圆的圆心在另一个圆上,仅当前一个圆为零圆或后

一个圆是直线.

§49 定理 与两个已知圆都正交的圆,圆心的轨迹是这两个圆的根轴在圆外的部分.

因为从根轴的这一部分上任意一点,到两个已知圆的切线相等.

系 三个圆有且仅有一个公共的正交圆,圆心是三个已知圆的根心,只要这点在三个圆外.

系 以两个相交圆公共弦上任意一点为圆心,可以作一个圆,这圆与任一个已知圆的公共弦是它的直径;这弦也是已知圆在这点的最小弦(§41).类似地,如果三个圆的根心在圆内,它们过这点的最小弦是一个圆的直径,这圆的圆心是根心.

共轴圆

§50 定义 一组圆,其中每两个的根轴都是同一条直线,称为共轴圆组.我们将考虑这种圆组的性质.

首先,显然共轴圆的圆心在一条与共同的根轴垂直的直线上.设垂足为 L,则 L 关于所有的共轴圆有相同的幂.如果 $C(r)$ 是这些圆中的一个,$\overline{LC}^2 - r^2$ 必为定值(对这共轴圆组中任一圆均相同). [34]

§51 第一种情况 设这个幂为正数 c^2.因为这时 $\overline{LC}$ 一定大于 r,这组圆均不与根轴相交.我们可以任意指定 r 的值,然后定出点 C;或先任意指定 $\overline{LC}$ 为一不小于 c 的值,然后定出 r.于是,在组中,有一个圆具有任意给定的半径.并且,在连心线上,除去线段 KK' 外,任一点都是组中一个圆的圆心,这里 $LK = \overline{K'L} = c$.考虑以 KK' 为直径的圆 $L(c)$.因为 $\overline{LC}^2 = c^2 + r^2$,所以这共轴圆组中每一个圆都与圆 $L(c)$ 正交(图10).因此有:

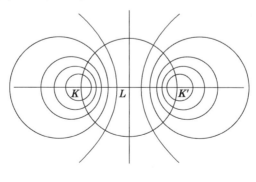

图 10

定理 第Ⅰ类的共轴圆组,由所有圆心在一条已知直线上且与一个已知圆(圆心也在这条直线上)正交的圆组成.组中的圆可以这样作出:由连心线上的点向已知圆作切线,再以这点为圆心,切线为半径作圆.在第Ⅰ类共轴圆组中,有两个零圆,即已知圆直径的两个端点 K, K'.这两点称为这共轴圆组的极限点.

[35]

§52 第二种情况 如果幂是负数 $-d^2$,那么每个圆与根轴交于两点,这两点在 L 的两侧,与 L 的距离为 d;因为方程
$$\overline{LC} + d^2 = r^2$$
表明半径是一个直角三角形的斜边,而直角边为 LC 与 d.

定理 第Ⅱ类共轴圆组由所有过两个定点的圆组成.

连心线上每一点都是组中一个圆的圆心.并且,对任意给定的半径 r,组中有两个圆,只要 r 大于 d.

§53 第三种情况 如果幂是零,显然得一组圆与根轴相切于 L.

为完整起见,我们定义第Ⅳ类共轴圆组,即所有有一个公共圆心的圆;根轴是无穷远线.第Ⅴ类(包含这一类的理由将在后面出现)指通过一点的直线束,其特例是一组平行直线.

§54 总结 共轴圆组有五类:

Ⅰ.所有不相交的、圆心共线并且都与一个定圆正交的圆.

Ⅱ.过两个定点的所有圆.

Ⅲ.与一条公切线切于定点的所有圆.

Ⅳ.有一个公共圆心的所有圆.

Ⅴ.过同一点的所有直线.

[36]

定理 任意两个已知圆必定在一个而且只能在一个共轴圆组中.

§55 定理 与两个定圆正交的圆必与这两个圆的共轴圆正交.

因为这个圆的圆心在两个定圆的根轴上,半径等于圆心到每个定圆的切线,而这切线对所有与两个定圆共轴的圆都相等,所以所说的圆与共轴圆组中的圆都正交.

定理 与两个定圆正交的所有圆,成一共轴圆组.

系 两个定圆确定两个共轴圆组.一个由与两个定圆共轴的所有圆组成.第二个由与两个定圆正交的所有圆组成.任一组中的每一个圆与另一组中的每个圆正交.任一组的根轴是另一组的连心线.如果一组是第Ⅰ类共轴圆,那么另一组是第Ⅱ类,并且前一组的极限点即后一组圆的公共点.如果一组是第Ⅲ类,那么另一组也是同一类.如果一组是同心圆,那么另一组是线束.最后,这两组圆可以是互相垂直的两组平行线.

定义 两个共轴圆组的成员如果互相正交,那么这两个组称为共轭.

§56 问题 已知两个圆,作由它们确定的共轭的共轴圆组.

在一般情况,只需找出一组共轴圆的公共点 K,K'. 如果已知圆不相交,任一个与它们正交的圆交它们的连心线于 K,K'. 于是一组圆由通过这两点的圆组成;这组圆中任一个的切线,延长至与 KK' 相交,切线长就是另一组中的圆的半径.

问题 在共轴圆组中,作过一个已知点的圆. [37]

定理 如果一个圆不属于两个共轭的共轴圆组,那么在每一组中至多有一个圆与这个圆正交.

证明及这圆的作法,根据是如何确定这圆与每一组圆的根心.

定理 一般地,在一个共轴圆组中,有两个圆与一条已知直线或一个已知圆相切.

这一作法需要利用共轭组中与这已知线或已知圆正交的那个圆.

§57 定理 在第 II 类共轴圆组中,每一个圆是对公共弦所张的角为定角的点的轨迹.

这就是说,如果有通过两个点 K,K' 的圆组,那么当一点 P 在组中任一个取定的圆上移动时,角 KPK' 为定角.

对第 I 类共轴圆组有一个有些类似的定理,为了它,我们先建立几个预备定理.

§58 下面的重要的轨迹定理建立在初等几何的标准定理的基础上,有时作为习题出现在学校课本中.

定理 如果一个动点到两个定点的距离的比是定值,那么这个动点的轨迹是一个圆,圆心与两个定点共线.

在 §37 中,已经证明过这个定理的一个特例. 如果这定比为 1,显然轨迹是垂直平分线. 否则,设 A,B 为定点,P 为使 $\dfrac{PA}{PB}$ 为定值 $k \neq 1$ 的点. 设 PM 与 PN [38] 平分 AP 与 BP 组成的角,则 M 与 N 分别将 AB 分成比 $-k$ 与 k. 因此,当 P 移动时,M,N 是固定点. 但因为角 MPN 为直角,所以 P 的轨迹是以线段 MN 为直径的圆(图 11).

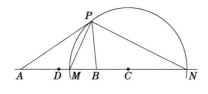

图 11

下列推论不难建立：

a. $\overline{MA} = -\dfrac{k}{k+1}\overline{AB}, \overline{MB} = \dfrac{1}{k+1}\overline{AB}$;

$\overline{NA} = \dfrac{k}{1-k}\overline{AB}, \overline{NB} = \dfrac{1}{1-k}\overline{AB}.$

b. 这圆的半径为

$$r = \dfrac{k}{k^2-1}\overline{AB}$$

c. A 到圆心 C 的距离为

$$\overline{AC} = \dfrac{k^2}{k^2-1}\overline{AB}$$

d. AB 中点 D 到这圆圆心的距离是

$$\overline{DC} = \dfrac{k^2+1}{2(k^2-1)}\overline{AB}$$

e. 由 D 到这圆的切线恰好是 $\dfrac{1}{2}\overline{AB}$，与 k 的值无关，因为

$$t^2 = \overline{DC}^2 - r^2 = \dfrac{k^4-2k^2+1}{4(k^2-1)^2}\overline{AB}^2$$

f. 因此，不论 k 的值是多少，这个圆必与以 AB 为直径的定圆正交；换句话说，给 k 以不同值，所得出的圆组成共轴圆组，以 A 与 B 为极限点.

§59　定理　反过来，如果 A,B 是两个点，将一个圆的直径 MN 外分与内分为比 $\pm k$，那么这圆上任一点 P 到 A 与 B 的距离的比为定值 k.

[39]

这结果也可以叙述成如下形式：

定理　如果给定三角形的一条边及其他两条边的比，那么第三个顶点的轨迹是一个圆，圆心在已知边的延长线上.

对一个给定的三角形，这个定理定义了三个圆，称为阿波罗尼(Apollonius，公元前 3 世纪)圆，将在第十七章研究.

两个圆的相似圆是上述定理的特例，并且这相似圆在以这两个圆圆心为极限点的共轴圆组中. 相似圆与这些圆共轴，后面(§115)有非常容易的证明.

§60　前面的结果导出关于共轴圆的一般定理，即：

定理　在第 I 类的共轴圆组中，每一个圆都是到极限点的距离的比等于定值 k 的点的轨迹.

这定理已在§58 的 f 建立. 值得注意的是，以 K,K' 为基点的共轭的共轴圆组，一组中的每一个圆是 $\angle KPK'$ 为定值的点 P 的轨迹，另一组中的每一个圆是比 $\dfrac{\overline{PK}}{\overline{PK'}}$ 为定值的点 P 的轨迹.

系 如果将一条线段以数值相等的比内分与外分,那么以两个分点的直径两端的圆是以这条线段的端点为极限点的共轴圆组中的一个圆.

系 到①有一个公共端点的两条线段 AB,BC 张成相等的角的点的轨迹是过点 B 的一个圆. [40]

§61 以下定理建立了两个方面之间的一些有趣的关系,一方面是位似中心与两个圆的逆对应点,另一方面是根轴.

a. 定理 如果 P 与 Q,R 与 S 分别在两个圆上,并且关于同一个位似中心是逆对应点,那么割线 PR 与 QS 相交在根轴上.

因为在§29已经证明这四个点共圆,所以由§47即知定理成立.

b. 定理 如果已知两个圆的一个位似中心,那么根轴可以仅用直尺作出.

c. 定理 两个圆在逆对应点处的切线相交于根轴上.

因为由§30,这两条切线相等.

d. 定理 反过来,从根轴上在圆外的点,向两个圆可作四条切线,关于每一个位似中心,切点分为两对逆对应点. 换句话说,如果一个圆与两个已知圆正交,交点成方式如上的逆对应点.

e. 定理 如果两个圆中,过逆对应点作半径,并延长至相交,交点是与这两个已知圆相切于已知逆对应点的圆的圆心. 反过来,如果一个圆与两个已知圆相切,切点是两个已知圆的逆对应点,并且在这些点的切线相交于根轴上.

§62 练习 除下面的系与练习外,希望读者完成课文中§41,§44,§47,§48,§49,§51,§55,§56,§58,§59,§60,§61 各节省去或仅仅描述的证明.

a. 定理 在三角形的每一边或边的延长线上各取两点,使得每两对点在一个圆上,那么这六个点必在同一个圆上. [41]

因为如果有三个不同的圆,那么它们的三条根轴,即这三角形的三条边必定共点.

另一种说法如下:

b. 定理 已知三条直线,每一条上有一对点,使得每两对点在一个圆上,那么或者这三条直线共点,或者这六点共圆.

作为一个特殊情况,如果任一对点重合,这圆与相应的直线相切.

c. 定理 两个相交圆 ABX 与 ABY 正交当且仅当
$$\angle AXB + \angle BYA = 90°$$

d. 定理 设 d 为两个圆的圆心距,l 为公共弦,r,r' 为它们的半径,这两个圆正交当且仅当

---

① 译者注:应加"一条直线上".

$$ld = 2rr'$$

e. 定理　如果过两个圆的一个交点作直线分别再交两个圆于 P,Q，以 P,Q 为圆心各作一圆与两个已知圆正交，那么这两个圆一定互相正交.

f. 定理　如果 AB 是一个圆的直径，任意两条直线 AC,BC 分别与圆再相交于 P,Q，那么圆 CPQ 与已知圆正交.

g. 定理　一个固定圆与一个共轴圆组的每个圆的根轴相交于同一点.

h. 定理　如果两个共轴圆组有一个公共圆，那么这两组圆与一个圆正交或过一个定圆的对径点（参见§49 系）.

i. 问题　研究与一个定圆正交的圆组的性质.

[42]　庞加莱（Henri Poincaré）在《科学与假设》中，设想一个包含在大球内的宇宙，其中温度膨胀及折射定律均随与球心的距离而变化；两点间的最短路线，也就是说所用时间最少的路线，不是直线，而是与作为边界的球正交的圆的弧. 在这宇宙中的居民，宇宙看来是茫无边际的，与边界正交的圆看来是一条直线. 稍加思索即可明了这个宇宙中的几何学，在很多方面与我们的初等几何学相同，而在某些基本方面却非常不同；三角形三个内角的和小于两个直角，在一个平面（例如通过球心的平面）上，过一点可以作无穷多条直线不与一条已知直线相交. 最近物理学方面的进展显示我们自身所在的宇宙，利用庞加莱设想的宇宙之类理论作为基础，可以得到最好的解释.

反　演

§63　现在我们研究称为反演的重要的几何变换.

定义　已知一圆 c，圆心为 O，半径 r 不为零；如果 P 与 P' 在过 O 的直线上，并且
$$\overline{OP} \cdot \overline{OP'} = r^2$$
那么 P 与 P' 称为关于圆 c 互为反演. 两点之间的这一关系，或已知一点确定它的反演点的运算称为反演.

由这个定义，立即得出下面的结果：

定理　除反演中的圆心 O 外，平面上每一个点有唯一的反演点. 这关系是对称的，即如果 P' 是 P 的反演点，那么 P 是 P' 的反演点. 这个圆外的每个点与 [43] 圆内的一点互为反演点. 这个圆上的每个点是自身的反演点，每个是自身的反演点的点在这个圆上.

由此显然得出，对平面上任一图形，有另一个图形与它对应，使得两个图形的对应点互为反演. 我们的问题是发现这两个图形之间的关系；特别是，一个图

形的那些在反演后保持不变的性质①. 我们将证明每个圆或直线, 经过反演变为圆或直线; 两条线(直线或曲线)的交角变为方向相反的相等的角. 由于这两个重要的不变的关系, 用反演来变换一个图形, 在几何研究中极为有用.

§64 特殊情况与约定 因为我们已经同意将直线作为一种圆, 反演的定义可扩张如下:

点 P 关于一条直线 AB 的反演点是 P 关于 AB 的对称点. 换句话说, 这个反演点 P' 使得 AB 是 PP' 的垂直平分线. (因为设 P 与 P' 关于圆 $O(r)$ 为反演点, 直线 OPP' 交圆于 C, 则

$$\overline{OP} \cdot \overline{OP'} = r^2$$

即
$$(r + \overline{CP})(r + \overline{CP'}) = r^2$$

因此
$$r(\overline{CP} + \overline{CP'}) = -\overline{CP} \cdot \overline{CP'}$$
$$\overline{CP} + \overline{CP'} = -\frac{\overline{CP} \cdot \overline{CP'}}{r}$$

[44]

令 P 与 C 固定, O 向远处移动, 这圆趋近于它的极限, 即一条在点 C 垂直于 PP' 的直线; 而 $\overline{CP} + \overline{CP'}$ 趋于极限零. 因此, 上面的定义, 在将反演圆用直线代替时, 两反演点在这条直线的垂线上, 并且到这条直线的距离相等)

有些几何学家喜欢定义反演为由方程

$$\overline{OP} \cdot \overline{OP'} = -r^2$$

确定的变换. 反演圆为虚圆, 半径为 $r\sqrt{-1}$. 因为我们避免使用虚数, 所说的变换可以先用前节定义的反演, 然后再旋转 180° 取得, 结果相同.

另一个与反演研究有关的约定, 我们只是顺便提到. 在较早的一章中已经介绍了在无穷远处的理想元素, 或许它们的使用已经被证实是合理的. 现在, 在反演的几何中, 只有一个点, 它的反演点不存在, 这点就是反演中心 O. 并且一个点沿任意方向趋于无穷远时, 它的反演趋近 O. 因此, 在反演的几何中, 通常放弃在其他地方非常有用的无穷远线, 采用无穷远处只有一个点的约定, 这点就是反演圆 C 的中心的反演点. 但在本书中, 并无必要采用这一观点. 虽然我们的无穷远点没有反演点, 但不久就能看出一组平行直线的反演是什么. 因此我们约定仅在有限的平面内实施反演. 在提到一点的反演时, 应理解为这点不是无穷远点, 也不是反演中心.

[45]

对一已知点的反演点, 我们给出一种简单实用的作法如下(图 12).

§65 定理 设 P 为反演圆 $O(r)$ 外的一点, 则它的反演点 P', 是 OP 与 P

---

① 尽管有各种诱惑, 我们还是避免采用"不变性"(Anallagmatic)这一可怕的术语. 这是一个希腊词汇, 意即不变(Invariant), 往往被借用来表达反演后的不变性质.

到圆的切线的切点连线的交点.

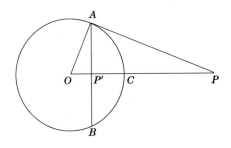

图 12

因为设切线为 PA,PB；AB 交 OP 于 P'，则三角形 $AP'O$ 与 PAC 相似，从而
$$\overline{OP'} \cdot \overline{OP} = \overline{OA}^2$$
即 P 与 P' 互为反演.

定理 反过来，如果 P 在圆内，弦 AB 过 P 并且垂直于 OP，那么 A,B 处的切线相交于 P 的反演点.

§66 除了上面的明显的作法外，我们有下面的仅用圆规的作法，这可能是实用上最方便的. 仅用直尺的作法将在以后给出 (§139).

定理 设 P 为与 O 的距离大于 $\frac{1}{2}r$ 的点，圆 $P(PO)$ 交反演圆于 X 与 Y，圆 $X(XO)$ 与圆 $Y(YO)$ 相交于 O,P'，则 P' 是 P 的反演点 (图 13).

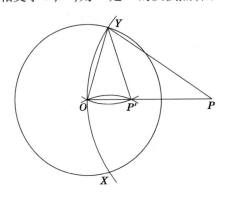

图 13

[46] 证明利用相似三角形，很容易.

练习 在圆 $P(PO)$ 与反演圆不相交时，显示如何仅用圆规作出点 P 的反演点 (可以看出这时的作图，在理论上可作，但在实用上不太方便).

§ 67　反演,可以用一种简单的器械实行. 它的原理如下:

定理　如果 $ABCD$ 是菱形, O 到相对的顶点 A,C 的距离相等, 那么 O,B,D 共线, 并且

$$\overline{OB} \cdot \overline{OD} = \overline{OA}^2 - \overline{AB}^2$$

因为

$$\overline{OB} \cdot \overline{OD} = (\overline{OX} + \overline{XB})(\overline{OX} - \overline{XB}) =$$
$$\overline{OX}^2 - \overline{XB}^2 = \overline{OX}^2 + \overline{XA}^2 - (\overline{XB}^2 + \overline{XA}^2) =$$
$$\overline{OA}^2 - \overline{AB}^2$$

[47]

波斯里亚(Peaucellier)反演器就是由四根相等的棒(形成菱形 $ABCD$)及两根较长的相等的棒 OA,OC 组成(图 14). 所有的顶点处都可以自由地转动, O 固定在画板上. 在 B,D 插上铅笔. 根据刚刚证明的定理, 无论这连接装置怎样动, 点 B 与 D 关于圆 O 始终互为反演点, 这圆的半径是 $(\overline{OA}^2 - \overline{AB}^2)^{\frac{1}{2}}$. 如果将菱形伸直使 B,D 重合, 然后就可以画出这个圆. 还有其他的反演器, 但这一个在理论上最为简单. 它是 1867 年法国军官波斯里亚发明的. 建议读者用简单的材料, 如硬纸板或细木杆, 用铜环或铆钉连接, 自制一个模型.

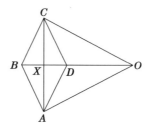

图 14

§ 68　**定理**　设 P,Q 为任意点, P',Q' 是它们的反演点, 则三角形 OPQ 与 $OP'Q'$ 逆相似(图 15).

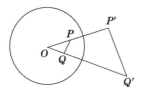

图 15

因为角 O 是两个三角形的公共角, 并且夹角的两边成比例.

a. **系**　任意两对反演点在同一个圆上, 这圆与反演圆正交.

同前, 因为

$$\overline{OP} \cdot \overline{OP'} = \overline{OQ} \cdot \overline{OQ'} = r^2$$

这四个点在一个圆上,O 关于这个圆的幂是 r^2. 因此,这个圆与反演圆正交.

b. 系 两个点之间的距离与反演点①之间的距离,有以下关系

$$\overline{P'Q'} = \overline{QP} \cdot \frac{r^2}{\overline{OP} \cdot \overline{OQ}}$$

因为在相似三角形中

$$\overline{P'Q'} = \overline{QP} \cdot \frac{\overline{OP'}}{\overline{OQ}} = \overline{OP} \cdot \frac{r^2}{\overline{OP}} \cdot \frac{1}{\overline{OQ}}$$

c. 系 对任意四点及它们的反演点,有

$$\frac{\overline{P'Q'} \cdot \overline{R'S'}}{\overline{P'S'} \cdot \overline{R'Q'}} = \frac{\overline{PQ} \cdot \overline{RS}}{\overline{PS} \cdot \overline{RQ}}$$

d. 练习 (ⅰ)当任意两点,如 P, Q,与反演中心共线时,建立上面的结果.

(ⅱ)当反演圆是直线时,建立类似的定理.

§69 现在讨论极重要的问题,即圆或直线反演后变成什么. 首先考虑最简单的情况:

定理 过反演中心的直线,经过反演仍为原来的直线.

系 任一对互为反演的点,将反演圆的直径以数值相等的比分别内分与外分.

§70 定理 任一条不过反演中心的直线,它的反形②是一个过反演中心的圆. 反过来也成立.

因为设 OA 为 O 到直线 AB 的垂线,则三角形 OAB 与 $OB'A'$ 逆相似. 所以当 B 在直线 AB 上移动时,三角形 $OB'A'$ 是一个斜边 OA' 固定的、变动的直角三角形,B' 的轨迹是以 OA' 为直径的圆.

§71 定理 不过反演中心的圆,它的反形是一个圆. 反演中心是这两个互为反形的圆的一个位似中心,任一对反演点是逆对应点.(注意,一般地,两个互为反形的圆,它们的圆心不互为反演点)

因为设任一条过 O 的直线交已知圆于 P, Q,则 O 关于这圆的幂是

$$t = \overline{OP} \cdot \overline{OQ}$$

设 P' 为 P 的反演点,r 为反演半径,则

$$\overline{OP} \cdot \overline{OP'} = r^2$$

相除得

---

① 应当记清楚线段 PQ 与 $P'Q'$ 上的点,除去端点外,其他的点不互为反演.

② 译者注:即反演后所得的图形.

$$\frac{\overline{OP'}}{\overline{OQ}} = \frac{r^2}{t}$$

最后的等式说明当 Q 画出已知圆时,点 P' 在直线 OQ 上移动,并且将线段 OQ 分为定比 $\frac{r^2}{t}$. 因此(§21,§26), P' 与 Q 同时画出一个圆,而且对这样对应的动点,反演中心 O 是它们的位似中心. 从而立即得出在这两个圆上, P 与 P' 为逆对应点(参见§28). 中心 O 是这两个圆的外位似中心或内位似中心,根据 t 为正或负,即 O 在已知圆外或内而定(图16).

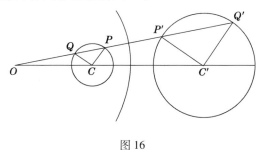

图 16

系 如果一个圆正交于反演圆,那么它的点互为反演点,作为整体,这个圆经过反演没有改变.

定理 设已知圆的半径为 R, O 关于这圆的幂是 t(不为零),则这圆的反形圆的半径 R' 与 O 关于它的幂 t',由

[50]

$$R' = R\frac{r^2}{t}, \quad t' = \frac{r^4}{t}$$

给出.

因为设过圆心的直线交已知圆于 P, Q,它们的反演分别为 P', Q',则

$$\overline{OP'} \cdot \overline{OQ'} = \frac{r^2}{\overline{OP}} \cdot \frac{r^2}{\overline{OQ}}$$

$$\overline{Q'P'} = \overline{OP'} - \overline{OQ'} = r^2\left(\frac{1}{\overline{OP}} - \frac{1}{\overline{OQ}}\right) = r^2\frac{\overline{PQ}}{\overline{OP} \cdot \overline{OQ}}$$

系 两个圆总可以经过反演变成相等的圆(可进一步看§129).

§72 在已经说过的波斯里亚反演器上,可以再加上一根杆,一端在 B,另一端固定在桌上. 于是, B 只能画一个圆,它的反演点 D 也同时画出一个圆. 特别地,如果反演中心 O 在 B 画出的圆上,那么 D 画出一条直线. 值得注意通常画直线时,预先假定一条已作好的直尺存在. 从一开始,在没有直尺存在时,要求作一条直线,可能没有找到过解答. 直到波斯里亚反演器发明,才供给这个问

题一个简洁的解.

§73 由前面的定理,容易推出反演的第二个基本性质.

定理 两个互为反形的圆在对应点处的切线,对过两个切点及反演中心的直线成等角.

因为互为反演的点是逆对应点,在§30,已经知道两圆在逆对应点处的切线对这两点的连线成等角.

§74 **定理** 两个圆的反形的交角,等于原来的圆的交角,但方向相反.

因为这样的角,等于过它的顶点(两圆的交点)的两条切线与联结这点及它的反演点的直线所成的两个角的和或差.

这个非常重要的定理,可以用几种方法证明.如对曲线的割线应用§75的定理,再令这条割线趋向于切线位置.因此,这个定理可以推广,显示任意两条曲线的交角反演后不变.换句话说,反演是逆向保形的.

定理 如果两个圆正交,那么它们的反形也正交.为自身及反形的圆或直线,与反演圆正交.

§75 下面的定理,用简单的形式表示互为反形的图形的角的关系,用处很多.事实上,前面已经证明的两个反演的基本性质,可以用它为根据来证明.

定理 设 P', Q', R' 分别为点 P, Q, R 的反演,O 为反演中心(图17),则
$$\angle PQR + \angle P'Q'R' = \angle POR$$

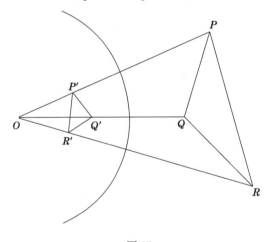

图 17

因为
$$\angle PQO = \angle OP'Q' = \angle P'OQ' + \angle OQ'P' \quad (\S 18, \S 68)$$

同理
$$\angle OQR = \angle Q'R'O = \angle R'Q'O + \angle Q'OR'$$

相加

$$\angle PQO + \angle OQR = \angle R'Q'O + \angle OQ'P' + \angle P'OQ' + \angle Q'OR'$$

合并,移项即得所述结果.

结论也可叙述成

$$\angle P'Q'R' = \angle POR + \angle RQP$$

每一种形式,都给出互为反形的三角形①的角的关系. 例如,它显示这两个三角形不能逆相似,并且仅当它们各内接于一个反演圆的同心圆,才可以顺相似. 这一结果也可由§68中b导出.

§76 **定理** 对任意四点 P,Q,R,S 及其反演点 P',Q',R',S',有

$$\angle PQR + \angle RSP = \angle P'S'R' + \angle R'Q'P'$$

这个等式,与§19结合,可以立即得出圆的反形仍为圆.

§77 我们再列举几个定理,它们容易由反演的基本性质推出,以后经常要用. 其他应用稍少的定理可见第五章.

定理 如果一个圆经过两个互为反演的点,那么这个圆与反演圆正交,而且它的点两两互为反演.

因为设 P 与 P' 关于圆 $O(r)$ 互为反演,任一过 P,P' 的圆与一条过 O 的直线相交于 Q,Q',则

$$\overline{OP} \cdot \overline{OP'} = \overline{OQ} \cdot \overline{OQ'} = r^2$$

§78 **定理** 如果两个相交的圆都与第三个圆正交,那么它们的交点关于第三个圆互为反演.

§79 **定理** 反演圆与任意两个互为反形的圆共轴. 如果这两个圆不相交,那么这共轴圆组的极限点互为反演.

因为设一个圆与反演圆相交,则它的反形与反演圆交于同样的两点,所以这三个圆共轴. 设两个圆都不与反演圆相交,作几个圆与反演圆及两已知圆中的一个正交. 因为正交圆反演后仍为正交圆(§74),反演后,所作的圆不变而且都与另一个已知圆正交. 这些作出的辅助圆构成一个共轴圆组,因此两个已知圆及反演圆是共轭的共轴圆组的成员. 这组圆的极限点是正交圆组的公共点.

系 将任一对反演点看做极限点,反演圆与它们共轴. 因此(§60)两个固定的反演点到反演圆上的一个动点的距离的比为定值.

最后一句话也可由§68中b推出.

系 如果在一组共轴圆中取一个圆作为反演圆,那么其余的圆两两成对,每一对圆互为反形.

§80 **定理** 设两个已知点 P,Q 关于圆 c 互为反演,P,Q 及圆 c 关于另一个圆 b 的反形为 P',Q' 及圆 c',则 P',Q' 关于圆 c' 互为反演.

---

① 译者注:指两个三角形的对应顶点互为反演点.

过 P,Q 任作两个圆 j,k，则它们都与圆 c 正交，它们关于 b 的反形 j',k' 与 c' 正交. 因此 j' 与 k' 的交点 P',Q' 关于 c' 互为反演.

这个定理可以解释成"反演性经反演后不变". 即两个互为反形的图形，连同它们的反演圆，受到一个反演的作用，所得的图形仍互为反形.

§81 下面的定理，表示利用反演可将一个图形怎样变化与化简，证明都可以立即得出. 同一类型的其他问题将在以后讨论（§129～§131）.

a. 同一圆上的任两对点，可以用一次反演将它们互相交换，只要它们的连线相交在圆外，即这两对点不互相分开.

这个定理如果用最后一句话叙述，在四点共线时仍然成立.

b. 过同一点的两个或更多个圆，可用这公共点为反演中心，将它们反演成直线. 反过来，平面上的直线可以反演成经过同一点的圆.

c. 在同一点相切的两个或更多个圆，可用这切点为反演中心，将它们反演成平行线. 反过来也成立.

[55] d. 两个不相交的圆，可以用它们所在的共轴圆组的任一个极限点为反演中心，将它们反演成同心圆.

综上所述，两个共轭的、分别为第Ⅰ类与第Ⅱ类的共轴圆组，以这组中的一个定点为反演中心，用反演可将它们变成一组同心圆及从公共的圆心发出的直线束. 这公共圆心就是第二个定点的反演. 因此，共轴圆的性质，可以利用反演，由特殊的、极限的第Ⅳ类与第Ⅴ类共轴圆组的性质推出（§54）.

两组共轭的第Ⅲ类的共轴圆组，每一个由与一条公共根轴相切于一点的圆组成，可以用反演将它们变成两组互相垂直的平行线. 在§55，曾说到这种图形是共轭共轴圆组的一种特殊类型.

§82 **定理** 一个圆的圆心的反演点，与反演中心关于这个圆的反形的反演点是同一个点.

即设圆 k 与 k' 关于圆 c 互为反形，O 为 c 的圆心，A 为 k 的圆心，则 A 关于 c 的反演点 A'，就是 O 关于 k' 的反演点.

系 为了作一个已知圆的反形，可以作出反演中心关于这已知圆的反演点，再作这点关于反演圆的反演点，它就是所求反形的圆心.

练习 修改上面的叙述，使它适合于反演圆变成直线的情况. 我们知道关
[56] 于一条直线为反演的两个图形是对称的全等；对与两个互为反形的图形有关的定理，有可能将它们的反演圆变为一条直线来证明.

练习 如果两个圆正交，那么每一个圆心关于另一个圆的反演点是公共弦的中点.

练习 完成本章后半部所有命题，即§63，§65，§66，§69，§71（系），
[57] §76，§78，§79（系），§81 的证明.

三角形及多边形

第四章

§83 本章汇集关于三角形、四边形及其他多边形的各种定理，它们都可以在熟悉的初等几何学与前面已经获得的结果的基础上，立即建立起来. 本章的不少内容与第五、第六章的绝大多数内容可以略去，不影响全书的联系. 希望立即进到三角形一般理论的读者，不必停留在那些虽然有趣，却与主要目标无关的材料上，可以直接阅读 §84～§92, §95～§101, §104a, 然后到第五章.

§84 首先我们叙述一个定理，由于它可以用各种形式出现，而且有一些不同的、可以立即推出的系，所以用处非常广泛.

定理 设 P_1 是三角形 $A_1A_2A_3$ 的边 A_2A_3 上一个不同于 A_3 的点（图 18），则

$$\frac{\overline{P_1A_2}}{\overline{P_1A_3}} = \frac{\overline{A_1A_2}\sin\angle P_1A_1A_2}{\overline{A_1A_3}\sin\angle P_1A_1A_3}$$

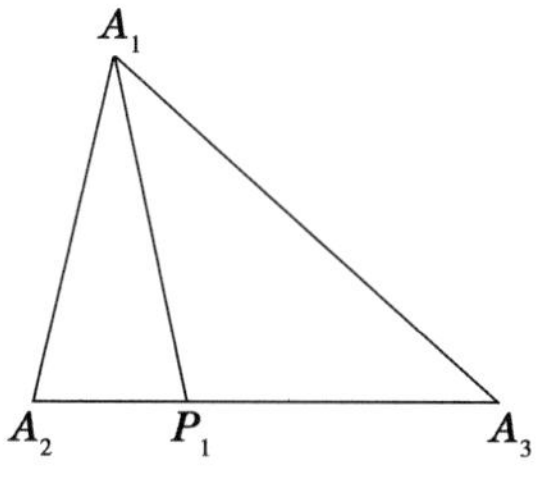

图 18

因为由正弦定理(§15b)

$$\frac{\overline{P_1A_2}}{\overline{A_1A_2}} = \frac{\sin \angle P_1A_1A_2}{\sin \angle A_1P_1A_2}, \quad \frac{\overline{A_1A_3}}{\overline{P_1A_3}} = \frac{\sin \angle A_1P_1A_3}{\sin \angle P_1A_1A_3}$$

又因为
$$\sin \angle A_1P_1A_2 = \sin \angle A_1P_1A_3$$

[58] 将这些等式结合起来立即得出定理.

系 设 A_1P_1 与 A_1Q_1 使角 $A_2A_1P_1$ 与 $Q_1A_1A_3$ 相等,则

$$\frac{\overline{P_1A_2}\cdot\overline{Q_1A_2}}{\overline{P_1A_3}\cdot\overline{Q_1A_3}} = \left(\frac{\overline{A_1A_2}}{\overline{A_1A_3}}\right)^2$$

§85 定理 设 P_1, P_2, P_3 分别在三角形 $A_1A_2A_3$ 的边 A_2A_3, A_3A_1, A_1A_2 上,则

$$\frac{\overline{P_1A_2}\cdot\overline{P_2A_3}\cdot\overline{P_3A_1}}{\overline{P_1A_3}\cdot\overline{P_2A_1}\cdot\overline{P_3A_2}} = \frac{\sin\angle P_1A_1A_2 \cdot \sin\angle P_2A_2A_3 \cdot \sin\angle P_3A_3A_1}{\sin\angle P_1A_1A_3 \cdot \sin\angle P_2A_2A_1 \cdot \sin\angle P_3A_3A_2}$$

即三角形的边被分成的比的乘积,等于相对顶点对各线段所张的角的正弦的比的对应的乘积.

§86 定理 设 P_1, Q_2 为 A_2A_3 上的任两点,它们分 A_2A_3 的比的比——复比,等于 A_1 的张角的正弦的对应的复比,即

$$\frac{\overline{P_1A_2}}{\overline{P_1A_3}} : \frac{\overline{Q_1A_2}}{\overline{Q_1A_3}} = \frac{\sin\angle P_1A_1A_2}{\sin\angle P_1A_1A_3} : \frac{\sin\angle Q_1A_1A_2}{\sin\angle Q_1A_1A_3}$$

定理 设三条直线相遇于 O,被一条直线截于 A,B,C,被另一条直线截于 A',B',C',则

$$\frac{\overline{AB}}{\overline{AC}} : \frac{\overline{A'B'}}{\overline{A'C'}} = \frac{\overline{OB}}{\overline{OC}} : \frac{\overline{OB'}}{\overline{OC'}}$$

§87 定理 设四条直线共点,被一条直线截于 A_1,A_2,A_3,A_4,被另一条截于 B_1,B_2,B_3,B_4,则

$$\frac{\overline{A_1A_3}}{\overline{A_1A_4}} : \frac{\overline{A_2A_3}}{\overline{A_2A_4}} = \frac{\overline{B_1B_3}}{\overline{B_1B_4}} : \frac{\overline{B_2B_3}}{\overline{B_2B_4}}$$

这个射影几何的基本定理,是 §86 的直接推论.

定义 一条直线上,两对点的距离之比的比,即上面所说的复比,称为这四
[59] 个点的叉比或非调和比. 在这值为 -1 的特殊情况,每一对点将另一对点以同样的比内分与外分;它们称为互相调和分割,或构成一个调和点列. 此外,四条共点的直线,它们的叉比或非调和比是它们之间的角的正弦的复比,如 §86 所给的那样. 它等于这些直线被一条直线截得的点的叉比. 在叉比为 -1 时,称

四条共点的直线组成调和线束.

§88 射影几何学 考虑两个平面,通常不平行,O 为不在这两个平面上的点,对一个平面上的点,可以过它和 O 作直线,与第二个平面相交. 于是,第一个平面上的任何图形可以"射影"成第二个平面上的一个图形. 射影几何就是研究一个图形经过这种射影仍保持不变的那些性质,这些性质称为射影的. 例如,我们看到一般地,射影图形不相似;含有比与角的性质不是图形的射影的性质. 另一方面,任何含有共点线或共线点的关系是射影的.

上面三节的定理,建立了这样的事实:一条直线上四个点的叉比是射影不变量,并且等于射影直线之间的角的正弦的对应的叉比. 这是射影几何的基本定理.

我们不进入射影几何的领域,仅偶尔地从它与我们的领域共同的边界观察它. 我们从射影几何借用了无穷远线的概念;但对大多数部分,因为在研究中,距离,角,比的熟悉的关系都不改变,我们的领域与它没有多少共同的地方. 偶尔地,如第八章,我们将讨论到本质上为射影性的定理;调和点列与调和线束的概念有时也对我们有用.

四角形与四边形

§89 我们建立一些关于多边形,特别是四边形的定义和约定.

定义 简单四角形或四边形是有四个顶点与四条边的封闭的多边形. 一对未联结的顶点的连线称为对角线.

完全四角形是由四个一般位置的点及联结它们的六条直线确定的图形. 不过同一点的两条线称为对边,有三对对边. 对边的交点称为对角点.

完全四边形是由四条一般位置的直线及它们的六个交点组成的图形. 六点可分成三对相对的点,它们的连线是三条对角线.

关于完全四边形与四角形的定理将不断出现. 一个关于四边形的著名定理接在下面的引理的证明之后,它的证明以这引理为基础.

§90 定理(欧几里得《几何原本》第一卷43) 如果过平行四边形对角线上一点作两条边的平行线,那么不含这对角线的线段的两个平行四边形面积相等. 反过来也成立.

即过平行四边形 $ABCD$ 对角线 AC 上一点 X,作边的平行线,则面积 BX 与 DX 相等. 因为对角线 AC 平分平行四边形 AC,AX,XC 的面积,所以由等式减去等式即得结果.

反过来,如果两条分别与 AB,BC 平行的直线相交于 X,使面积 BX 与 XD

相等,那么 X 在 AC 上.

这个古老的定理,欧几里得用做面积比较的第一步,并由此引出他对勾股定理的证明,但现代的几何学已经不用它了. 偶尔它也有用处,例如在关于相等面积的作图问题中. 它很容易产生下面的著名定理的证明.

§91 **定理** 完全四边形的对角线的中点共线.

记完全四边形的四条直线为 $ABC, AB'C', A'BC', A'B'C$,三条对角线为 AA', BB', CC'. 如图 19 所示,作直线平行于这四条直线中的两条,并标以字母. 应用 §90 的定理

$$\text{面积 } AA' = \text{面积 } A'R$$
$$\text{面积 } AA' = \text{面积 } A'P$$

因此 $$\text{面积 } A'R = \text{面积 } A'P$$

从而 A' 在对角线 NS 上. 于是 AA', AN 与 AS 的中点共线,但 AS 与 CC' 互相平分,AN 与 BB' 也互相平分,所以 AA', BB', CC' 的中点共线.

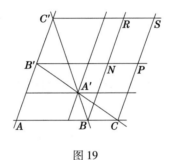

图 19

后面(§268)将再一次证明这个定理,并进一步证明以 AA', BB', CC' 为直径的三个圆共轴,同时证明由四条直线所成的四个三角形的其他有关定理.

托勒密(Ptolemy)定理

§92 **定理** 设四边形内接于圆,则对角线的积等于对边乘积的和. 反过来,设有四个点,两条对边的积等于其他两对对边乘积的和,则这四点共圆.

两部分几乎可以同时证明. 令 A, B, C, D 为任意四点,B, C, D 不共线,以 AB 为边作三角形 ABE 与三角形 DBC 顺相似(图 20). 于是

$$\overline{BD} \cdot \overline{AE} = \overline{AB} \cdot \overline{DC}$$

且 $$\frac{\overline{BD}}{\overline{BC}} = \frac{\overline{BA}}{\overline{BE}}, \angle ABD = \angle EBC$$

所以三角形 ABD 与 EBC 也相似
$$\overline{BD} \cdot \overline{EC} = \overline{BC} \cdot \overline{AD}$$
相加得
$$\overline{BD}(\overline{AE} + \overline{EC}) = \overline{AB} \cdot \overline{CD} + \overline{AD} \cdot \overline{BC}$$
当且仅当
$$\angle BAE = \angle BAC = \angle BDC$$
时，E 在 AC 上，而当且仅当 A,B,C,D 共圆时上述条件成立．即在这四点共圆时
$$\overline{AE} + \overline{EC} = \overline{AC}$$
在其他情况
$$\overline{AE} + \overline{EC} > \overline{AC}$$
因此，根据 A,B,C,D 共圆或不共圆，乘积的和 $\overline{AB} \cdot \overline{CD} + \overline{AD} \cdot \overline{BC}$ 等于或大于 $\overline{AC} \cdot \overline{BD}$．

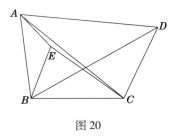

图 20

当且仅当四点共线时，上面的证明不适用；但在 §3 已经证明对任意四个 [63] 共线的点，这个等式成立．

第二个证明：同前，令 A,B,C,D 为任意四点，以 D 为反演中心，令 A,B,C 的反演点分别为 A',B',C'．当且仅当 A,B,C,D 共圆时，A',B',C' 共线．如果这一条件满足①
$$\overline{A'B'} + \overline{B'C'} + \overline{C'A'} = 0$$
但回忆 §68b，将这些长用相应的式子代入
$$\overline{AB} \cdot \frac{r^2}{\overline{DA} \cdot \overline{DB}} \pm \overline{BC} \cdot \frac{r^2}{\overline{DB} \cdot \overline{DC}} \pm \overline{CA} \frac{r^2}{\overline{DC} \cdot \overline{DA}} = 0$$
去分母
$$\overline{AB} \cdot \overline{CD} \pm \overline{AC} \cdot \overline{DB} \pm \overline{AD} \cdot \overline{BC} = 0$$
当且仅当四点共圆时，这一等式成立．

§93 由托勒密定理可以导出许多几何与三角的定理．

a. 注意在半径为 R 的圆中，圆心角 2ϕ 所对的弦长为 $2R\sin\phi$，于是三角中

---

① 译者注：意即当且仅当 A',B',C' 共线.

的加法定理可以由托勒密定理立即推出

$$\sin(a+b) = \sin a\cos b + \cos a\sin b, \cdots$$

b. 如果 ABC 是等边三角形,P 在过 A,B,C 的圆的弧 BC 上,那么

$$\overline{PC} = \overline{PA} + \overline{PB}$$

c. 如果 D 在 $\overline{AB} = \overline{AC}$ 的等腰三角形 ABC 的外接圆的弧 BC 上,那么

$$\frac{\overline{PA}}{\overline{PB} + \overline{PC}} = \frac{\overline{AB}}{\overline{BC}} \quad (\text{为定比})$$

d. 如果 P 在正方形 $ABCD$ 的外接圆的弧 AB 上,那么

$$\frac{\overline{PA} + \overline{PC}}{\overline{PB} + \overline{PD}} = \frac{\overline{PD}}{\overline{PC}}.$$

e. 如果 P 在正六边形 $ABCDEF$ 的外接圆的弧 AB 上,那么

$$\overline{PD} + \overline{PE} = \overline{PA} + \overline{PB} + \overline{PC} + \overline{PF}$$

f. 如果 P 在正五边形 $ABCDE$ 的外接圆的弧 AB 上,那么

$$\overline{PC} + \overline{PE} = \overline{PA} + \overline{PB} + \overline{PD}$$

这类定理可以无穷地持续下去. 我们用一个更优美的定理作为结束,这个定理包含一个圆内接六边形的边及主对角线.

g. **定理**① 设一个圆内接凸六边形的对边为 $a,a';b,b';c,c'$;对角线为 e,f,g(应选择 e 与 a,a' 无公共顶点,b,b',f 无公共顶点),则

$$efg = aa'e + bb'f + cc'g + abc + a'b'c'$$

设这六边形为 $LMNPQR$,$\overline{LM}$,$\overline{MN}$ 等依次为 a,b',c,a',b,c',则 $\overline{NR}$,$\overline{LP}$,$\overline{MQ}$ 分别为 e,f,g(图 21). 令 $\overline{LN}$,$\overline{NQ}$,$\overline{QL}$,$\overline{MP}$ 分别为 x,y,z,u,则

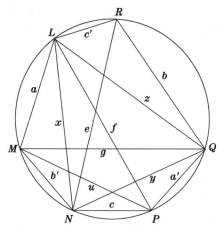

图 21

---

① 参阅 Fuhrmann 的书,61 页.

$$b'f + ac = ux, cg + a'b' = uy$$

分别乘以 b, c' 再相加, 得

$$cc'g + bb'f + abc + a'b'c' = u(bx + c'y) = uez = e(fg - aa')$$

由此导出所欲证的公式. 这个定理可以看做是托勒密定理对六边形的推广.

§94 定理 对任意四点 A, B, C, D, 有

$$\overline{AC}^2 \cdot \overline{BD}^2 = \overline{AB}^2 \cdot \overline{CD}^2 + \overline{AD}^2 \cdot \overline{BC}^2 -$$
$$2\overline{AB} \cdot \overline{BC} \cdot \overline{CD} \cdot \overline{DA}\cos(\angle ABC + \angle CDA)$$

这个托勒密定理的推广, 可以同样地用反演的方法证明. 如果我们对三个点 A', B', C' 写出余弦定理

$$\overline{A'C'}^2 = \overline{A'B'}^2 + \overline{B'C'}^2 - 2\overline{A'B'} \cdot \overline{B'C'} \cdot \cos\angle C'B'A'$$

然后以 D 为中心, 将这个图形反演, 各个长度用它们的等价式子代入, 立即得出上面所给的公式.

§95 有一些有趣的问题, 与一点到三个定点距离的比有关. 很自然地, 会想到用一点到一个固定三角形的顶点的距离, 或距离的比来确定这个点的位置. 但这个位置不是唯一确定的.

定理 平面上至多有两个点, 它到三个定点的距离与给定的值成比例. [66]

因为设 A_1, A_2, A_3 为已知点, P 为要求的点, 使得

$$\overline{PA_1} : \overline{PA_2} : \overline{PA_3} = p_1 : p_2 : p_3$$

这里 p_1, p_2, p_3 为给定的值.

在 §58, 我们已经知道, 当 $\dfrac{\overline{PA_2}}{\overline{PA_3}} = \dfrac{p_2}{p_3}$ 时, 动点 P 的轨迹是一个圆, 这个圆在以 A_2, A_3 为极限点的共轴圆组中. 同理, 当 $\dfrac{\overline{PA_3}}{\overline{PA_1}} = \dfrac{p_3}{p_1}$ 时, 点 P 的轨迹是与 A_3, A_1 共轴的圆; 对 $\overline{PA_1}$ 与 $\overline{PA_2}$ 也是这样. 但所有的这三个圆都与过 A_1, A_2, A_3 的圆正交. 有三种情况:

如果这三个圆中每两个都不相交, 那么没有点适合所给的条件. 如果有两个圆相交, 那么第三个圆必定通过这两个交点. 这两点是问题的解, 并且关于三角形 $A_1A_2A_3$ 的外接圆互为反演点. 类似地, 如果这些圆中有两个相切, 第三个也与它们相切于同一点. 这点是问题的唯一解, 并且在圆 $A_1A_2A_3$ 上.

下一个问题是, 对于比 $p_1 : p_2 : p_3$ 的什么值, 所说的点 P 存在?

定理 当且仅当三个乘积 $p_1 \cdot \overline{A_2A_3}, p_2 \cdot \overline{A_3A_1}, p_3 \cdot \overline{A_1A_2}$ 中任两个的和大于第三个, 即这三个积可以组成三角形时, 存在两个点 P, P', 到三个已知点 A_1, A_2, A_3 的距离与已知值 p_1, p_2, p_3 成比例. 如果上述的两个积的和等于第三个,

那么所说的点只有一个,它在圆 $A_1A_2A_3$ 上. 反过来也成立.

当点 P, P' 存在时,不等式成立,这是托勒密定理的推论;当只有一个唯一的在圆上的点时,等式成立,也可以同样推出. 逆定理,在不等式成立时推出点 P, P' 的存在性,现阶段不易证明. 利用 §58b,c,并结合前一定理的证明,可以证明这些圆中有两个相交的条件恰好是本定理所说的,但花费的劳动相当多. 稍后,我们将用简单优雅的方法建立这些结果(§205,§206).

§96 由初等几何中一个不太熟悉的定理,可以导出一系列定理.

定理 三角形两边的平方和,等于第三条边平方的一半,加上第三条边上中线平方的两倍,即

$$a_2^2 + a_3^2 = \frac{1}{2}a_1^2 + 2m_1^2$$

这个定理,在学校的课本中有,可以将 §14c 应用于三角形 $A_1A_2O_1$ 与 $A_1A_3O_1$(图1),再将所得的等式加起来,便得到证明. 这个定理可以立即导出下列结果.

a. 中线的长由公式

$$m_1^2 = \frac{1}{4}(2a_2^2 + 2a_3^2 - a_1^2)$$

给出.

b. $m_1^2 + m_2^2 + m_3^2 = \frac{3}{4}(a_1^2 + a_2^2 + a_3^2)$.

c. $\overline{MA_1}^2 + \overline{MA_2}^2 + \overline{MA_3}^2 = \frac{1}{3}(a_1^2 + a_2^2 + a_3^2)$.

§97 **定理** 到两个定点的距离的平方和为定值的点的轨迹,是一个圆,圆心是联结两个定点的线段的中点.

因为由 §96a,如果 $a_2^2 + a_3^2$ 是常数,a_1 也是常数,那么 m_1 是常数,点在半径为 m_1 的圆上运动.

定理 简单四角形中,四条边的平方和,等于对角线的平方和,加上对角线中点连线平方的四倍.

因为设 $ABCD$ 为四角形,E, F 为对角线 AC, BD 的中点,则 AF 是三角形 ABD 的中线,CF 是三角形 BCD 的中线. 因此

$$\overline{AB}^2 + \overline{AD}^2 = \frac{1}{2}\overline{BD}^2 + 2\overline{AF}^2$$

$$\overline{BC}^2 + \overline{CD}^2 = \frac{1}{2}\overline{BD}^2 + 2\overline{CF}^2$$

将这两个等式相加,同时注意 EF 是三角形 ACF 的中线,所以

$$\overline{AF}^2 + \overline{CF}^2 = \frac{1}{2}\overline{AC}^2 + 2\overline{EF}^2$$

因此得
$$\overline{AB}^2+\overline{BC}^2+\overline{CD}^2+\overline{DA}^2=\overline{AC}^2+\overline{BD}^2+4\overline{EF}^2$$

系 在平行四边形中,边的平方和等于对角线的平方和;反过来,如果一个四边形具有这一性质,那么它一定是平行四边形.

定理 在完全四角形中,任两条对边的平方和,加上它们中点连线平方的四倍,等于其他四条边的平方和.

定理 完全四角形的六条边的平方和,等于三条对边中点连线的平方和的四倍.

§98 我们继续导出一些其他的简单结果.

定理 三角形两边的平方差,等于第三边与它的中线在它上面的射影的积的两倍,即
$$a_2^2-a_3^2=2a_1\cdot\overline{H_1O_1}$$

系 附上适当的符号,有
$$a_1\overline{O_1H_1}+a_2\overline{O_2H_2}+a_3\overline{O_3H_3}=0$$

系 设 ϕ_1 为三角形的边 a_1 与它的中线所成的角,则
$$\cot\phi_1=\frac{a_2^2-a_3^2}{4\Delta}$$

因此
$$\cot\phi_1+\cot\phi_2+\cot\phi_3=0$$

§99 **定理** 三角形内角平分线的平方,等于两条邻边的乘积,减去对边被角平分线分成的两条线段的积.

系 角 A_1 的平分线的长由
$$t_1^2=a_2a_3\cdot\left(1-\frac{a_1^2}{(a_2+a_3)^2}\right)$$
给出.

§100 一些上面所说的定理是阿波罗尼的一个一般定理的特殊情况.

定理 设 P_1 是一点,分三角形 $A_1A_2A_3$ 的边 A_2A_3 为比 $-\dfrac{m}{n}$(图22),则
$$ma_2^2+na_3^2=(m+n)\overline{A_1P_1}^2+m\overline{P_1A_3}^2+n\overline{P_1A_2}^2$$

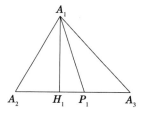

图 22

因为
$$a_2^2 = \overline{A_1P_1}^2 + \overline{A_3P_1}^2 - 2\overline{A_1P_1} \cdot \overline{A_3P_1}\cos\angle A_1P_1A_3$$
$$a_3^2 = \overline{A_1P_1}^2 + \overline{A_2P_1}^2 - 2\overline{A_1P_1} \cdot \overline{A_2P_1}\cos\angle A_1P_1A_2$$
分别乘 m, n 再相加,消去了含余弦的项,得出所欲证的结果.

将 $\overline{P_1A_2}$ 与 $\overline{P_1A_3}$ 用它们的值 $\dfrac{m}{m+n}\overline{A_2A_3}$ 与 $\dfrac{n}{m+n}\overline{A_2A_3}$ 代入,移项,得另一种形式
$$\overline{A_1P_1}^2 = \frac{m}{m+n}a_2^2 + \frac{n}{m+n}a_3^2 - \frac{m}{m+n}\cdot\frac{n}{m+n}a_1^2$$

§101 **定理** 三角形两边的积,等于第三边上的高与外接圆直径的积(图23).

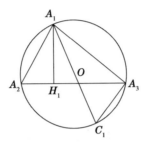

图 23

这一定理,在所有几何书里都有,容易用相似三角形证明;它的变形惊人的多.

a. **系** $2R = \dfrac{a_2 a_3}{h_1}$,又
$$R = \frac{a_1 a_2 a_3}{2a_1 h_1} = \frac{a_1 a_2 a_3}{4\Delta} \quad (\text{参看 §15d})$$

b. **定理** 如果从圆上一点 P 作两条弦,那么它们的积等于圆的直径乘以 P 到两弦端点连线的垂线.

c. **定理** 从圆上一点到一条固定弦的距离,乘以圆的直径,等于这点到固定弦两端的距离的积.

d. **定理** 圆上两个点的距离,是圆的直径与其中任一点到圆在另一点切线的垂线的比例中项.

这是上一个定理的极限情况,也可以直接证明.

e. **定理** 设对圆上四点作出六条连线,形成三对对边,则对圆上任一个其他的点,它到每对对边距离的积都相等.

因为这个积等于这点到四个已知点的距离的积,除以直径的平方. 这个定理又可提供一些进一步的推广.

f. 定理 设 $A_1, A_2, \cdots, A_n$ 为圆上偶数个点，P 为圆上一定点. 记 P 到 A_1A_2 的垂线的长为 d_{12}，等，依此类推. 如果取 $\frac{n}{2}$ 个垂线相乘，使 d 的每个下标都出现一次并且也仅出现一次，那么所有这样的乘积都相等.

作为进一步的扩展，我们可以使一些 A 重合，这时某些 d 变为 P 到圆在某些余下的多边形顶点处的切线的垂线. 于是，得到一个复杂的定理，它涉及一个多边形的垂线及在它的一些顶点（可由我们指定）处的切线的垂线. 我们不花力气去叙述一般的定理，而只注意下面特别有趣的情况.

g. 定理 设一个多边形内接于圆，过它的顶点作切线形成圆外切多边形，则从圆上一点到第一个多边形各边的垂线的积，等于从这点到第二个多边形各边的垂线的积.

§102 定理 从任意一点到正 n 边形各边的距离的代数和是一个定值，即边心距的 n 倍.（符号是这样规定的：对多边形内的点，这些垂线都是正的）

令 a 为边长，h 为边心距，$h_1, h_2, \cdots, h_n$ 为 P 到边的垂线，则多边形的面积为

$$\frac{1}{2}nha = \frac{1}{2}(ah_1 + ah_2 + \cdots + ah_n)$$

由此立即得出 $nh = h_1 + h_2 + \cdots + h_n$.

a. 例如，任一点到正三角形各边的距离和等于高；到正方形各边的距离和，等于边长的两倍；等.

b. 定理 从正 n 边形的顶点到外接圆的任一条切线的垂线的和，等于半径的 n 倍.

利用下面的事实：圆上一点到另一点处的切线的垂线，等于另一点到这点处的切线的垂线. 这个定理可由上一个定理推出.

c. 定理 从正 n 边形的顶点到任一条直线的垂线的代数和，等于圆心到这条直线的距离的 n 倍.

因为作一条切线与已知直线平行，便可以运用上一个定理.

d. 定理 由圆上任意一点到圆内接正 n 边形的顶点的距离的平方和是一个定值，等于 $2nR^2$.

因为设 $A_1A_2\cdots A_n$ 为正多边形，P 为外接圆上一点，过 P 作切线，并记 A_1 到切线的垂线为 p_1，则由 §101d

$$\overline{PA_1}^2 = 2Rp_1, \cdots$$

但由上面的定理

$$p_1 + p_2 + \cdots + p_n = nR$$

所以

$$\overline{PA_1}^2 + \overline{PA_2}^2 + \cdots + \overline{PA_n}^2 = 2R(p_1 + p_2 + \cdots + p_n) = 2nR^2$$

系 设 R 为圆的半径，a 为内接正 n 边形的边长，则圆上一点到这正 n 边形各边中点的距离的平方和，是

$$2nR^2 - \frac{1}{4}na^2$$

应用§96，立即得出这一结论．

[73] **系** 圆内接正 n 边形的顶点的所有连线的平方和是 n^2R^2．

因为由 d，将 P 依次放在各个顶点，得到 n 个等式，再相加得和 $2n^2R^2$，但其中每条连线被计算了两次．

§103 a. **定理** 两个点之间的距离，与它们的反演点之间的距离的比，等于反演中心到这两条连线的垂线的比．

因为两对互为反演的点与反演中心组成两个相似三角形，所说的垂线是对应的高．

b. **定理** 设一个圆内接 n 边形的边长为 $a_1, a_2, \cdots, a_n$，圆上任意一点 P 到各边的垂线为 $p_1, p_2, \cdots, p_n$，则加上适当选择的符号

$$\frac{a_1}{p_1} + \frac{a_2}{p_2} + \cdots + \frac{a_n}{p_n} = 0$$

因为以 P 为反演中心，则这多边形的顶点经过反演变为共线点．在反形中，所有的 p 都相等，而

$$a'_1 + a'_2 + \cdots + a'_n = 0$$

c. **定理** 设 p_1, p_2, p_3 为任一点 P 到一个三角形的边的垂线，h_1, h_2, h_3 为高，则

$$\frac{p_1}{h_1} + \frac{p_2}{h_2} + \frac{p_3}{h_3} = 1$$

因为

$$\frac{p_1}{h_1} = \frac{\text{面积} A_2 A_3 P}{\text{面积} A_1 A_2 A_3}, \cdots$$

§104 我们再举一些主要关于圆的，互不相关的定理．证明的大部分留给[74] 读者．

a. **定理** 设三个相等的圆过同一个点，则过它们的其他三个交点的圆与它们相等．

这个定理及它的系都可以通过作各个交点处的半径，组成若干个平行四边形来证明（图24）．

系 在这个图形中，四个交点组成的图与四个圆心组成的图全等，对应边互相平行而方向相反．

系 在上面所说的全等形的任一个中，每两个点的连线垂直于另外两个点的连线（参见§260）．

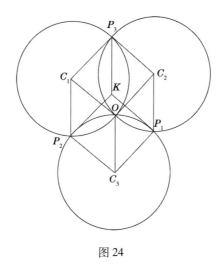

图 24

系 任意三条反演圆的切线,及它们所成三角形的外接圆,经过反演,变为相等的圆.

b. 定理 设圆心为 O 及 O' 的两个圆相交于 P,Q,AB 为第一个圆的直径,AP 与 BP 分别交第二个圆于 A',B',则 $A'B'$ 是第二个圆的直径;AB 与 $A'B'$ 的夹角等于两个圆的夹角,即 OPO';AB 与 $A'B'$ 的交点 X 在圆 OQO' 上.

c. 定理 对两个互相外离的圆作四条公切线,则外公切线的切点,内公切线的切点,内公切线与外公切线的交点,各在一个圆上,圆心都是已知圆的连心线的中点. [75]

d. 定理 过两个圆的一个交点作直线,这直线与圆的交点之间的线段的长,与它和公共弦所成的角的正弦成正比.

系 定理中所说的线段,在直线垂直于公共弦时最长. 如果两条直线与公共弦成等角,那么相应的线段相等.

e. 定理 设圆的一条变动的切线分别交两条固定的平行切线 AP,BQ 于 P,Q,则 PQ 对圆心张成直角,并且半径是 AP 与 BQ 的比例中项(图 25).

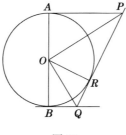

图 25

这个定理也可以用来作比例线段. 进一步有:

系 两条平行切线被一条变动的切线所截的线段成反比.

这种类型的类似定理不太常见.

f. **定理** 设 ABC 为等腰三角形,D 为底边 BC 的中点;在 AC 与 AB 上分别取 P,Q,使 $\overline{QB}\cdot\overline{CP}$ 等于 $\overline{BD}^2$,则 PQ 与一个固定的圆相切,这圆的圆心是 D,并且与 AB,AC 相切.

g. 下面的定理,不很简单,由于与几位著名数学家有关,令人颇感兴趣. 它的发现归功于费马(Fermat),最早的证明分属于欧拉(Euler)与西摩松(Simson). 这里的证明是福地(Fuortes)在 1869 年给出的①.

定理 在线段 AB 的一侧,以 AB 为直径作半圆. 在另一侧,以 AB 为一边作长方形 $ABDC$,高 AC 等于圆内接正方形的边长,即 $\dfrac{\overline{AB}}{\sqrt{2}}$. 如果从半圆上任一点 P,作 PD,PC,分别交 AB 于 E,F,那么

$$\overline{AE}^2 + \overline{BF}^2 = \overline{AB}^2$$

证明 设延长 PA,PB 分别交 CD 于 M,N,我们有

$$\overline{CN}^2 = \overline{CD}^2 + \overline{DN}^2 + 2\,\overline{CD}\cdot\overline{DN}$$

但三角形 AMC 与 NBD 相似,所以

$$\overline{MC}\cdot\overline{DN} = \overline{AC}\cdot\overline{BD} = \overline{AC}^2 = \tfrac{1}{2}\overline{AB}^2$$

$$\overline{CD}^2 = 2\,\overline{AC}^2 = 2\,\overline{MC}\cdot\overline{DN}$$

加上 $\overline{MD}^2$,有

$$\overline{MD}^2 + \overline{CN}^2 = \overline{MD}^2 + \overline{DN}^2 + 2\,\overline{CD}\cdot\overline{DN} + 2\,\overline{MC}\cdot\overline{DN} =$$
$$\overline{MD}^2 + \overline{DN}^2 + 2\,\overline{MD}\cdot\overline{DN} = \overline{MN}^2$$

但 AF,FE,EB 与 MC,CD,DN 成比例,因此结论成立.

h. **定理**② 设 ABC 是等腰三角形,$\overline{AB}=\overline{AC}$. 以 AB 上任意两点 P,Q 为圆心,作过 B 的圆 p,q;以 AC 上的点 R,S 为圆心,作过 C 的圆 r,s. 设 p 与 r 相交于 X,Y,q 与 s 相交于 Z,W. 如果 PR 与 QS 相交于 T,那么 X,Y,Z,W 共圆,圆心为 T. 如果 PR 与 QS 平行,那么 X,Y,Z,W 共线,这条直线垂直于 PR 与 QS.

这个定理,表面上很复杂,用幂的关系却容易证明. 因为设 AB 在 B 的垂线与 AC 在 C 的垂线相交于 D,则 DB 与 DC 是这四个圆的相等的切线,并且这四个圆都与圆 $D(DB)$ 正交. 因此,任意两对它们的交点在一个与这个圆正交的圆

---

① Giornale di matematiche,1869;并参阅 Simon 的书,88 页. 这一定理是否有内在重要性,似并不明显.

② Affolter,Math. Annalen,vi,1873,p. 596.

上;容易看出 T 是这样的圆的圆心①.

有趣的系与特殊情况,值得注意.

§105　定理　过圆的一条弦 l 的中点 P,任作两条弦 AB,CD,则 AC 与 BD 与 l 的交点到 P 的距离相等,AD 与 BC 也是如此.

这似乎简单的定理,证明惊人的困难.它是一个相当一般的定理的特殊情况.这个定理我们叙述如下并立即予以证明.

定理　已知一个完全四角形的顶点共圆;设一条直线与一组对边的交点到圆心的距离相等,则它与每一组对边的交点到圆心的距离相等.

证明②　设圆心为 O,A,B,C,D 在圆上.又设 AB,CD,AC,BD,AD,BC 分别交直线 XY 于 E,E',F,F',G,G'.设 P 为 O 到 XY 的垂线足(图26).已知 $\overline{OE}=\overline{OE'}$,也就是 $\overline{PE}=\overline{PE'}$,我们要证明 $\overline{PF}=\overline{PF'}$,$\overline{PG}=\overline{PG'}$.

作平行于 XY 的弦 AA'.我们看到 $AA'E'E$ 是等腰梯形;由相等的角得 F',[78] E',A',D 共圆,所以角 EAF 与 $F'A'E$ 相等,三角形 EAF 与 $E'A'F'$ 全等.

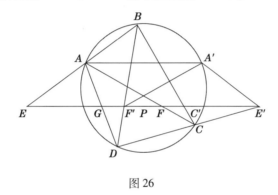

图 26

§106　定理　设线段 $AB,A'B'$ 平行而不相等,AA' 与 BB' 相交于 P,AB' 与 $A'B$ 相交于 Q.设

$$\frac{\overline{PA'}}{\overline{PA}}=\frac{\overline{PB'}}{\overline{PB}}=\frac{m}{n}$$

则

$$\frac{\overline{A'Q}}{\overline{A'B}}=\frac{\overline{B'Q}}{\overline{B'A}}=\frac{m}{m+n}$$

---

① 译者注:由§78,X 与 Y 关于圆 $D(DB)$ 互为反演点.同样,Z 与 W 也是如此.由§77,X,Y,Z,W 共圆,并且这圆与圆 $D(DB)$ 正交.这圆与 p,r 在同一个共轴圆组.圆心在 PR 上.同理,圆心也在 QS 上.因此必为点 T.

② 这是 Mackay 的证明,见 Proceedings of Edinburgh Math. Society,Ⅲ,1884,p.38;这个定理是 A. L. Candy 的一篇卓越的文章(见 Annals of Math.,1896,p.175)的出发点.熟悉射影几何的读者,可以认出一个熟悉的关于对合的定理.

因为三角形 ABQ 与 $B'A'Q$ 相似,所以
$$\frac{\overline{A'Q}}{\overline{QB}}=\frac{\overline{B'Q}}{\overline{QA}}=\frac{m}{n}$$
由合比定理即得结论. 这个定理是下面的更为有趣的一个定理的引理.

定理 在平面上给出 $k+1$ 个点 $A_1,A_2,\cdots,A_k,P$, 分数 $\frac{m}{n}$ 为已知. 作折线 $PP_1P_2\cdots P_k$, 其中 $\overline{PP_1}$ 在 $\overline{PA_1}$ 上, 并且 $\overline{PP_1}=\frac{m}{n}\overline{PA_1}$; $\overline{P_1P_2}$ 在 $\overline{P_1A_2}$ 上, 并且 $\overline{P_1P_2}=\frac{m}{m+n}\overline{P_1A_2}$; $\overline{P_2P_3}$ 在 $\overline{P_2A_3}$ 上, 并且 $\overline{P_2P_3}=\frac{m}{2m+n}\overline{P_2A_3}$, 等, 各次的比成调和数列. 不论 $A_1,A_2,\cdots,A_k$ 的次序如何变更, 折线的终点 P_k 都是同一个点.

如果只有两个点, 上一个定理使结论成立. 如果点数超过两个, 次序的改变可以通过连续地交换一对相邻的点来实现, 而每一次交换不影响最后的结果.

§107 再举几个关于面积的定理作为本章的结束.

定理 两个三角形的顶点, 都在一个已知三角形的边上, 并且到边的中点距离相等, 则这两个三角形面积相等.

即, 设 P_1 与 Q_1 在三角形 $A_1A_2A_3$ 的边 A_2A_3 上, 并且 $\overline{A_2P_1}=\overline{Q_1A_3}$, P_2,Q_2,P_3,Q_3 也类似地放在边上, 则面积 $P_1P_2P_3$ 与面积 $Q_1Q_2Q_3$ 相等(图 27).

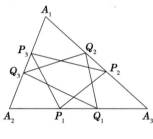

图 27

因为设
$$\overline{A_2P_1}=\overline{Q_1A_3}=m_1$$
$$\overline{A_3P_2}=\overline{Q_2A_1}=m_2$$
$$\overline{A_1P_3}=\overline{Q_3A_2}=m_3$$
由于有公共角的两个三角形的面积与夹角两边的积成比例
$$\text{面积 } A_1P_2P_3=\frac{(a_2-m_2)m_3}{a_2a_3}\Delta,\cdots$$
但
$$P_1P_2P_3=\Delta-A_1P_2P_3-A_2P_3P_1-A_3P_1P_2=$$

$$\Delta\left(1 - \frac{(a_2 - m_2)m_3}{a_2 a_3} - \frac{(a_3 - m_3)m_1}{a_3 a_1} - \frac{(a_1 - m_1)m_2}{a_1 a_2}\right) =$$

$$\Delta\left(1 - \left(\frac{m_1}{a_1} + \frac{m_2}{a_2} + \frac{m_3}{a_3}\right) + \frac{m_2 m_3}{a_2 a_3} + \frac{m_3 m_1}{a_3 a_1} + \frac{m_1 m_2}{a_1 a_2}\right)$$

用完全同样的方法求出 $Q_1 Q_2 Q_3$ 的面积,得到的是同样的式子.

当三角形的三条边被分为同样的比时,是特别有兴趣的情况,后面将再次出现(§276, §476 以下).

§108 定理 设三角形 $P_1 P_2 P_3$ 内接于三角形 $A_1 A_2 A_3$, 又设 $P_1 Q_2$ 平行于 $A_2 A_1$, 交 $A_1 A_3$ 于 Q_2, 等, 则三角形 $P_1 P_2 P_3$ 与 $Q_1 Q_2 Q_3$ 面积相等. 特别地, 设 P_1, P_2, P_3 共线, $P_1 Q_2$ 等作法同前, 则 Q_1, Q_2, Q_3 共线.

§109 定理 设一个圆内接凸四边形的边长依次为 a, b, c, d. 又设 s 为周长的一半, 则四边形的面积为

$$F = \sqrt{(s-a)(s-b)(s-c)(s-d)} \text{①}$$

这是一个熟知结果的推广;如果取 $d = 0$,我们得到通常的三角形面积公式.

证明 设这四边形为 $ABCD$, 如图 28, $\overline{AB} = a$, 等, 如果它是长方形, 证明立即得出. 如果不是长方形, 设 BC 与 AD 相交于圆外的点 E. 记 $\overline{CE}$ 为 x, $\overline{DE}$ 为 y, 我们有

$$\text{面积 } CDE = \frac{1}{4}\sqrt{(x+y+c)(x+y-c)(x-y+c)(-x+y+c)}$$

但三角形 ABE 与 CDE 相似

$$\frac{\text{面积 } ABE}{\text{面积 } CDE} = \frac{a^2}{c^2}$$

所以

$$\frac{\text{面积 } ABCD}{\text{面积 } CDE} = \frac{c^2 - a^2}{c^2}$$

又有比例式

$$\frac{x}{c} = \frac{y-d}{a}, \frac{y}{c} = \frac{x-b}{a}$$

相加解出 $x + y$, 得

$$x + y + c = \frac{c}{c-a}(a + b + d - c)$$

$x + y - c$ 的类似表达式, 等, 也都可以立即得到. 将它们代入并化简, 得

---

① 这一定理及以下的定理,涉及的是圆内接简单四角形的面积问题,除一两个外,均采自 Fuhrmann 的书,75~78 页. 它们的价值似还未被注意.

$$\text{面积 } CDE = \frac{c^2}{c^2-a^2}\sqrt{(s-a)(s-b)(s-c)(s-d)}$$

从而结论成立.

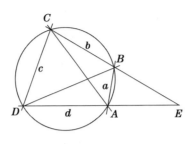

图 28

推广 可以证明任一边长为 a,b,c,d，一对对角的和为 $2u$ 的凸四边形，面积 Δ 由

$$\Delta^2 = (s-a)(s-b)(s-c)(s-d) - abcd\cos^2 u$$

给出.

由于证明包含长而乏味的三角化简，我们不在这里给出. 由这个公式立即看出，四条边给定的四边形中，内接于圆的面积最大；当然这一事实也可以用更初等的方法证明. 但初等的课本，忽视了证明这种圆内接四边形存在的必要性. 我们现在提供一个证明①，即存在一个四边形，边长与一个已知四边形的边长相等，顶点共圆.

问题 作一个圆内接四边形，已知它的四条边的依次的长.

设 a,b,c,d 为四条已知边长；假定作成的图是 $ABCD$，$\overline{AB}=a$，$\overline{BC}=b$，$\overline{CD}=c$，$\overline{DA}=d$（图 29）.

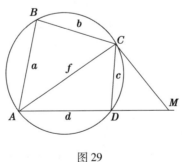

图 29

作 CM 使 $\angle DCM = \angle CAB$，交 AD 于 M，则三角形 CDM 与 ABC 相似；DM 为

---

① 参阅 McClelland 的书.

a,b,c 的第四比例项, 可由已知条件作出.

于是, 作图可这样进行: 先作线段 $AD = d, DM = \dfrac{bc}{a}$. 对点 C, 我们可确定两个轨迹. 首先 CD 应等于 c, 因此, 以已知点 D 为圆心作半径为 c 的圆. 其次, 因为

$$\frac{\overline{AC}}{\overline{CM}} = \frac{a}{c}$$

C 的轨迹是一个可以作出的圆(§58). 由长而不困难的代数计算, 我们知道只要四条已知线段中任一条小于其他三条的和, 这两个圆一定相交(换句话说, 只要四条已知线段可以构成一个不管什么样子的四边形). 于是, 点 C 可以定出, 我们可以得到一个解, 实质上是唯一解.

§110 假设四条线段与前面相同, 但顺序不同. 注意这样的四边形可以内接于上面刚刚得到的那个圆中. 因为解是唯一的, 我们有如下的定理:

定理 已知四条线段 a,b,c,d, 每一条小于其他三条的和. 对三种可能的圆周次序①中的任何一种, 它们都可以组成一个唯一的圆内接四边形. 这样确定的三个四边形, 一般说来, 不是相似的. 但它们的外接圆相同, 面积相同, 即

$$F = \sqrt{(s-a)(s-b)(s-c)(s-d)}$$

其中 $s = \dfrac{1}{2}(a+b+c+d)$.

三个四边形中, 任意两个有一条对角线相等.

§111 上节最后一句话是有启发的. 三个四边形的六条对角线, 两两相等. 用 e 表示将 a,d 与 b,c 分开的对角线; f 将 a,b 与 c,d 分开; g 将 a,c 与 b,d 分开. 对这三条线, 我们有一个卓越的定理:

定理 设一个四边形内接于半径为 R 的圆, 它的三条对角线(按照上面的意义)为 e, f, g, 则这四边形的面积是

$$F = \frac{efg}{4R}$$

证明以三角形面积的熟知公式(§15d)为基础; 边为 a, b, f 与边为 c, d, f 的三角形(图 29)面积分别为

$$F_1 = \frac{abf}{4R}, F_2 = \frac{cdf}{4R}$$

相加并应用托勒密定理, 即得

$$F = \frac{f}{4R}(ab+cd) = \frac{feg}{4R}$$

---

① 译者注: 即 $abcd, acdb, adbc$.

系 碰巧获得用边表示对角线长的公式

$$f^2 = \frac{(ac+bd)(ad+bc)}{ab+cd}, \cdots$$

[84]　　**因为**　　$F = \dfrac{f}{4R}(ab+cd) = \dfrac{g}{4R}(ac+bd) = \dfrac{e}{4R}(ad+bc)$

所以　　$\dfrac{f}{g} = \dfrac{ac+bd}{ab+cd}, \dfrac{f}{e} = \dfrac{ad+bc}{ab+cd}, eg = ab+cd$

将三式相乘,立即得出结论. 由这些关于 e, f, g 的表达式,反过来,利用 §109, 可以得出一个用边表示 R 的公式.

练习　对本章中证明完全略去或部分略去的命题,即 §85,§86,§87, §93,§94,§96(包括系),§97,§98,§99,§101(包括系),§102,§103,

[85]　§104,§108,给出完整的证明.

圆的几何学

第五章

§112 在第三章,我们已经学习了圆的几何学的基本性质,特别加强了共轴圆与反演变换的性质.在本章,我们将更进一步.在方法库中将增加一些工具,几乎与前几章一样重要.但这些方法在后面并不广泛使用,所以读者可以完全略去第五、第六章,立即进到第七章的三角形的几何,而无严重困窘.但我们强烈推荐读一读以下部分:§113 ~ §117,§126 ~ §133.第六章继续学习圆,但并非学习以后各章的预备知识.

本章的第一部分以开世(Casey1820 - 1891)关于共轴圆的一个重要定理为基础;由这个中心定理,引出一些有趣的推广.其次,在反演的理论中,我们发展"逆相似圆"的性质(关于这个圆,两个已知圆互为反形).我们简单地讨论极点与极线,这是与反演密切相关的课题,最后,讨论球面射影,这是一种特殊形式的空间反演.

§113 下面的定理,属于开世,是通向许多定理与发展的入口.

定理 一个点关于两个不同心的圆的幂的差,等于圆心距与这点到两圆根轴的距离的积的两倍(§45,§98).

[86]

证明与根轴定理的证明(§45)非常类似.设已知圆为 $C_1(r_1), C_2(r_2)$,P 为已知点,PQ 与 PP' 分别为 P 到根轴 LQ 与连心线 C_1C_2LP' 的垂线(图30),则

$$\text{幂的差} = \overline{PC_1}^2 - r_1^2 - \overline{PC_2}^2 + r_2^2 =$$

$$\overline{P'C_1}^2 - (\overline{C_1C_2} + \overline{P'C_1})^2 - r_1^2 + r_2^2 =$$
$$2\,\overline{C_1C_2} \cdot \overline{P'C_1} - \overline{C_1C_2}^2 - r_1^2 + r_2^2 =$$
$$2\,\overline{C_1C_2} \cdot \overline{P'C_1} + 2\,\overline{C_1C_2} \cdot \overline{C_1L} =$$
$$2\,\overline{C_1C_2} \cdot \overline{PQ} \quad (\S 45)$$

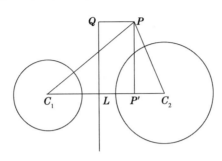

图 30

系 关于两个圆的幂的差为定值的点的轨迹,是与它们的根轴平行的直线.

系 设一点在一个圆上移动,则它关于第二个圆的幂与它到这两个圆的根轴的距离成正比(比例系数等于圆心距的两倍).

这是上面定理的特例,点关于其中一个圆的幂为零.

§114 定理 设一点在共轴圆组的一个圆上移动,则这点关于这组中另两个圆的幂的比是一个定值,即这点所在圆的圆心到另两个圆圆心的距离的比.

设这三个圆为 c,c_1,c_2;P 为 c 上任意一点,P 到根轴的垂线为 PQ,P 关于圆 c 的幂为 $P(c)$,则

$$P(c)=0, P(c_1)=2\,\overline{PQ}\cdot\overline{CC_1}, P(c_2)=2\,\overline{PQ}\cdot\overline{CC_2}$$

因此立即得

$$\frac{P(c_1)}{P(c_2)} = \frac{\overline{CC_1}}{\overline{CC_2}}$$

这就是所要证明的.

§115 定理 反过来,一个点到两个定圆的幂的比为一个定值,则它的轨迹是与这两个圆共轴的一个圆.

因为设 P 为满足条件的任一点,与已知两圆共轴并且过 P 的圆圆心为 X,则

$$P(c_1)=2\,\overline{C_1X}\cdot\overline{PQ}, P(c_2)=2\,\overline{C_2X}\cdot\overline{PQ}$$

所以
$$\frac{P(c_1)}{P(c_2)} = \frac{\overline{C_1 X}}{\overline{C_2 X}}$$

由已知,左边是定值;因此 X 是 $C_1 C_2$ 上一个定点,P 永远在这共轴圆组的同一个圆上.

作为特殊情况,我们已经知道如果一个点在共轴圆组中的一个圆上移动,那么它到这共轴圆组的两个极限点的距离的比为定值.

定理 两个圆的相似圆与这两个圆共轴(参看§37,§59).

§116 上面所说的开世定理不适用于同心圆. 关于同心圆,可以用下面的定理来代替,由它可建立相当于§114,§115的定理.

定理 一个点关于两个同心圆的幂的差,等于两圆半径的平方差,因而处处为定值.

定理 一个点到两个同心圆的幂的比为定值,则它的轨迹是一个与已知圆同心的圆,即与它们共轴的圆.

下面介绍这批定理的一些应用.

§117 **定理** 设 AP, BQ, CR 是从 A, B, C 向圆 K 所引的切线,则当且仅当
$$\overline{AB} \cdot \overline{CR} \pm \overline{AC} \cdot \overline{BQ} \pm \overline{BC} \cdot \overline{AP} = 0$$
时,过 A, B, C 的圆与 K 相切.

我们看到它与托勒密定理的形式相同;当 K 是零圆时,这个定理就化为托勒密定理. 在下一章,我们将进一步推广到与四个圆的公切线或公切圆有关的问题(§172).

证明 设过 A, B, C 三点的圆为 J. 首先假设它与 K 相切于点 L. 我们可以将 L 当做点圆,三个圆 J, K, L 是一个第Ⅲ类共轴圆组的成员(图 31). 因此,由 §113 第 2 个系,当点在 J 上移动时,它关于 K 与 L 的幂的比为定值
$$\overline{AP} = c \cdot \overline{AL}, \overline{BQ} = c \cdot \overline{BL}, \overline{CR} = c \cdot \overline{CL}$$
但 A, B, C, L 共圆,设 B 与 L 为相对的顶点,由托勒密定理
$$\overline{BL} \cdot \overline{AC} = \overline{AL} \cdot \overline{BC} + \overline{CL} \cdot \overline{AB}$$
两边乘以 c 并将上面的式子代入,得
$$\overline{BQ} \cdot \overline{AC} = \overline{AP} \cdot \overline{BC} + \overline{CR} \cdot \overline{AB}$$
即所要证的等式.

反过来,设上述等式成立,我们证明圆 J, K 相切.

满足
$$\frac{\overline{AX}}{\overline{CX}} = \frac{\overline{AP}}{\overline{CR}}$$
的点 X 的轨迹是一个圆(§58);这个圆与圆 ABC 相交,在 AC 的两侧各有一个

交点. 设 M 为与 B 异侧的交点, 则
$$\frac{\overline{AM}}{\overline{AP}} = \frac{\overline{CM}}{\overline{CR}} = t$$
由托勒密定理
$$\overline{BM} \cdot \overline{AC} = \overline{AM} \cdot \overline{BC} + \overline{CM} \cdot \overline{AB}$$
代入
$$\overline{BM} \cdot \overline{AC} = t \cdot \overline{AP} \cdot \overline{BC} + t \cdot \overline{CR} \cdot \overline{AB}$$
将它与已知中的等式比较, 可知
$$\overline{BM} = t \cdot \overline{BQ}$$
所以 B 也在同一个圆 ACM 上. 即过 A, B, C 的圆与 K 及零圆 M 共轴. 但 M 在圆 ABC 上, 所以这共轴圆组是第Ⅲ类的, 组中的圆都在点 M 相切.

[90]

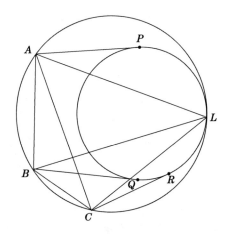

图 31

§118　定理　设直线交一个圆于 P, Q, 交另一个圆于 R, S; 第一个圆在 P, Q 的切线与第二个圆在 R, S 的切线相交于四个点, 则这四点共圆, 这个圆与已知圆共轴.

因为设点 P 处的切线与点 R 处的切线相交于 A, 则 A 到两圆的切线的比是
$$\frac{\overline{AP}}{\overline{AR}} = \frac{\sin \angle APQ}{\sin \angle ARS}$$
因为同一个圆的两条切线与割线 PS 成相等的角, 所以对于四个交点, 上述的比为定值. 由 §115, 这四个圆在与已知圆共轴的圆上.

当直线通过两个圆的一个位似中心时, 出现两个交点在无穷远, 另两个在根轴上的特殊情况.

定理 三个圆共轴,从其中一个圆上任意一点作其他两个圆的切线各一条,则过两个切点的直线截两个圆所得的弦的比是一个定值.特别地,如果一条直线截两个圆所得的弦相等,那么在每条弦的一个端点处,所作的切线相交在两个圆的相似圆上.反过来也成立.

§119 彭赛列(Poncelet)关于圆内接、外切多边形的定理,是前面幂的定理的有趣应用.

引理 设一个完全四角形的顶点共圆.如果一条直线与两条对边成等角,那么它与每一对对边成等角.

设 A,B,C,D 在一个圆上,直线 XY 交圆于 X,Y;分别交 AB,CD 于 P,Q,并且交成等角(图32),则

$$\sphericalangle AB, XY = \sphericalangle XY, CD$$

但

$$\sphericalangle BD, AB = \sphericalangle CD, AC$$

相加

$$\sphericalangle BD, XY = \sphericalangle XY, AC$$

即所要证明的结论.

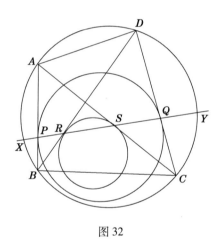

图 32

引理 设一条直线与一个圆内接四边形的对边成等角,则过它与每一对对边的两个交点可以作一个圆与这两条边相切;并且这样的三个圆与已知圆共轴.

因为一对对边与这条直线成等角,所以可以作一个圆在交点处与这两条边相切.考虑两个这样作出的圆;如§118,它们在共线点上的四条切线的交点,即 A,B,C,D,在一个圆上,这圆与所考虑的两个圆共轴.因此,四个圆共轴.

§120 **定理** 设一个四边形内接于一个固定的圆,并且两条对边移动时,永远与另一个固定的圆保持相切,则任一组对边,在每个位置,都与两个已知圆的共轴圆相切.

§121 设一个三角形的顶点,在共轴圆组的一个定圆上连续地移动,两条边分别与这组圆中另两个固定的圆连续地相切,则第三条边与这组圆中一个固定的圆相切①.

设 $A_1A_2A_3$ 与 $B_1B_2B_3$ 为圆 c 的内接三角形的两个位置,A_1A_2,B_1B_2 与圆 c_3 相切,A_1A_3,B_1B_3 与圆 c_2 相切. 希望证明 A_2A_3,B_2B_3 与同一个共轴圆组的另一个圆 c_1 相切.

考虑四边形 $A_1B_1A_2B_2$;因为一组相对的连线与同一个圆相切,所以另一对连线 A_1B_1 与 A_2B_2 也是这样. 同样 A_1B_1,A_3B_3 与这组圆的一个圆相切. 在一个共轴圆组中,一般地,有两个圆与一条已知直线,如 A_1B_1,相切;我们必须确定与 A_1B_1,A_2B_2 相切的圆 c',是否就是与 A_1B_1,A_3B_3 相切的圆 c''. 根据连续原理,我们可以证明它们是同一个. 因为设 $B_1B_2B_3$ 连续地变动成 $A_1A_2A_3$;则 c' 与 c'' 两个圆连续地变动成已知圆 c,而 A_1B_1 与 A_2B_2 分别变成 c 在 A_1 与 A_2 的切线. c 在 A_1 的切线当然还与这共轴圆组中另一个圆 $\bar{c}$ 相切,$\bar{c}$ 与 c 在根轴的两侧. 当 B_1 移到 A_1 的位置时,共轴圆中两个与 A_1B_1 相切的圆,一个变到极限位置 c,另一个变为 $\bar{c}$. 但 c' 与 c'' 都变为 c,而不变为 $\bar{c}$,所以这两个圆一直是同一个圆.

因此,在这组圆中有一个圆与 A_2B_2,A_3B_3 相切. 根据上面所用的同样理由,有一个圆 c_1 与 A_2A_3,B_2B_3 相切. 但 A_2A_3 是一条固定直线,当 B_2B_3 连续变动时,B_2B_3 仅能与一个固定的圆相切. 这就完成了证明.

§122 **定理** 设一个多边形的顶点在一个固定的圆上移动,除一边外,每一条边与一个固定的圆相切,这些圆及第一个圆属同一个共轴圆组,则剩下的一条边也与这共轴圆组的一个固定的圆相切,并且每一条对角线也各与这圆组中一个固定的圆相切②.

这是上一个定理的直接结果. 因为已知从一个顶点引出的两条线与这圆组中的圆相切,所以联结它们另一端点的线也与一个圆相切.

特别地,多边形的边可能全与同一个圆相切. 于是有如下的定理:

定理 设两个圆有如下关系:一个多边形既是一个圆的内接多边形,又是另一个圆的外切多边形,则可以作出无数多个这样的多边形,并且这可以变动的多边形的每一条对角线各与一个固定的圆相切.

§123 关于一个三角形内接于一个圆,又外切于另一个圆的问题,将按正常次序在 §297 中讨论. 现在我们简单地考虑一下这样作成的四边形.

定理 设一个圆的一条动弦对一个固定点 M 张成直角,则弦的中点与 M

---

① 通常叙述这个定理时,没有连续性的要求,这是不对的. 如果设三角形内接于一个圆,而两条边分别与另两个圆相切,则第三条边与两个不同的圆中的一个相切,或与另一个相切.

② 译者注:也应加上连续的条件,参见上节注.

到弦的垂线的足都画出一个同样的圆,弦两端所作切线的交点也画出一个圆,这两个圆与已知圆共轴,以 M 为这组圆的一个极限点.

因为设 AB 为动弦,O 为它的中点,H 为垂足,已知圆在 A,B 的切线相交于 P,则

$$\overline{OM} = \overline{OA} = \overline{BO}$$
$$\overline{OM}^2 = -\overline{OA} \cdot \overline{OB}$$

O 关于已知圆与零圆 M 的幂的比为定值 -1,因此 O 在与这两个圆共轴的一个圆上移动. 又由相似三角形

$$\overline{HM}^2 = -\overline{HA} \cdot \overline{HB}$$

所以 H 恒在同一个圆上. 最后,O 与 P 关于已知圆互为反演点,所以 P 的轨迹[94]是这圆组中的另一个圆.

§124 定理 设一个四边形外切于一个圆,则当且仅当联结对边上的切点的直线互相垂直,这个四边形的顶点在另一个圆上.

因为设四边形 $A_1A_2A_3A_4$ 的边与圆 c 相切于 B_1,B_2,B_3,B_4;如果 B_1B_3 与 B_2B_4 在点 M 互相垂直,那么弦 $B_1B_2, B_2B_3, B_3B_4, B_4B_1$ 都在 M 张成直角,由上一个定理,A_1,A_2,A_3,A_4 在一个圆上. 反过来,如果四个顶点共圆,由相等的弧容易证明 B_1B_3 与 B_2B_4 互相垂直.

系 设两个圆的位置有这样的关系:有一个四边形内接于其中一个圆并且外切于另一个,则这样的四边形有无穷多个;第一个圆上任意一点都可以取做一个顶点.

因为在这种情况下,不论点 A_1 的位置如何,如果作出切线 A_1B_1, A_1B_4,那么 B_1B_4 在点 M 张成直角.

§125 定理 设两个圆,允许一个四边形内接于第一个圆并且外切于第二个圆. r, ρ 分别为它们的半径,d 为圆心距,则

$$\frac{1}{(r-d)^2} + \frac{1}{(r+d)^2} = \frac{1}{\rho^2}$$

因为设连心线交第一个圆于 A_1, A_3;四边形 $A_1A_2A_3A_4$ 的边切第二个圆于 $B_1, B_2, B_3, B_4$①,则 B_1B_4, B_2B_3 均与连心线 OC 垂直. 设它们与连心线的交点为 D, E,则因为 $A_1A_2A_3$ 是直角,所以 B_1O 垂直于 B_2O,三角形 ODB_1 与 B_2EO 全[95]等. 但

$$\overline{OD}^2 + \overline{DB_1}^2 = \rho^2$$

所以

$$\overline{OD}^2 + \overline{OE}^2 = \rho^2$$

---

① 译者注:上面所说的点 M 是共轴圆组的极限点,因而必在连心线上. 当 A_1 在连心线上时,上面系中所说的以 A_1 为一个顶点的四边形必以连心线与第一个圆的另一个交点 A_3 为与 A_1 相对的顶点.

因为
$$\overline{OD} = \frac{\rho^2}{r+d}, \overline{OE} = \frac{\rho^2}{r-d}$$
化简后即得所需要的等式.

逆相似圆

§126 **定义** 如果两个圆关于一个圆互为反形,那么这个圆称为这两个圆的逆相似圆.

我们已经证明对两个互为反形的圆,反演中心是它们的一个位似中心,这两个圆关于反演的对应点是逆对应点. 因此,两个已知圆至多有两个逆相似圆,在所有情况,这些逆相似圆与已知圆共轴. 为了使两个圆的一个位似中心成为一个逆相似圆的中心,充分必要条件是它到每一对逆对应点的距离的积(定值)为正数;这个数是反演半径的平方. 考虑所有情况,得到如下结果.

§127 **定理** 两个相交的圆有两个逆相似圆,通过它们的交点,互相正交,圆心即两个已知圆的位似中心. 两个不相交或相切的圆仅有一个逆相似圆,与已知圆共轴,圆心为外位似中心或内位似中心,根据已知圆外离、外切或内含、内切而定.

§128 如果利用反演将已知圆变为同心圆或直线,通过这较为简单的图形可以导出刚刚得到的结果.

定理 两个同心圆仅有一个逆相似圆,它与已知圆同心,半径为已知圆半径的比例中项. 两条相交直线有两个逆相似圆,即它们的角平分线,这两个圆互相正交.

§129 **定理** 任意两个圆可以通过反演变为相等的圆.

只需将反演中心放在任一个逆相似圆上;后者反演成一条直线,两个圆的反形关于这条直线互为反形,即它们相等并且关于这条直线对称.

定理 对已知的三个圆,至多有八个点,以它们中的任一个为反演中心,可以将这些圆变成等圆. 但这样的点可能不存在①.

如果以已知圆中任意两对的逆相似圆的一个交点为反演中心,那么三个已知圆便变成等圆. 第三对的逆相似圆显然也通过这样的点. 在最有利的情况,所有的圆都相交,有三对逆相似圆,其中任两对将有八个交点;另一方面,可能发生每两个逆相似圆不相交的情况. 例如,如果一个已知圆非常大,而另两个相对

---

① 对这一定理的不正确的叙述经常出现;参看 Lachlan,223 页,及 Casey,90 页. 而 McClelland,246 页所发表的陈述是正确的.

地甚小,并且每两个圆的距离很大,就会出现这种情况.

这否定的结果是一大憾事,因为如果在所有情况,都能将三个已知圆变为等圆,那就非常方便了. 在已知圆共点时,这样的变换总是可能的.

系 对于三个已知圆,至多有八个反演中心,可将它们变为半径任意选定的圆. 但这样的点可能根本没有.

§130 定理 一般地,存在一个反演,使三个已知点的反演点组成的三角形,与一个已知的三角形相似.

设三角形 ABC 与 PQR 为已知,希望用一个反演,将 A,B,C 变为 A',B',C',使得三角形 $A'B'C'$ 与 PQR 相似. 由§75,反演中心 O 由方程

$$\angle AOB = \angle ACB + \angle PRQ$$

$$\angle BOC = \angle BAC + \angle QPR$$

确定,它是一个过 A,B 的圆与一个过 B,C 的圆的交点(但请参见§75 的注).

系 任意两个三角形可以这样放置:它们的对应顶点关于 一个圆互为反演.

§131 定理 不共圆的四个点可反演成一个三角形的顶点和垂心①.

为了证明这个定理,我们首先考虑通过一点 A 的三个圆 ABC,ABD,ACD 的逆相似圆. 如果我们将这三个圆反演为直线 $B'C', B'D', C'D'$,那么逆相似圆变成三角形 $B'C'D'$ 的角的平分线. 这六条角平分线相交于四点,所以在原来的图中,六个逆相似圆相交于四点. 现在取其中一点为反演中心,则过这一点的三个逆相似圆变成直线. 因此圆 ABC,ABD,ACD 变成等圆. 于是,如§104 所示,这些等圆的交点 A'',B'',C'',D'' 有这样的性质:任意一个是其他三个所成三角形的垂心.

§132 定理 任意四点可反演成一个平行四边形的顶点.

设这四点不共圆. 同前,我们考虑过其中每三点的圆,以及这四个圆的逆相似圆. 除去上面已经确定过的、逆相似圆的四个交点外,ABC,ADC 的逆相似圆与 ABD,CBD 的逆相似圆交在其他四个点(考虑经过反演后所得的简单图形,就可证明这些交点确实存在). 如果取一个这样的点为反演中心,所得的圆两两相等,它们的交点是平行四边形的顶点.

定理 任意四个共圆的点,可以反演成长方形的顶点.

设 A,C 在圆上将 B,D 分开. 与这已知圆正交的圆,一个过 A,C,另一个过 B,D,它们相交于 X,Y 两点. 以 X 为反演中心,则圆 ACX 与 BDX 变成相交于 Y' 的直线,已知圆变成与它们正交的圆,因此圆心为 Y'. 于是,$A'C'$ 与 $B'D'$ 是它的

---

① 关于这个定理及下面的定理,参见作者在 American Mathematical Monthly,30 即XXX,1923,p. 250 发表的文章"On the Circles of Antisimilitude of the Circles determined by Four Given Points".

直径,即 $A'B'C'D'$ 是长方形.

§133 前面的一些定理,以及同类型的其他定理,与下面的一般定理密切相关.

定理 设两个 n 边形内接于同一个圆,对应顶点的连线均交于点 C,则以 C 为反演中心,每一个多边形的反形与另一个多边形位似.

因为如 §71 的证明,互为反演的点是已知圆与它的反形的逆对应点. 因此,本定理中的点是对应点,以 C 为位似中心.

本定理有很多明显的应用. 一个已知三角形,在反演中心指定后,它的反形(三角形)的形状立即确定. 在 §132 第二个定理的证明中,如果 X 或 Y 中的任一个与四个已知点相连,那么连线与圆再相交于一个长方形的四个顶点. 作为另一个应用,我们考虑调和四边形.

定义 如果一个四边形的顶点是一个正方形的顶点的反演,那么它称为调和四边形.

定理 一个圆内接四边形是调和四边形,当且仅当它的对边的积相等.

因为这是正方形的性质,其他的长方形没有. 由 §68c,这个性质经过反演保持不变.

定理 过任意一点与正方形的顶点作直线,交正方形的外接圆于一个调和四边形的顶点.

极点与极线

§134 极点与极线的理论通常属于射影几何的范围,用初等方法很难适当地处理. 但由于它与反演有密切的关系,我们作一些简单的讨论.

定义 设两个点关于一个圆互为反演,则过第二个点并且与这两点连线垂直的直线,称为第一个点关于这个圆的极线. 这点称为这条线的极.

§135 下面的性质是定义的直接推论.

定理 除反演中心外,每一点有一条确定的极线. 每条不过反演中心的直线有一个极点. 反演圆上的点,极线是过这点的切线. 切线的极点就是切点. 其他情况,极线都不过它的极点. 如果点在圆外,那么它的极线是过它所引的两条切线的切点的直线. 两条直线之间的角,等于它们的极点在反演中心所张的角.

为完整起见,反演中心的极线定义为无穷远线;反演圆的任一条直径的极点,是与这直径垂直的方向上的无穷远点.

§136 定理 设一点在另一点的极线上,则第二个点也在第一个点的极线上.

因为设 Q 在 P 的极线上；记这些点的反演点为 Q', P'，反演中心为 O，则 P 的极线垂直于 OPP'，相交于 P'，$OP'Q$ 是直角三角形. 但三角形 $OP'Q$ 与 $OQ'P$ 相似，所以 P 在过 Q' 并且与 OQ' 垂直的直线上，这条直线就是 Q 的极线.

因此，如果几个点共线，那么它们的极线共点；如果几条直线共点，那么它们的极点共线. 联结两个点的直线的极是这两点的极线的交点.

§137　**定理**　设由一定点向一圆作割线，在割线与圆相交处作切线，则切线的交点在已知点的极线上.

即设过定点 A 作直线交圆于 P, Q，则在 P, Q 处的切线的交点 T 在 A 的极线上. 因为 T 的极线是直线 PQ，PQ 过 A，所以 T 在 A 的极线上.

练习　叙述并证明逆定理.

§138　**定义**　两个点，每一个在另一个的极线上，称为关于这个圆的共轭点. 两条直线，每一条过另一条的极点，称为共轭直线.

定理　设过两共轭点的直线交圆于两点，则每一对点将另一对点外分与内分成同样的比；即这四点成调和点列(§87). 反过来，任意两个将圆的一条割线调和分割的点是关于这个圆的共轭点①.

设 O 为圆心，P, Q 为共轭点，PQ 交圆于 X, Y，圆 XYO 交 OP 于 R，则三角形 OXP 与 ORX 相似，因此，R 是 P 的反演点，RQ 是它的极线，角 PRQ 是直角. 在三角形 XYR 中，RP 平分外角 R；因此它的垂线 RQ 平分内角. 但我们知道三角形一角的平分线分对边为相邻两边的比，因此 P 与 Q 外分、内分 XY 成相同的比，这就是要证明的(图33).

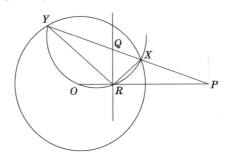

图 33

系　过一定点作变动的割线交圆于两点，则这个定点关于这两个交点的调和共轭点的轨迹是这个定点的极线.

§139　**定理**　设由一个定点向圆作两条割线，联结它们与圆的交点，则对

---

① 这是一个射影几何的定理. 大多数证明利用射影原理. 上面的简单证明取自 Lachlan 的书(152 页).

边的交点在这定点的极线上.

[102]　由 A 作割线 APQ, ARS. 设 PS 交 QR 于 Y, PR 交 QS 于 Z. 希望证明 Y, Z 在 A 的极线上(图 34).

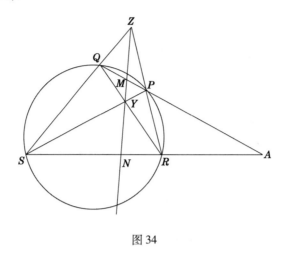

图 34

用第八章(参见§225)理论可以作一个简单的证明. 下面的证明直接应用§84, 虽然看起来有点吓人.

设 YZ 交 APQ 于 M, 交 ARS 于 N. 只需证明

$$\frac{\overline{MP}}{\overline{MQ}} = -\frac{\overline{AP}}{\overline{AQ}}, \quad \frac{\overline{NR}}{\overline{NS}} = -\frac{\overline{AR}}{\overline{AS}}$$

由§84得

$$\frac{\overline{MP}}{\overline{MQ}} = \frac{\overline{ZP}\sin\angle MZP}{\overline{ZQ}\sin\angle MZQ}, \quad \frac{\overline{YQ}}{\overline{YR}} = \frac{\overline{ZQ}\sin\angle YZQ}{\overline{ZR}\sin\angle YZR}$$

$$\frac{\overline{ZP}}{\overline{ZR}} = \frac{\overline{SP}\sin\angle QSP}{\overline{SR}\sin\angle QSR}, \quad \frac{\overline{YR}}{\overline{YQ}} = \frac{\overline{SR}\sin\angle PSR}{\overline{SQ}\sin\angle PSQ}$$

[103] 结合以上各式得

$$\frac{\overline{MP}}{\overline{MQ}} = -\frac{\overline{SP}\sin\angle PSR}{\overline{SQ}\sin\angle QSR}$$

类似地, 直接应用§84得

$$\frac{\overline{AP}}{\overline{AQ}} = \frac{\overline{SP}\sin\angle PSR}{\overline{SQ}\sin\angle QSR}$$

因此立即得出关于 M 的所需结果. 同样方法可以立即应用于 N. 因此 MN 是点 A 的极线.

系 一点关于一个圆的极线,利用这个圆的内接完全四角形,可以仅用直尺作出.

§140 问题 由圆外一点作圆的切线.

用上面的方法画出极线. 由已知点到极线与圆的交点的直线就是所求的切线. 这个作图仅用直尺,在实践中经常使用.

§141 定理 设两个点关于一个已知圆共轭,则以这两点为直径两端的圆与已知圆正交. 反过来,设两个圆正交,则一个圆的任一条直径的两个端点关于另一个圆共轭.

系 a. 设 P 为一个已知圆上的一个定点,PQ 为直径. 过 P 作与已知圆正交的圆,则 P 关于所有这些正交圆的极线过一个定点,即 Q.

b. 两个共轭点之间的距离,等于它们的中点到圆的切线的两倍.

c. 一个固定点关于一个共轴圆组中各个圆的极线,通过另一个固定的点. 以这两个定点为直径两端的圆与这共轴圆组中的圆正交.

d. 两个共轭点的距离的平方,等于它们关于圆的幂的和. [104]

§142 萨蒙(Salmon(1819 – 1904))定理 圆心到任意两点的距离,与每一点到另一点极线的距离成比例.

设 O 为圆心,A,B 为任意点,A',B' 为它们的反演点,AP,BQ 为极线 $B'P,A'Q$ 的垂线. 如果分别向 OB,OA 作垂线 AA_1,BB_1,那么由相似三角形

$$\frac{\overline{OA}}{\overline{OB}} = \frac{\overline{OA_1}}{\overline{OB_1}}$$

又,因为 A,B,A',B' 共圆

$$\frac{\overline{OA}}{\overline{OB}} = \frac{\overline{OB'}}{\overline{OA'}}$$

结合这些比例式得

$$\frac{\overline{OA}}{\overline{OB}} = \frac{\overline{OB'}-\overline{OA_1}}{\overline{OA'}-\overline{OB_1}} = \frac{\overline{AP}}{\overline{BQ}}$$

即所欲证的结论. 由这个定理又可导出不少有趣的结果.

§143 定义 如果一个三角形的顶点都是另一个三角形的边的极点,那么这两个三角形称为(关于一个圆)共轭的. 显然共轭关系是可逆的. 如果一个三角形的每一个顶点都是对边的极点,那么它称为(关于一个圆的)自共轭三角形.

定理 一个关于圆的自共轭三角形可以这样作出:任取一个顶点,在它的极线上任取第二个顶点,前两个顶点的极线的交点就是第三个顶点. [105]

定理 设一个完全四角形内接于圆,则它的三个对角线点,即对边的交点,

是自共轭三角形的顶点.

定理 自共轭三角形的高通过圆心.

这由定义立即得出.

球面射影

§144 称为球面射影的变换是一个平面上的点与一个球面上的点的简单关系,它将这个平面上的任一图形变到球面上. 由于这个变换与反演的直接关系,图形的很多性质变换后仍然保持,我们将介绍它的基本原理的梗概.

定义 已知一个球及一个与它相切的平面,取切点的对径点为射影中心;如果球面上一点与平面上一点的连线通过射影中心,那么这两点就称为球面射影的对应点.

球面与平面的切点作为南极 S,射影中心作为北极 N,记球心为 O,直径为 a.

§145 定理 除北极外,球面上每个点在平面上有一个对应点;平面上每个有限点对应于球面上一个点. 平面上,过 S 的直线对应于经线;以 S 为圆心的圆对应于纬线. 特别地,球的赤道在平面上的对应图形是半径为 a 的圆.

如果给有限平面添加一个无穷远点,像 §64 所说的那样,那么这个点对应于 N,上述对应关系就没有例外了.

将球面射影作为球在平面上的实际地图,有限的区域都得到满意的表示. 事实上,在绘制地图时,球面射影是最常用的方法.

§146 定理 设 P, P' 分别为球面与平面上的对应点,u 表示角 PNS,则
$$\overline{NP} = a\cos u, \overline{NP'} = a\sec u, \overline{SP} = a\sin u, \overline{SP'} = a\tan u$$

系 设 P, Q 关于球的赤道对称,则它们在平面上的射影 P', Q' 关于圆 $S(a)$ 互为反演. 图 35 是赤道的对应图形.

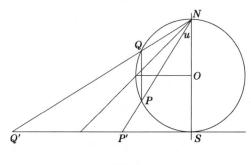

图 35

因为 $\angle PNS$ 与 $\angle QNS$ 互余
$$\overline{SP'} = a\tan\angle PNS, \overline{SQ'} = a\tan\angle QNS$$
所以
$$\overline{SP'} \cdot \overline{SQ'} = a^2$$

这个定理给反演提供了一个非常有趣的解释. 为了施行反演,我们先将图形球面射影到球上,然后关于赤道平面反射(对称)使上下半球互换,最后再用球面射影回到平面上.

系 任意两个对应点 P, P' 与 N 共线,并且 $\overline{NP} \cdot \overline{NP'} = a^2$.

§147 定理 球面射影就是关于球心为 N,直径为 a 的球的空间反演.

我们可以紧密地仿照平面上的对应理论,定义并讨论关于一个球的反演. 如果两个点 P, P' 与 O 共线,并且 $\overline{OP} \cdot \overline{OP'} = a^2$,那么它们是关于球 $O(a)$ 的反演点. 球的反形是球. 在球通过反演中心的特殊情况,反形是平面. 与反演球正交的球,经过反演不变. 读者可以详细地推导这些类似的结果,从中发现乐趣.

球面射影显然正是这种类型的变换,因为 $\overline{NP} \cdot \overline{NP'} = a^2$. 已知平面点对点地变为已知球面. 由此可以推出一个图形射影到球面上时,它的基本的不变性质.

§148 定理 平面上的一条直线变成通过射影中心的一个圆;反过来也成立.

因为在两种情况中,射影直线全在一个过 N 的平面内.

定理 平面上的一个圆,经球面射影变为球面上的圆;反过来也成立.

设平面上已知一个通常的圆,定出这圆上任一点 P 的球面射影 P',考虑过这个圆与点 P' 的球 Q. 因为 Q 通过两个关于球 $N(a)$ 互为反演的点,所以它与球 $N(a)$ 正交. 于是已知圆变为球 Q 上的一条曲线,它也在球 $N(a)$ 上. 但两个球的交线是一个圆. 反之,这个证明也可以立即反过来.

§149 定理 平面上两条直线的夹角等于它们的球面射影的夹角.

因为平面上的直线 AB, AC 变成圆 $NA'B', NA'C'$. 这两个圆在点 N 的切线分别与 AB, AC 平行;并且这两个圆在 N 与 A' 交成相等的角. 所以在 A' 的角等于已知角 A.

于是,我们看到球面射影将一个平面图形变为球面上的图形,反过来也成立;角的大小保持不变,圆仍变为圆,这与平面上的反演一样. 在这个平面上的某个反演可以用这球关于赤道的简单反射来表示. 球面射影本身就是关于另一个球的空间反演,将这个平面变为这个球.

练习 给出本章中下列命题的完整证明:§116, §118, §120, §122, §127, §128, §133, §135, §136, §137, §140, §141, §143, §145, §146, §147.

相切的圆

第六章

§150 本章①我们应用前面所发展的一般理论,研究相切的圆的问题. 对两个圆,有无穷多个圆与它们相切,本章的第一部分研究这些圆组,以及许多与它们相联系的有趣图形. 然后考虑阿波罗尼问题(作一个圆与三个已知圆相切)的各个方面. 这个著名问题有有限多个解,个数不超过八. 下一个问题是与四个圆相切的问题;如果四个已知圆都与一个圆相切,它们必须满足一个特殊条件. 这个条件的本质是开世发现的,我们将仔细研究. 本章最后简略地考虑交成定角与交成等角的圆.

§151 定义 如果两个圆相切,并且在过切点的公切线的两侧,那么这两个圆称为外切;在同侧,则称为内切. [110]

设一个圆与另外两个圆相切. 我们将它分为两种情况:一种切法相同,即同为外切或同为内切;另一种与一个圆内切,与另一个圆外切.

§152 定理 如果圆心距等于两圆半径的和,那么两个圆外切. 如果等于半径的差,那么两个圆内切.

§153 定理 两个相切的圆经过反演后,切法不变,除非反演中心在一个圆内并且在另一个圆外.

§154 定理 如果一个圆与两个圆有相同的切法,那么切点与两个圆的外位似中心共线;如果切法不同,与内位似中心共线. 在任一种情况,这个圆与另两个圆的相应的公切线相交在两

---

① 如前所述,这一章不是以下各章的预备知识,可以略去不读,不影响后面的学习.

个圆的根轴上.

这不过是§61e的复述.

§155 现在详细研究与两个已知圆相切的圆组. 根据已知圆相交或不相交, 几种情况在细节上显然不同. 在每一种情况, 我们利用反演将图形简化.

首先, 我们设两个定圆不相交. 利用反演将它们变为同心圆. 于是我们发现两组与它们相切的圆, 任一组中的所有圆都相等. 一组圆在这两个同心圆之间, 与它们的切法不同. 另一组的圆包含较小的已知圆, 与两个已知圆都内切. 第一组的圆都与一个已知圆的同心圆正交, 并且在这个圆上的每一点, 组中有两个圆在这里彼此相切. 第二组圆没有公共的正交圆, 但都与某个定圆相交在这个定圆直径的两端(§49). 第二组中的每一个圆实际上与这组中所有圆都相交. 我们分别称这两组圆为顺切圆组与横切圆组. 由刚刚描绘的性质, 我们可以利用反演导出原来的圆的相切圆的性质.

定理 与两个不相交的圆都相切的圆, 组成两组, 即顺切圆组与横切圆组. 对两个已知圆之间的平面区域中任一个选定的点, 每一组中各有一个圆通过它. 顺切圆组中没有一个圆将两个已知圆分开, 而横切圆组中每个圆将已知圆分开. 如果已知圆外离, 顺切圆组由切法相同的圆组成, 横切圆组由切法不同的圆组成. 如果已知圆内含, 结论正好相反. 对顺切圆组, 有一个公共的正交圆; 横切圆组没有.

§156 如果已知圆相交, 利用反演可将它们变为相交直线. 于是相切的圆由两组组成, 它们的圆心在这两条直线组成的角的平分线上. 这两组圆无法区分, 但反演中心在其中一个角内, 并且在这个角中有两个所说的圆通过它.

于是在原来的图形中:

定理 与两个相交的圆相切的圆, 组成两组. 一组称为外切组, 由所有切法相同的圆组成, 包括两个圆的公切线. 另一组称为内切组, 由所有与已知圆切法不同的圆组成. 每一组圆有一个公共的正交圆, 它与已知圆共轴. 组中的圆沿着这公共的正交圆彼此相切.

根据类似的理由, 我们看到与两个彼此相切的已知圆相切的圆, 分为两组, 即与它们共轴的圆与另一组具有上面定理所述性质的圆.

§157 不时地参照变换后的图形获得灵感, 我们可以得出关于相切圆组的下列结论:

定理 在每一种情况, 与两个已知圆相切的圆分为两组, 根据它们与已知圆的切法相同或不同来分组. 任一组中的圆彼此相切的切点在已知圆的逆相似圆上. 如果一个已知圆的共轴圆与一组相切的圆相交, 那么交角都相等. 任一个与两个已知圆正交的圆, 与它们相交于四点. 这四点是四个相切的圆与已知圆的切点. 这四个圆所成的链中, 两组的圆交错地出现(参见§61d). 同一组中任意两个圆的切点共圆.使两个已知圆互相交换的反演,或者不改变一个相切圆组的每一个圆,或者将这些圆两两交换.两个已知圆的逆相似圆与一个相切圆组中的所有圆正交.

如果不细心区别两个相切圆组,可能产生困难.例如:

定理 如果两个圆与另两个圆相切,并且属于同一组,那么每一对圆的根轴通过另一对圆的对应的位似中心①.

证明甚易.

斯坦纳(Steiner)链

§158 斯坦纳的圆链是一组圆,个数为有限,每一个与两个固定的圆相切,并且与组中另两个圆相切.

已知两个不相交的圆,如果从它们的顺切圆组的任一个圆开始,画同一组第二个圆与第一个圆相切,第三个与第二个相切,等.可能但并非必然,最终第 n 个圆与第一个圆相切.如果出现这种情况,那么这些圆被称为构成一个斯坦纳链.

§159 **定理** 斯坦纳链经过反演变换后,仍为斯坦纳链.特别地,任一斯坦纳链可以变成与两个同心圆相切的圆链.

因此,我们可以从已知圆为同心圆的简单图形的性质,导出斯坦纳链的全部性质.

在以下三节中,标有 a 的定理讨论简化了的图形,标有 b 的讨论一般图形. [113]

设 O 为公共圆心, r,r' 为两个同心圆的半径,在它们之间存在一个斯坦纳链;令 C_1,C_2,r_1,r_2 为经过反演变成它们的两个圆的圆心和半径.

§160 a. **定理** 任意一批如斯坦纳链这样的,与已知圆相切的圆,可以绕 O 转过任意角.

b. **定理** 如果两个圆之间有一个斯坦纳链,那么就有无穷多个,任一个顺切圆都是一个链的成员.

§161 a. **定理** 斯坦纳链中任意两个相邻圆的内公切线通过 O,并且这些切线彼此的夹角相等.

b. **定理** 在一般的图中,设 K,L 为由已知圆确定的共轴圆组的极限点(换句话说,其中一点是反演中心,另一点是 O 的反演点),则可以作一个圆过 K,

---

① 开世在所著的 Sequel to Euclid(有李俨的中译本《近世几何学初编》,商务印书馆 1952 年 5 月出版)85 页中略去条件"属于同一组",因而他的定理不成立.

L，与已知圆正交，并且与斯坦纳链中任意两个相邻的圆在它们的切点处相切．
[**114**] 在 K 或 L 这些所作的圆中每相邻两个交成的角都相等（图 36）．

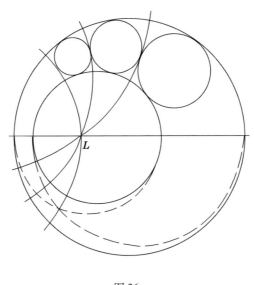

图 36

§162　a. 定理　如果两个同心圆的顺切圆组的每一个圆在 O 所张的角与 $360°$ 的比为有理数，即 $\angle TOT' = \dfrac{m}{n} \cdot 360°$，那么有一个斯坦纳链，由 n 个圆组成，绕圆心 O 恰好 m 圈．

b. 定理　两个不同心的圆有一个斯坦纳链的判别法是：每个与它们相切的圆，在 K 或 L 张成的角（定义为 §161b 中所说的相邻的正交圆的交角）与 $360°$ 的比为有理数．同 a，如果这个角是 $\dfrac{m}{n} \cdot 360°$，那么斯坦纳链由 n 个圆组成，并覆盖 m 次．

§163　a. 定理　任一顺切圆在点 O 所张的角，等于圆心与 O 共线的两个横切圆的交角．

因为顺切圆与横切圆的半径分别为 $\dfrac{1}{2}(r-r')$ 与 $\dfrac{1}{2}(r+r')$，它们的圆心到 O 的距离分别为 $\dfrac{1}{2}(r+r')$ 与 $\dfrac{1}{2}(r-r')$．显然有两个全等的三角形．

b. 定理　§162b 中的角可以用两个已知圆的横切圆组中两个圆的交角来代替，这两个圆与已知圆的切点在一个与已知圆正交的圆上（参见 §157）．

§164　我们叙述而不证明下面的斯坦纳定理：

定理① 如果一个斯坦纳链中,圆的个数为偶数,那么其中任意两个相对的圆与已知圆的切点,在已知圆的正交圆上.这一对圆本身又可作为另一个斯坦纳链的基圆②,两个已知圆是这个链的成员;如果这两个链的特征数(§162)为 m,n 与 m',n',那么

$$\frac{m}{n} + \frac{m'}{n'} = \frac{1}{2} \qquad [115]$$

鞋匠的刀

§165 定义 设 A,B,C 为共线的三点,以 AB,BC,CA 为直径并在直线同侧的半圆所围成的图形,称为鞋匠的刀.

这个图形有一些很有趣的性质,像阿基米德(Archimedes)这样的人物都曾仔细研究过③.我们仅将主要结果总结如下,证明的绝大部分留给读者.

设 C 在 A,B 之间,过 C 并且垂直于 AB 的直线交大圆于 G,在 AC,BC 上的圆的外公切线分别切这两个圆于 T,W,交 CG 于 S(图37).记 $\overline{AC},\overline{BC},\overline{AB}$ 为 $2r_1$, $2r_2,2r$.

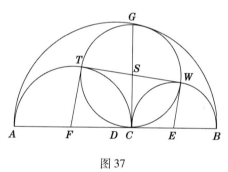

图 37

a. 弧 AGB = 弧 ATC + 弧 CWB.

b. $\overline{GC}^2 = \overline{TW}^2 = 4r_1 \cdot r_2$;$CG$ 与 TW 在 S 互相平分,因此 S 是过 C,G,T,W 的圆的圆心.

c. 鞋匠的刀的面积等于以 CG,TW 为直径的圆的面积.

d. 直线 GA,GB 分别过 T,W. $\qquad [116]$

---

① 证明及参考文献见 Coolidge,Geometry of the Circle,31~34 页.
② 译者注:即链中的圆都与这两个基圆相切.
③ 现代最完全的研究首推 Mackey,见 Proceedings Edinburgh Math. Society,Ⅲ,1884,p.2;其他参考文献见 Simon 的书,77 页.

e. 如果在曲边三角形 ACG, BCG 中各作一个内切圆,那么这两个圆相等,直径都是

$$\frac{\overline{AC} \cdot \overline{BC}}{\overline{AB}} = \frac{2r_1 r_2}{r}$$

设第一个圆分别切 CG,弧 AC,弧 AB 于 L, M, N,而 QL 为一条直径,则因为 M, N 是位似中心, AL 与 CQ 相交于 M, AQ 与 BL 相交于 N. 延长 AN 交 CG 于 Y,则三角形 ABY 的高相交于 L; BY 与 QC 都垂直于 AL,所以互相平行. 于是

$$\frac{\overline{QL}}{\overline{AC}} = \frac{\overline{QY}}{\overline{AY}} = \frac{\overline{CB}}{\overline{AB}}$$

由此即得结果.

f. c 中第一个圆与以 AC 为直径的圆,在 M 的公切线过点 B(因为 L, N, A, C 共圆).

g. 经过长的计算可以证明:与 e 中的两个圆内切的最小的圆等于以 CG 为直径的圆,因此它的面积与鞋匠的刀相等.

h. **帕普斯(Pappus)定理** 在鞋匠的刀中,我们考虑圆链 $c_1, c_2, \cdots$ 每一个都与 AB, AC 为直径的圆相切;c_1 与以 BC 为直径的圆相切, c_2 与 c_1 相切,等. 如果 r_n 表示 c_n 的半径, h_n 表示 c_n 的中心到直线 ACB 的距离,那么

$$h_n = 2n r_n$$

证明可用以 A 为中心的反演. 圆链变为与两条平行线相切的等圆,由比例即得结果.

阿波罗尼问题

[117] §166 下一个问题是几何中的著名问题,与阿波罗尼的名字连在一起,即:

作与三个已知圆相切的圆.

可以假定三个已知圆不共轴(对于三个共轴的圆,除非这共轴圆组由相切的圆组成,否则无解). 所求的圆与每个已知圆可能外切,也可能内切,因此我们预期在一般情况,有八个圆满足问题的条件. 考虑各种可能性,我们看到有时确有八个解,有时没有解.

首先,用与阿波罗尼所用的方法相类似的方法来分析这个问题,但使用近代的术语. 然后再考虑较简单的近代方法.

§167 首先注意如果两个圆内切,它们的半径都增加或减少相同的量,那么所得的圆仍然内切. 类似地,如果两个外切的圆,一个半径增加的量是另一个

减少的量,那么新的两个圆外切. 因此,如果一个圆的半径改变了,同时所有与它相切的圆的半径相应地增加或减少,所得的圆仍然相切.

定理 阿波罗尼问题等价于如下问题:作一个圆通过一个已知点并且与两个已知圆相切.

因为设需要作一个圆以指定的切法与三个已知圆相切;为确定起见,例如它与所有三个圆都外切. 如果这样的圆存在,将它的半径增加,加上最小的已知圆的半径,而三个已知圆的半径同时减去这相同的量. 那么所需求的圆通过一个点并与两个已知的辅助圆相切.

§168 **定理** 一个与两个已知圆以指定的切法相切、并过一个已知点的[118]圆,必定通过另一个定点. 因此,作这样一个圆的问题等价于作一个圆通过两个已知点并且与一个固定圆相切.

因为设所求的圆与已知圆相切于 $S,T; A$ 为已知点. 我们知道(§61e,§154)直线 ST 通过已知圆的一个位似中心 C;如果 CA 再交所求圆于 A',那么
$$\overline{CA} \cdot \overline{CA'} = \overline{CS} \cdot \overline{CT}$$
因此 A' 是一定点,很容易由上式确定. 如果上面的积是正的,那么已知圆有一逆相似圆,圆心为 C,A' 是 A 关于这个圆的反演点.

§169 **问题** 作一个圆通过两个已知点,并且与一个已知圆相切(参见§56).

设 A,A' 为已知点,c 为已知圆. 任画一个过 A,A' 的圆,交 c 于 P,Q. 设 PQ 交 AA' 于 O,则 O 关于这个圆的幂是 $\overline{OA} \cdot \overline{OA'}$. 从 O 作 c 的切线,切点也就是所求圆与 c 的切点. 于是问题化为过三个已知点作圆.

§170 上面的解法产生两个圆,因此得到原问题的两个解,这两个解由于它们对三个已知圆的切法均不相同,所以配成一对. 由§167中的四种不同的可能,我们将两个较大的圆的半径同时加上,或同时减去,或一个加上一个减去最小圆的半径,从而获得四对解.

§171 关于这个问题及有关问题的近代工作的广泛文献,可以阅读西蒙[119](Simon)的著作的文献索引①. 在众多的解法中,最著名、最简洁的是下面的解法,属于约尔刚(Gergonne). 这个解法与上面的较初等的解法类似,得到的圆成对,同一对的圆与已知圆的切法不同.

作法 定出已知圆的六个位似中心;每三个在一条直线上,共有四条直线. 定出其中任一条直线关于三个已知圆的极点;将这些极点与三个圆的根心联结起来. 如果这些直线与相应的圆相交,这三对交点就是两个所求圆的切点.

设已知圆为 c_1,c_2,c_3,圆心为 O_1,O_2,O_3. 考虑一对所求的圆,比如说每一个

---

① 该书 97~105 页.

与三个已知圆的切法都相同. 记这两个圆为 $c,\bar{c}$, 切点分别为 P_1,P_2,P_3,Q_1,Q_2,Q_3. 已知圆的外位似中心分别为 X_1,X_2,X_3. 首先,回忆一下,P_2P_3 与 Q_2Q_3 过 X_1;P_2,P_3 与 Q_2,Q_3 是一对逆对应点

$$\overline{X_1P_2}\cdot\overline{X_1P_3}=\overline{X_1Q_2}\cdot\overline{X_1Q_3}$$

由此得 X_1 在 c 与 $\bar{c}$ 的根轴上;同样,X_2 与 X_3 也是如此. 因此这三个位似中心共线.

其次,我们注意已知圆 c_1 与 $c,\bar{c}$ 的切法不同,所以联结切点的直线 P_1Q_1 通过 c 与 $\bar{c}$ 的内位似中心.

但这一点也是三个已知圆的根心,因为一个关于它们的公共正交圆的反演(或在必要时,反演后再接着作一个 180°的旋转)保持三个已知圆在原地不动,而圆 c 与 $\bar{c}$ 互换. 于是 P_1Q_1,P_2Q_2,P_3Q_3 通过根心 R.

最后,c_1 在 P_1 与 Q_1 的切线相交于根轴 $X_1X_2X_3$;即 P_1Q_1 的极点在 $X_1X_2X_3$ 上. 由此得 $X_1X_2X_3$ 关于 c_1 的极点在直线 P_1Q_1 上.

于是得出作法:为确定 P_1Q_1,我们首先确定直线 $X_1X_2X_3$,及它关于 c_1 的极点;还有根心 R. 从 R 到这极点的直线与 c_1 相交于 P_1,Q_1(图 38).

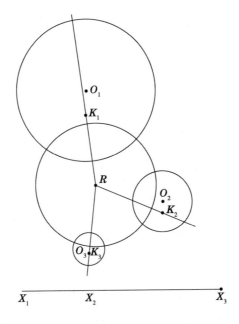

图 38

根据类似的推理,我们发现每一个外位似中心与两个内位似中心共线;这样确定的三条直线的极点与同一个根心 R 相连,可以求出另外三对所求的圆的切点. 如果一组从 R 引出的线不与相应的圆相交,对应的解就不存在.

开世定理

§172 定理 四个圆 c_1, c_2, c_3, c_4 与一个圆或一条直线相切,当且仅当

$$t_{12}t_{34} \pm t_{13}t_{42} \pm t_{14}t_{23} = 0$$

其中 t_{12} 是 c_1, c_2 的公切线等. [121]

这一著名定理,在这里不太精确地表述,是开世首先给出的①,但并不完整;因为他仅建立了在四个圆与一个圆相切时,上述等式成立. 逆定理,在应用上更为重要,常常在各种限制之下被证明②. 我们注意到这个定理可以被看做是由托勒密定理惨淡经营而得到的(参见§92,§117).

§173 在证明开世定理之前,我们先建立下面的引理:

定理 两个圆的外公切线的长的平方,除以两个圆半径的积,在这些圆受到反演变换时不变,只要反演中心在这两个圆内或在这两个圆外. 对内公切线,同样的结论成立. 换句话说,设 r_1, r_2 为两个圆的半径,$t_{12}, \overline{t_{12}}$ 分别为外公切线与内公切线的长,则量 $\dfrac{t_{12}^2}{r_1 r_2}, \dfrac{\overline{t_{12}}^2}{r_1 r_2}$ 对于反演中心在两个圆内或在两个圆外的反演不变③. [122]

设已知圆为 $C_1(r_1), C_2(r_2), C_1 C_2$ 交这两圆于 P_1, Q_1, P_2, Q_2,使 $P_1 Q_1, P_2 Q_2$ 与 $C_1 C_2$ 方向相同(图39). 设 $d = \overline{C_1 C_2}$,则

$$\frac{\overline{P_1 Q_2} \cdot \overline{Q_1 P_2}}{\overline{P_1 Q_1} \cdot \overline{P_2 Q_2}} = \frac{(d+r_1+r_2)(d-r_1-r_2)}{2r_1 \cdot 2r_2} = \frac{d^2 - (r_1+r_2)^2}{4r_1 r_2}$$

---

① 见 Sequel to Euclid 一书,102 页.

② 例如,可见 Lachlan 的书,244~251 页. 这里所采取的证法,照 Lachlan 的说法,属于 H. F. Baker;对这一证法,我们稍作了改进.

③ 必须注意当反演中心在一个圆内,另一个圆外时,上面的定理不成立. 如果这两个圆不相交,那么它们的反形也不相交,但一对圆有四条公切线,而另一对圆没有公切线(译者注:当反演中心在一个圆内,另一个圆外时,将外离的圆变为内含),所以定理甚至无法叙述. 另一方面,如果已知圆相交,那么每一对圆都有外公切线,但对这些切线,定理不成立. 开世(见他的书第 6 章,9 页)没有注意到这个不成立的情况,误说成(没有任何限制)分式 $\dfrac{t_{12}^2}{r_1 r_2}$ 经过反演不变. 但在这种情况下产生的困难可以克服,只需写出公切线平方的公式

$$t_{12}^2 = \overline{C_1 C_2}^2 - (r_1 - r_2)^2, \overline{t_{12}}^2 = \overline{C_1 C_2}^2 - (r_1 + r_2)^2$$

当右边为负值时,公切线不存在. 但我们可以给它们另取一个名字,以代表右边的式子. 于是,在引起麻烦的时候,将切线平方换成这两式右边的式子即可. 但在本书,上面所说的定理已经足够应用了,无需作这样的约定.

$$\frac{\overline{P_1P_2}\cdot\overline{Q_1Q_2}}{\overline{P_1Q_1}\cdot\overline{P_2Q_2}}=\frac{(d+r_1-r_2)(d-r_1+r_2)}{2r_1\cdot 2r_2}=\frac{d^2-(r_1-r_2)^2}{4r_1r_2}$$

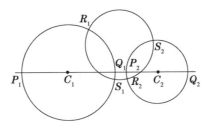

图 39

这些分子,如果是正的,分别表示内公切线与外公切线的平方.

再设任一个与已知圆正交的圆交它们于 R_1,S_1,R_2,S_2(与 P_1,Q_1,P_2,Q_2 同一次序),则

$$\frac{\overline{R_1S_2}\cdot\overline{S_1R_2}}{\overline{R_1S_1}\cdot\overline{R_2S_2}}=\frac{\overline{P_1Q_2}\cdot\overline{Q_1P_2}}{\overline{P_1Q_1}\cdot\overline{P_2Q_2}},\quad \frac{\overline{R_1R_2}\cdot\overline{S_1S_2}}{\overline{R_1S_1}\cdot\overline{R_2S_2}}=\frac{\overline{P_1P_2}\cdot\overline{Q_1Q_2}}{\overline{P_1Q_1}\cdot\overline{P_2Q_2}}$$

因为用一个反演可以将圆 $R_1S_1R_2S_2$ 与直线 $P_1Q_1P_2Q_2$ 交换,而这些分式是不变的(§68c).

现在设已知圆反演后变为 $C'_1(r'_1),C'_2(r'_2);R_1,S_1,R_2,S_2$ 变为 R'_1,S'_1,R'_2,S'_2,则

$$\frac{\overline{t_{12}}^2}{4r_1r_2}=\frac{\overline{R_1S_2}\cdot\overline{S_1R_2}}{\overline{R_1S_1}\cdot\overline{R_2S_2}}=\frac{\overline{R'_1S'_2}\cdot\overline{S'_1R'_2}}{\overline{R'_1S'_1}\cdot\overline{R'_2S'_2}}=\frac{\overline{t'_{12}}^2}{4r'_1r'_2}$$

对 t_{12} 的证明类似.(如果反演中心在一个圆内,另一个圆外,可以证明 R'_1,S'_1,R'_2,S'_2 的顺序与 R_1,S_1,R_2,S_2 不同;于是 t_{12} 与 $\overline{t_{12}}$ 互换,同时正负符号需作一些改变)

§174 下面证明开世的判别法.

定理 设四个圆 c_1,c_2,c_3,c_4 都与圆 k 相切,都不包含 k 或者都包含 k.如果 c_1,c_2 与 k 相切的切法相同,T_{12} 表示 c_1,c_2 的外公切线;如果它们与 k 相切的切法不同,T_{12} 表示内公切线.如果在 k 上,c_1 与 c_4 的切点被 c_2 与 c_3 的切点分开,那么

$$T_{12}T_{34}+T_{13}T_{24}-T_{14}T_{23}=0 \text{①}$$

---

① 大多数作者未给出这个定理成立的准确范围.Casey,Lachlan 等人未给出足够的限制,而 Coolidge 要求这些圆互相外切,又没有必要地限制了它的范围.显然这里给出的定理,包括所有的有所说公切线存在的情况;换句话说,所有可以用实数来表示上述公式的情况.

首先,我们在圆 k 上取一点作为反演中心,将它变为直线,四个圆 $c_1, c_2, c_3,$ c_4 变为与这条直线相切的圆. 因为反演中心在所有的四个圆内或者在所有的四个圆外,切法没有改变. 设在这直线上的切点为 A_1, A_2, A_3, A_4,则立即有

$$\overline{A_1A_2} \cdot \overline{A_3A_4} + \overline{A_1A_3} \cdot \overline{A_2A_4} - \overline{A_1A_4} \cdot \overline{A_2A_3} = 0$$

但在反演前的图形中, $\overline{A_1A_2}$ 是公切线 T_{12},因此,将等式的每个成员除以各个圆的半径的平方根的积,应用§173,再去分母,便得到定理中所说的等式.

§175 练习 a. 如果已知圆相交,那么§173 中的不变量分别表示交角一半的正弦平方与余弦平方. (将圆反演为相交直线)   [124]

b. 如果四个已知圆与一个零圆相切,那么它们的公切线适合开世的等式.

(将这些圆反演为直线,则开世的等式变为一个三角恒等式)

§176 如果四个圆与一个圆相切,如前一个定理,这时有三种可能的情况:所有圆在 k 的同侧;三个圆在一侧而一个在另一侧;每一侧有两个. 因此,在开世等式中,或者六条切线都是外公切线,或者三个圆的三条切线为外公切线,或者仅有两条外公切线,其余均为内公切线. 我们将这些结论并入逆定理的陈述中:

定理 如果四个圆 c_1, c_2, c_3, c_4 的某些公切线适合形如

$$T_{12}T_{34} \pm T_{13}T_{24} \pm T_{14}T_{23} = 0$$

的等式,那么这些圆与一个圆 k 相切,切法如下:

(a) 如果所有的 T 都是外公切线,那么 k 与所有圆切法相同.

(b) 如果到一个圆的切线都是内公切线,而其他三条都是外公切线,那么这一个圆与 k 的切法不同于其他三个圆.

(c) 如果已知圆可以这样配成两对,使得每一对的公切线为外公切线,而其他四条是内公切线,那么每一对圆与 k 的切法相同.

证明分成几步. 首先使最小的圆,比如说 c_4,的半径减少至零,同时将其他的半径增加或减少这同样的量,使得所有的六条公切线的大小与方向都不改变. 在每一种假设(a),(b),(c) 之下,这都可以做到,而且代替第四个圆的点 C_4 在其他三个变化后的圆的外部.   [125]

现在以 C_4 为中心,任一适当的半径 R 作反演,按照§173,有

$$T_{12} = T'_{12}\sqrt{\frac{r_1 r_2}{r'_1 r'_2}}, \ldots$$

又由§71, $\dfrac{r'_3}{r_3} = \dfrac{R^2}{T_{34}^2}$,所以

$$T_{34} = R\sqrt{\frac{r_3}{r'_3}}$$

代入已知中的等式,经过消去得

$$T'_{12} + T'_{23} + T'_{31} = 0$$

其中三条切线都是外公切线或者一条是外公切线，其他两条是内公切线. 如果再将三个圆中最小的减少为一个点 c'_3，同时改变其他的半径，我们只需要证明 c'_3 在剩下的两个圆 c''_1 与 c''_2 的公切线上. 设 PQ 为这些圆的一条公切线，长为 T'_{12}，截取 $\overline{PS}$ 等于 T'_{13}，于是由上面的等式，$\overline{QS}$ 等于 T'_{23}. 到一个圆的切线为定长的点的轨迹是一个与它同心的圆，这样的两个轨迹在每条公切线上有一个交点. 因此 S 或另一条公切线上与 S 对称的点是点 c'_3. 从而 c'_1, c'_2, c'_3 与一条直线相切，原来的圆与一个圆相切.

§177 上面的判别法的另一种形式，基于 §175 所提供的解释. 我们仅提供这种可能性：

定理 如果四个圆 c_1, c_2, c_3, c_4 的交角为 ω_{12}，等，与一个圆 k 的切法相同，那么

$$\sin\frac{\omega_{12}}{2}\sin\frac{\omega_{34}}{2} \pm \sin\frac{\omega_{13}}{2}\sin\frac{\omega_{24}}{2} \pm \sin\frac{\omega_{14}}{2}\sin\frac{\omega_{23}}{2} = 0$$

[126] 在某些圆的切法不同时，对应的项改为余弦. 反过来，如果这样的等式成立，那么这些圆与第五个圆相切.

§178 我们不准备辛苦地罗列这个定理的可能的应用. 读者可参阅拉锡兰的书，书中有所有这些问题的更完备的讨论，还有关于 Larmor 与其他人的原始文章的文献索引. 我们仅提供少数直接的推论：

a. **定理** 两对关于另一个圆互为反演的圆，有四个公切圆.

b. **定理** 四个圆，如果与三条不共点的直线相切，那么它们有一个公切圆.

在这种情况，我们容易用三条直线所成三角形的边长来确定公切线的长，并证明开世的等式成立. 再进一步，应用 §117，我们可以证明过这个三角形三边中点的圆与已知的四个圆相切. 这个著名的定理是第十一章的主题，在那里将详细地研究.

c. **哈特(Hart)定理** 与三个已知圆相切的圆(参见 §166)具有这样的性质：其中某四个圆还与其他的圆相切. 具体地说，在这八个(与三个已知圆相切的)圆中，任意一个，均有其他三个圆，每一个与这一个对两个已知圆的切法相同，对另一个已知圆的切法不同. 这四个圆还有一个公切圆.

我们遵循开世对这一定理的证明. 这一证明显然并不自命为完全适合或包含所有的情况.

设已知圆为 a_1, a_2, a_3；而 c_4 为任一与它们相切的圆，c_1, c_2, c_3 是其他三个，[127] c_1 与 c_4 对 a_1 的切法不同，对 a_2, a_3 的切法相同. 于是，记外公切线为 t，内公切线为 $\bar{t}$. 由所有四个圆都与 a_1 相切得

$$\bar{t}_{12}\bar{t}_{34} = \bar{t}_{13}\bar{t}_{24} + \bar{t}_{14}\bar{t}_{23}$$

由 a_2 得
$$\overline{t_{12}t_{34}} = \overline{t_{13}t_{24}} + \overline{t_{14}t_{23}}$$

由 a_3 得
$$\overline{t_{14}t_{23}} = \overline{t_{12}t_{34}} + \overline{t_{13}t_{24}}$$

结合这些等式得
$$\overline{t_{12}t_{34}} = \overline{t_{13}t_{24}} + \overline{t_{14}t_{23}}$$

这就建立了一个对 c_1, c_2, c_3 切法相同,对 c_4 切法不同的圆的存在性.

于是,这八个圆中,每一个圆确定一个新的圆,称为哈特圆,它与这个圆相切,而且对另外三个的切法不同. 换句话说,这八个圆与三个已知圆相切,而且每四个一组,各与另外八个圆(哈特圆)中的一个相切.

我们还可加上一句:这八个圆,每四个一组,各与另外六个圆中的一个相切,这六个圆又是一种类型. 因为我们回忆一下:这八个圆关于 a_1, a_2, a_3 的公共的正交圆,两两互为反演,因而两两配对;任一个与这个公共正交圆正交,并且与八个圆中两个不配对的圆相切的圆,一定也与它们的反形相切. 这样就产生六个满足要求的圆.

相交成已知角的圆

§179 关于正交圆与相切圆的研究,引出更一般的问题:圆相交成已知角或等角. 我们先非常简略地考虑某些非常明显的可能性.

为了使我们的叙述准确,我们约定两个相交圆之间的角是过任一个交点的它们的半径之间的夹角. 这个角没有正负,由它的余弦确定,即
$$\cos\theta = \frac{r_1^2 + r_2^2 - d^2}{2r_1r_2}$$

其中 r_1, r_2 是两圆的半径,d 是圆心距.

[128]

§180 定理 已知两个不同心的圆 $C_1(r_1)$ 与 $C_2(r_2)$,$\overline{C_1C_2} = d$;设任一圆 $C(r)$ 与它们所成的角分别为 θ_1, θ_2,h 为 C 到已知圆的根轴的距离,则
$$r(r_1\cos\theta_1 - r_2\cos\theta_2) = d \cdot h$$

因为
$$\cos\theta_1 = \frac{r_1^2 + r^2 - \overline{C_1C}^2}{2r_1r}, \cos\theta_2 = \frac{r_2^2 + r^2 - \overline{C_2C}^2}{2r_2r}$$

去分母,相减,再应用 §113 便得结果.

练习 由刚刚得出的公式导出一些定理,包括下面的一些结果,以及关于正交圆的结果.

如果已知圆同心,上述定理没有意义,因为这时根轴在无穷远处. 我们用下面的定理代替它,这个定理的证明可以作为练习题.

定理 如果一个半径为 r 的圆与两个半径为 r_1,r_2 的同心圆相交,交角分别为 θ_1,θ_2,那么

$$r(r_1\cos\theta_1 - r_2\cos\theta_2) = \frac{1}{2}(r_1^2 - r_2^2)$$

§181 为了考虑与两个已知圆交成定角的圆的性质,我们依据§180的公式. 但利用反演来简化图形,将两个相交的圆变为直线,两个不相交的圆变为同心圆,这将更有启迪性. 下面的结果均可立即得出.

定理 与两个定圆相交成已知角的一组圆,必与任一个已知圆的、与它们都相交的共轴圆交成定角.

定理 与两个相交圆交成已知角的圆,有一个公共的正交圆;与两个不相交的圆交成定角的圆,或者有一个公共的正交圆,或者有一个圆与它们每一个的交点是直径的两个端点. 无论哪种情况,这一个圆都与已知圆共轴.

定理 一般地,与两个已知圆交成已知角的圆,都与两个与已知圆共轴的定圆相切;但这两个圆可能不存在(是虚圆).

§182 关于作一个圆与三个已知圆交成已知角的问题,不论它是实的或虚的,所求的圆必定正交于三个固定的圆,这三个圆的每一个,各与一对相应的已知圆共轴. 它们还与这同样的三个共轴圆中三对定圆相切. 由直观,我们看出一般地,这个问题有两个解,表示与三个已知圆都交成已知角或都交成已知角的补角,这解可以根据阿波罗尼问题的解法而得出.

另一个问题是作圆与已知圆交成相等的,但大小不固定的角. 正如三个已知圆一般有一个公共正交圆,由上面的推理,有一个圆与三个已知圆交成的角都等于一个已知角,还有一个圆与它们交成的角等于这已知角的补角. 从而,一般地,有一个圆与四个已知圆交成相等的角①.

练习 本章很多定理未加证明,读者可将证明补全,如以下各节:§152~§157,§159~§163,§165,§175,§178,§180,§181.

---

① 对这些课题的全面讨论,可查阅 Lachlan 的书,第15章;Coolidge 的书,前三章.

密克定理

第七章

§183 现在我们开始系统地研究三角形,以及与它有关的很多点,线,圆. 除去极少数古代已经知道的定理外,这一课题的发展几乎全在 19 世纪及 20 世纪. 我们试图详细地介绍最重要的核心的定理,以及相当多的应用. 但不能奢望将这一领域全部说尽,因为这个课题有众多的研究与发表的论文.

在本章中,核心的定理极为简单,它的重要性似还未被充分注意到. 此后读者会逐渐发觉它实在是很多有用定理的源泉.

§184 **定理** 设在一个三角形的每一边上取一点,过三角形的每一顶点与两条邻边上所取的点作圆,则这三个圆共点.

当然,所取的点可以在边的延长线上. 特别地,如果有一点取在三角形的顶点,过这两个重合的点之圆与这两点所在的边相切.

设三角形为 $A_1A_2A_3$,所取点 P_1, P_2, P_3 分别在 A_2A_3, A_3A_1, A_1A_2 上. 我们要证明圆 $A_1P_2P_3, A_2P_3P_1, A_3P_1P_2$ 交于一点. 因为这个定理为有向角概念的优点提供了一个极好的例子,我们将给出两种形式的证明.

第一个证明,我们设所取各点都在边上而不是在延长线上,[131] 如图 40 所示. 又设两个圆 $A_1P_2P_3$ 与 $A_2P_3P_1$ 的交点 P 在这三角形内,则立即得

$$\angle P_2PP_3 = 180° - \alpha_1$$
$$\angle P_3PP_1 = 180° - \alpha_2$$

结合以上二式,容易看出
$$\angle P_1PP_2 = 180° - \alpha_3$$
这表明 P, P_1, P_2, A 共圆.

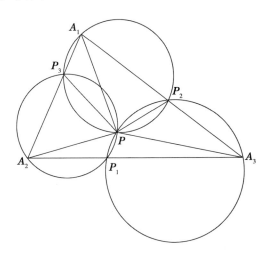

图 40

这是一个标准的证明,但显然有缺点. 因为我们不能一般地假设 P 在三角形内,从而证明中所考虑的角或者互补或者相等;于是一个完整的证明必须考虑许多不同的情况. 如果采用有向角的规定,这一困难就可以克服;用这个方法,一个证明就可以包括所有可能的情况.

因为,和前面一样,设 P 为圆 $A_1P_2P_3, A_2P_3P_1$ 的公共点,则
$$\angle PP_2A_1 = \angle PP_3A_1, \quad \angle PP_3A_2 = \angle PP_1A_2 \quad (\S 19)$$
即 $\qquad \angle PP_2, a_2 = \angle PP_3, a_3, \quad \angle PP_3, a_3 = \angle PP_1, a_1$
因此 $\qquad \angle PP_2, a_2 = \angle PP_1, a_1$
即 $\qquad \angle PP_2A_3 = \angle PP_1A_3$
这就证明了 P, P_1, P_2, A_3 在一个圆上.

这个定理的来源是有疑问的. 1838 年, A·密克(A. Miquel) 明确地叙述并证明了这个定理,虽然它的真实性可能很早以前就已经知道. 大多数作者没有给它应有的注意,但本书将它作为我们的几何结构的基石. 为确定起见,将这个定理称为密克定理,点 P 称为三点 $P_1P_2P_3$ 关于三角形 $A_1A_2A_3$ 的密克点,$P_1P_2P_3$ 是点 P 的密克三角形,三个圆称为密克圆.

§185 **定理** 密克点与所取三点的连线与对应边所成的角相等.

这是主要定理的证明的副产品.

§186 **定理** 图 40 中的角满足
$$\sphericalangle A_2PA_3 = \sphericalangle A_2A_1A_3 + \sphericalangle P_2P_1P_3$$

因为
$$\sphericalangle A_2PA_3 = \sphericalangle A_2PP_1 + \angle P_1PA_3 = \sphericalangle A_2P_3P_1 + \sphericalangle P_1P_2A_3$$

但
$$\sphericalangle A_2P_3P_1 + \sphericalangle P_1P_2A_3 = \sphericalangle A_1A_2, P_3P_1 + \sphericalangle P_1P_2, A_1A_3 =$$
$$\sphericalangle A_1A_2, A_1A_3 + \sphericalangle P_1P_2, P_1P_3 =$$
$$\sphericalangle A_2A_1A_3 + \sphericalangle P_2P_1P_3$$

[133]

即所要证明的. 这个公式对于我们的重要性与用途完全不亚于主要定理本身. 虽然它不是由密克给出的,由于它与这个定理密切相关,我们称它为密克等式. 它与反演中的基本角定理(§75)的类似之处可能启发读者想到一些可能的定理,这些将在后面介绍.

§187 **定理** 反过来,设 P 为三角形 $A_1A_2A_3$ 所在平面上一个定点,则有无穷多种方法定出它的密克三角形.

因为我们可以从 P 画出任一组(三条)直线与三边成等角,或过 P 与三角形的一个顶点任作一圆.

设由任一点 P 画出三条直线与三角形的三边成等角,它可以看成一个刚体绕 P 旋转,它与对应边的交点画出点 P 的所有密克三角形.

§188 **定理** 一个已知点 P 的所有密克三角形都是顺相似的,在每一种情况,P 都是相似中心,即自对应点(§33).

因为设 $P_1P_2P_3$ 是定点 P 的任一个密克三角形,则由 §186 立即得到三角形 $P_1P_2P_3$ 的角,大小与方向均为一定;又
$$\sphericalangle P_2P_3P = \sphericalangle P_2A_1P = \sphericalangle A_3A_1P$$

表明 P 为自对应点.

系

a. 任一组密克圆的圆心是一个与已知三角形相似的三角形的顶点.

b. 设两个或更多个顺相似三角形,它们的对应顶点在一个已知三角形的相应边上,则它们有相同的密克点,这点是它们的相似中心.

[134]

c. 设几个顺相似三角形的对应顶点共线,则它们有共同的相似中心.

d. 设三个圆相交于一点,则可由其中一个圆上的任一点开始,画一个三角形,它的顶点在圆上,它的边通过相应的两个圆的交点. 并且这样画成的三角形都相似.

这可以直接证明,或利用反演;如果我们对原来的定理(§184)应用反演,结果就是现在的定理.

设我们从原来的图的七个点 $A_1, A_2, A_3, P_1, P_2, P_3, P$ 中,任取一点作为反演

中心,则得到另一个与原图相像的图.但如果另取一点作为反演中心,则得到这个定理的推广.这时原三角形的边变为过一定点的圆的弧.换句话说,密克定理等价于下面的:

e. 设三个圆 $A_1A_2B_3, A_2A_3B_1, A_3A_1B_2$ 相交于一点 O,则圆 $A_1B_2B_3, A_2B_3B_1$, $A_3B_1B_2$ 也相交于一点 P.

垂足三角形与垂足圆

§189 定义 一点关于一个三角形的垂足三角形,是以这点到这已知三角形三边的垂线的垂足为顶点的三角形.垂足三角形的外接圆称为垂足圆.

显然垂足三角形是一个密克三角形,不消多说,它是最重要的密克三角形.

[135] 显然一已知点的垂足三角形的形状可由 §186 确定.

§190 定理 一点 P 的垂足三角形的边由下式给出

$$\overline{P_2P_3} = \overline{A_1P}\sin\alpha_1 = \frac{\overline{A_1P}\cdot\alpha_1}{2R}, \cdots$$

因为 $\overline{P_2P_3}$ 是以 $\overline{A_1P}$ 为直径的圆的弦,在这个圆中,弧 P_2P_3 所对的圆周角是 α_1.

系

a. 一点的任一密克三角形的边,与已知三角形的对应边乘这边相对的顶点到这已知点的距离的积成比例.

b. 密克三角形 $P_1P_2P_3 \backsim A_1A_2A_3$ 的点 P 只有一个,它到已知三角形的顶点的距离相等,因而它就是外心 O.

c. 设一个已知三角形的内接三角形的形状已经给定,则密克点的位置可用

[136] §186 或 §190a 来确定.如用后一种,它可以是得出的两个点中的任一个,如同 §95 那样;这两个点的密克三角形逆相似(参见 §201).

西摩松线

§191 当一点的垂足三角形退化为一条直线,即这点到三边的垂线的垂足共线时,是一种特别有趣的情况.我们立即得到下面的定理:

定理 任意一组在三角形三边上的共线点,它们的密克点在外接圆上.反之,外接圆上任一点的密克三角形化为一条直线.

因为在 §186 的等式中,如果 $\angle T_1T_2T_3 = 0$,那么

$$\angle A_2TA_3 = \angle A_2A_1A_3$$

反过来也成立. 特别地(图 41):

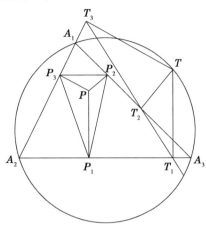

图 41

§192 定理 从一点到一个三角形各边作垂线,当且仅当这点在这三角形的外接圆上,垂足共线.

定义 从三角形外接圆上一点向三边作垂线,过垂足的直线称为这点关于这个三角形的垂足线或西摩松线.

历史 在 19 世纪,通常假定这个定理是西摩松(Robert Simson, 1687 – 1768)发现的,以他的名字来表示这条线. 但辛勤的研究者麦凯(J. S. Mackay)① 发现在西摩松的任何著作中找不到这个定理,而且也没有任何证据表明西摩松知道这一定理. 麦凯认为错误产生于法国几何学家 Servois 的一句不经心的话: "下面的定理,我认为,属于西摩松." 后来,彭赛列在他关于射影几何的著作[137]中,重说了这段话,但省略了限定词,于是就使错误延续下去. 这个定理是 1797 年被一位威廉姆·华莱士(William Wallace)首先发现,它的历史在麦凯的论文中有详细介绍. 按照麦凯的先例,一些几何学家抛弃了熟悉的术语"西摩松线",改称这条直线为"华莱士线";无疑地,"垂足线"这一不加约束的说法在许多方面更为可取,但我们仍沿用传统的术语. 关于这条直线的许多定理将陆续建立,少数明显的性质现在就要提到.

用 §190 的公式,可以将托勒密定理作为一个推论立即得出.

§193 定理 三角形任一顶点的西摩松线就是过这点的高. 一个顶点的对径点的西摩松线,是这个顶点所对的边.

---

① 见 Proceedings of Edinburg Math. Society, IX, 1890, pp. 83 ~ 91;或 Muir, ibid., III, 1884, p. 104.

§194 定理 设 $T_1T_2T_3$ 为三角形 $A_1A_2A_3$ 的外接圆上一点 T 的西摩松线，则三角形 TT_1T_2 与三角形 TA_2A_1 顺相似.

因为在点 T 的角相等，夹边成比例

$$\measuredangle T_1TT_2 = \measuredangle A_2A_3A_1 = \measuredangle A_2TA_1$$

$$\frac{\overline{TT_1}}{\overline{TT_2}} = \frac{\sin \measuredangle A_2A_3T}{\sin \measuredangle A_1A_3T} = \frac{\sin \measuredangle A_2A_1T}{\sin \measuredangle A_1A_2T} = \frac{\overline{A_2T}}{\overline{A_1T}}$$

系

a. $\overline{TA_1} \cdot \overline{TT_1} = \overline{TA_2} \cdot \overline{TT_2} = \overline{TA_3} \cdot \overline{TT_3}$;

b. $\dfrac{\overline{TT_1} \cdot \overline{T_2T_3}}{a_1} = \dfrac{\overline{TT_2} \cdot \overline{T_3T_1}}{a_2} = \dfrac{\overline{TT_3} \cdot \overline{T_1T_2}}{a_3}$;

c. $\dfrac{a_1}{\overline{TT_1}} + \dfrac{a_2}{\overline{TT_2}} + \dfrac{a_3}{\overline{TT_3}} = 0$.

§195 定理 三角形任一边在一点的西摩松线上的射影，等于这点到其他两边的垂线的垂足之间的距离.

因为 A_2A_3 在直线 $T_1T_2T_3$ 上的射影是

$$\overline{A_2A_3}\cos \measuredangle A_3T_1T_3 = a_1\sin \measuredangle TA_2T_3 = a_1\sin \measuredangle TA_3A_1$$

由 §190，这也就是 $\overline{T_2T_3}$ 的长.

§196 一般的定理"当三角形三边上取的点共线时，它们的密克点在这三角形的外接圆上"可以表达成如下的吸引人的形式：

定理 四条一般位置的直线形成的四个三角形，它们的外接圆共点.

因为注意其中第一个三角形，第四条直线在它的每条边上各取一个点，密克圆就是其他三个三角形的外接圆. 因为所取的点都在第四条直线上，这些圆的公共点在第一个三角形的外接圆上. 又有：

§197 定理 已知四条一般位置的直线；那么有且仅有一个点，它到这些直线的垂线的垂足共线. 这一点就是上述四个外接圆的公共点.

这条过四个垂足的直线称为这完全四边形的西摩松线.

练习 证明上述四个外接圆的圆心也在一个过它们公共点的圆上.

§198 定理① 一点 P 的垂足三角形的面积，与 P 关于外接圆的幂成比例

$$F = \frac{1}{2}(R^2 - \overline{OP}^2)\sin \alpha_1 \sin \alpha_2 \sin \alpha_3 = \frac{R^2 - \overline{OP}^2}{4R^2}\Delta$$

设 A_2P 交圆于 B_2，则（图42）

---

① 本章以下部分，可随读者之意略去.

因此
$$\angle A_2PA_3 = \angle P_2P_1P_3 + \angle A_2A_1A_3 = \angle A_2B_2A_3 + \angle B_2A_3P$$
而
$$\angle P_2P_1P_3 = \angle B_2A_3P$$

$$F = P_2P_1P_3 \text{ 的面积} = \frac{1}{2}\overline{P_1P_2} \cdot \overline{P_1P_3}\sin\angle P_2P_1P_3 =$$
$$\frac{1}{2}\overline{P_1P_2} \cdot \overline{P_1P_3}\sin\angle B_2A_3P =$$
$$\frac{1}{2}\overline{PA_3}\sin\alpha_3 \cdot \overline{PA_2}\sin\alpha_2 \cdot \sin\angle B_2A_3P$$

但
$$\frac{\sin\angle B_2A_3P}{\sin\angle A_2B_2A_3} = \frac{\overline{PB_2}}{\overline{PA_3}}$$

所以
$$F = \frac{1}{2}\overline{PA_2} \cdot \overline{PB_2}\sin\angle A_2B_2A_3 \cdot \sin\alpha_2\sin\alpha_3 =$$
$$\frac{1}{2}(R^2 - \overline{OP}^2)\sin\alpha_1\sin\alpha_2\sin\alpha_3$$

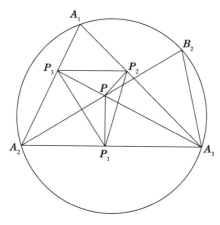

图 42

系

a. 垂足三角形的面积为一定的点的轨迹, 是一个与外接圆同心的圆. 在外接圆内的点, 外心的垂足三角形面积最大. [140]

b. 外接圆上的点的垂足三角形面积为 0.

c. 一点 P 的垂足圆的半径为

$$r = \frac{\overline{A_1P} \cdot \overline{A_2P} \cdot \overline{A_3P}}{2(R^2 - \overline{OP}^2)}$$

因为由三角形面积的一个公式(§15d)得

$$P_1P_2P_3 \text{ 的面积} = \frac{\overline{P_2P_3} \cdot \overline{P_3P_1} \cdot \overline{P_1P_2}}{4r}$$

但 $\overline{P_2P_3} = \overline{A_1P}\sin\alpha_1$,等. 将这些代入并用上节公式表示面积,立即得到结果.

§199 定理 如果延长 A_1P, A_2P, A_3P 分别交外接圆于 B_1, B_2, B_3,那么三角形 $B_1B_2B_3$ 与 P 关于 $A_1A_2A_3$ 的垂足三角形顺相似.

因为 $\sphericalangle B_2B_1A_1 = \sphericalangle B_2A_2A_1 = \sphericalangle PP_1P_3, \cdots$

点 P 是这两个相似三角形的自对应点吗(参见§244c)?

§200 定理 如果一个三角形受到一个反演作用,那么所得的三角形,与反演中心关于已知三角形的垂足三角形顺相似.

因为设三角形 $B_1B_2B_3$ 是三角形 $A_1A_2A_3$ 关于圆心为 C 的圆的反形,由§75

$$\sphericalangle B_2B_1B_3 + \sphericalangle A_2A_1A_3 = \sphericalangle A_2CA_3$$

又,设 $C_1C_2C_3$ 是 C 关于 $A_1A_2A_3$ 的垂足三角形

$$\sphericalangle A_2CA_3 = \sphericalangle A_2A_1A_3 + \sphericalangle C_2C_1C_3$$

[141] 因此三角形 $B_1B_2B_3$ 与 $C_1C_2C_3$ 顺相似(也可参见§133).

§201 定理 设两点 P, P' 关于三角形 $A_1A_2A_3$ 的外接圆互为反演,则它们的垂足三角形逆相似.

由§75,如果 O 为外接圆圆心,那么

$$\sphericalangle A_2PA_3 + \sphericalangle A_2P'A_3 = \sphericalangle A_2OA_3 = 2\sphericalangle A_2A_1A_3$$

但

$$\sphericalangle A_2PA_3 = \sphericalangle A_2A_1A_3 + \sphericalangle P_2P_1P_3$$
$$\sphericalangle A_2P'A_3 = \sphericalangle A_2A_1A_3 + \sphericalangle P'_2P'_1P'_3$$

所以
$$\sphericalangle P_2P_1P_3 + \sphericalangle P'_2P'_1P'_3 = 0$$

§202 定理 在上节中,P 与 P' 到三角形 $A_1A_2A_3$ 的各个顶点的距离成比例.

因为由相似三角形(参见§95),可以立即证明

$$\frac{\overline{OP}}{R} = \frac{R}{\overline{OP'}} = \frac{\overline{PA_1}}{\overline{P'A_1}} = \frac{\overline{PA_2}}{\overline{P'A_2}} = \frac{\overline{PA_3}}{\overline{P'A_3}}$$

§203 定理 三角形一条边的垂直平分线与其他两边的交点,关于外接圆互为反演.

§204 定理 设四个点受到一个反演作用,则其中一点关于另外三点所成三角形的垂足三角形,与反形中对应的垂足三角形逆相似.

这个值得注意的结果由§75 与§186 容易推出.

§205　问题　求一点 P,它关于已知三角形 $A_1A_2A_3$ 的垂足三角形与一个已知三角形 $C_1C_2C_3$ 相似.

设 $P_1P_2P_3$ 与 $C_1C_2C_3$ 顺相似,点 P 的位置由等式
$$\sphericalangle A_2PA_3 = \sphericalangle A_2A_1A_3 + \sphericalangle C_2C_1C_3, \cdots$$
唯一确定.

实际上,最简单的作法是联结分别在 A_2A_3 与 A_3A_1 上的点 D_1,D_2. 作三角形 $D_1D_2D_3$ 相似于 $C_1C_2C_3$. 设 A_3D_3 交 A_1A_2 于 Q_3;作 Q_3Q_1 与 Q_3Q_2 平行于 D_3D_1 与 D_3D_2. 因为 $Q_1Q_2Q_3$ 相似于 $C_1C_2C_3$,它的密克点就是所要求的点 P. [142]

§206　从另一个观点看,这个问题等价于找一个点,它到已知三角形各个顶点的距离的比为一定(§95). 因为
$$\overline{A_1P} = \frac{\overline{P_2P_3}}{\sin \alpha_1}, \cdots$$
所以在垂足三角形的形状给定时,三角形的顶点到 P 的距离的比也就确定了. 反过来,如果比 $\overline{PA_1}:\overline{PA_2}:\overline{PA_3}$ 为已知,那么比 $\overline{P_2P_3}:\overline{P_3P_1}:\overline{P_1P_2}$ 可以确定;从而可以作一个内接的密克三角形,点 P 可以用前面的方法求出. 这时,根据 $P_1P_2P_3$ 与 $C_1C_2C_3$ 是顺相似或逆相似,P 有两种可能的位置. 这与§95 所得结果一致. 我们现在不仅可以得到那里所说的问题的解,而且可以确切地说出问题有解的条件.

定理　可以找到两个点 P,P',它们到三个已知点 A_1,A_2,A_3 的距离与已知长 p_1,p_2,p_3 成比例,只要积 $p_1 \cdot \overline{A_2A_3}, p_2 \cdot \overline{A_3A_1}, p_3 \cdot \overline{A_1A_2}$ 可以构成三角形. 这两个点关于 $A_1A_2A_3$ 的外接圆互为反演.

本章最后以一些习题与简单的应用为结束.

§207　定理(Mannheim, Educ. Times, 1890)　在密克图形(§184)中,设任意三条共点直线 A_1M, A_2M, A_3M 交相应的密克圆于 X_1,X_2,X_3,则 X_1,X_2,X_3,M,P 共圆.

因为
$$\sphericalangle PX_1M = \sphericalangle PP_2A_1, \cdots$$
$$\sphericalangle PX_1M = \sphericalangle PX_2M = \sphericalangle PX_3M = \sphericalangle PP_1, a_1$$
[143]

§208　当 M 在无穷远时,上面的证明失效. 我们可以独立地证明:

定理　设过各个顶点的平行线交相应的密克圆于 Y_1,Y_2,Y_3,则这三点在一条过密克点 P 的直线上.

§209　定理　反过来,设任一过 P 的圆分别交三个密克圆于 X_1,X_2,X_3,则 A_1X_1, A_2X_2, A_3X_3 相交于这圆上一点 M;设任一过 P 的直线分别交密克圆于 Y_1,Y_2,Y_3,则 A_1Y_1, A_2Y_2, A_3Y_3 平行.

§210 **定理** 设延长外接圆上一点向各边所作垂线与外接圆再次相交,则这些交点所成三角形与原三角形全等.

§211 **定理** 设三个圆相交于一点,这点与三个圆心共圆,则这些圆的其他交点共线.

§212 **定理** 已知一条直线及线外一点 P. 过这直线上的点 $A_1, A_2, A_3, \cdots$ 作直线 $A_1X_1, A_2X_2, A_3X_3, \cdots$ 分别与 $PA_1, PA_2, PA_3, \cdots$ 垂直,则由 $A_1X_1, A_2X_2, A_3X_3, \cdots$ 及已知直线本身中任意三条线所成三角形的外接圆必通过 P.

练习 完成本章中所有未证明的命题的证明,即:§185,§187,§188a~e,§190a~c,§193,§194a~c,§197,§198a,b,§203,§204,§205,§207~§212.

塞瓦定理与梅涅劳斯定理

第八章

§213 许多关于三角形的最有趣的定理,涉及过每个顶点各一条的共点直线组. 显著的例子有三条中线,三条高,三条角平分线. 其他的定理处理一组点,在每条边上一个点,这些点共线. 本章将要建立这样的三线共点或这样的三点共线的一般判别法. 作为这些定理的直接推论,我们将说到一些已经建立的结果;大量进一步的定理也将导出.

§214 **定理** 设由三角形的顶点作相交于 P 的三条直线,分别交对边于 P_1, P_2, P_3,则

$$\frac{\overline{P_1A_2} \cdot \overline{P_2A_3} \cdot \overline{P_3A_1}}{\overline{P_1A_3} \cdot \overline{P_2A_1} \cdot \overline{P_3A_2}} = -1$$

过 A_1 作 MN 平行于 A_2A_3,交 A_2P 于 M,交 A_3P 于 N(图 43),则由相似三角形

$$\frac{\overline{P_1A_2}}{\overline{P_1A_3}} = \frac{\overline{A_1M}}{\overline{A_1N}}, \quad \frac{\overline{P_2A_3}}{\overline{P_2A_1}} = \frac{\overline{A_3A_2}}{\overline{A_1M}}, \quad \frac{\overline{P_3A_1}}{\overline{P_3A_2}} = \frac{\overline{A_1N}}{\overline{A_2A_3}}$$

相乘得

$$\frac{\overline{P_1A_2} \cdot \overline{P_2A_3} \cdot \overline{P_3A_1}}{\overline{P_1A_3} \cdot \overline{P_2A_1} \cdot \overline{P_3A_2}} = \frac{\overline{A_2A_3}}{\overline{A_3A_2}} = -1$$

显然符号必须为负,因为对 P 的任何位置,总有奇数个比为负值. 只要 P_1, P_2, P_3 是真实的点,证明对 P 的任何位置都适用. 如果 P_1, P_2, P_3 中有一个或更多个为无穷远点,我们将相应的比用 +1 代替,如§10 解释的那样,上面的证明很容易适用于

这种情况. P 本身也可以是无穷远点,即定理对过三角形顶点的一组平行线也成立. 这个定理为无穷远点的约定的方便,提供了一个很好的说明. 没有这个约定,需要分成几种情况,分开证明,并且为种种例外情况而头痛.

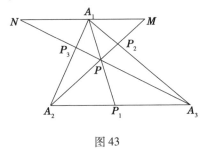

图 43

§215 **定理** 反过来,设 P_1, P_2, P_3 取在三角形的三条边上,使得

$$\frac{\overline{P_1A_2} \cdot \overline{P_2A_3} \cdot \overline{P_3A_1}}{\overline{P_1A_3} \cdot \overline{P_2A_1} \cdot \overline{P_3A_2}} = -1$$

则直线 A_1P_1, A_2P_2, A_3P_3 共点.

因为当这三条直线中每两条都不相交时,这三条直线相交在无穷远,定理已经成立. 否则,设 A_1P_1 与 A_2P_2 交于 P;再令 A_3P 交 A_1A_2 于 Q_3,则由 §214

$$\frac{\overline{P_1A_2} \cdot \overline{P_2A_3} \cdot \overline{Q_3A_1}}{\overline{P_1A_3} \cdot \overline{P_2A_1} \cdot \overline{Q_3A_2}} = -1$$

所以

$$\frac{\overline{P_3A_1}}{\overline{P_3A_2}} = \frac{\overline{Q_3A_1}}{\overline{Q_3A_2}}$$

[146] 因此 P_3 与 Q_3 重合,A_1P_1, A_2P_2, A_3P_3 相交于 P.

§216 将这两个结果合在一起,得到著名的塞瓦定理:

塞瓦定理 自三角形 $A_1A_2A_3$ 的顶点引向对边上的点 P_1, P_2, P_3 的直线共点的充分必要条件是

$$\frac{\overline{P_1A_2} \cdot \overline{P_2A_3} \cdot \overline{P_3A_1}}{\overline{P_1A_3} \cdot \overline{P_2A_1} \cdot \overline{P_3A_2}} = -1$$

或同样的等式(§85)

$$\frac{\sin \angle P_1A_1A_2 \cdot \sin \angle P_2A_2A_3 \cdot \sin \angle P_3A_3A_1}{\sin \angle P_1A_1A_3 \cdot \sin \angle P_2A_2A_1 \cdot \sin \angle P_3A_3A_2} = -1$$

§217 这个定理的一个熟悉的变形是:

定理 从三角形各个顶点引出的三条共点的直线,将对边分成这样:三条不相邻的线段的积等于另三条的积.

§218 与前一个定理有关的是梅涅劳斯定理:

定理 三角形 $A_1A_2A_3$ 的边上的三个点 P_1,P_2,P_3 共线,当且仅当

$$\frac{\overline{P_1A_2}\cdot\overline{P_2A_3}\cdot\overline{P_3A_1}}{\overline{P_1A_3}\cdot\overline{P_2A_1}\cdot\overline{P_3A_2}}=1$$

[147]

首先设这些点共线. 作 A_1,A_2,A_3 到这条直线的垂线,长分别记为 l_1,l_2,l_3(图44). 则,不管正负号,我们有

$$\frac{\overline{P_1A_2}}{\overline{P_1A_3}}=\frac{l_2}{l_3},\frac{\overline{P_2A_3}}{\overline{P_2A_1}}=\frac{l_3}{l_1},\frac{\overline{P_3A_1}}{\overline{P_3A_2}}=\frac{l_1}{l_2}$$

于是这些比的积是 +1 或 -1. 但这直线或者过两条边的内部,或者不过任一条边的内部,因此在每一种情况,这些比的积都是正的. 有少数特殊情况,均不难证明. 逆定理可以用 §215 中的间接法证明.

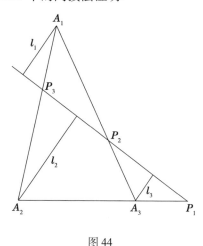

图 44

系 同上,我们有另一种形式

$$\frac{\sin\angle P_1A_1A_2\cdot\sin\angle P_2A_2A_3\cdot\sin\angle P_3A_3A_1}{\sin\angle P_1A_1A_3\cdot\sin\angle P_2A_2A_1\cdot\sin\angle P_3A_3A_2}=1$$

及常见的说法:

任一条直线与三角形的三边相截,则三条不相邻的线段的积等于另外三条的积.

历史 亚历山大的梅涅劳斯(Menelaus. 不要将他与斯巴达的梅涅劳斯相混)发现了这个定理,他在公元前一百年左右很有名声,有几何及三角方面的著作. 但他的定理后来被遗忘了,直到被塞瓦(Giovanni Ceva)重新发现,在 1678 年发表这两个定理. 塞瓦是意大利的水力工程师,数学家.

§219 许多著名定理是这两个普遍定理的直接推论,一些新定理也可同样容易地获得.

a. 三角形的三条中线交于一点.

[148] b. 三条高交于一点.

c. 三条内角平分线交于一点.

d. 一条内角平分线与另两个外角的平分线交于一点.

e. 外角平分线与对边的交点,三点共线.

f. 两条内角平分线及第三个外角的平分线,与对边的交点,三点共线.

g. 设 P_1 为由 A_1 "沿三角形的周长走到一半"的点,即

$$\overline{A_1A_2} + \overline{A_2P_1} = \overline{P_1A_3} + \overline{A_3A_1}$$

设 P_2, P_3 为类似的点,则 A_1P_1, A_2P_2, A_3P_3 共点(奈格尔点,§291b,§361).

因为易得 $\overline{P_1A_2} = s - a_3, \overline{P_1A_3} = a_2 - s$,等.

§220 定理 设三条共点的直线 A_1P_1, A_2P_2, A_3P_3 交三角形 $A_1A_2A_3$ 的边于 P_1, P_2, P_3;设 P_2P_3 与 A_2A_3 相交于 Q_1,则 P_1, Q_1 将 A_2A_3 以相同的比内分与外分,即 P_1, Q_1, A_2, A_3 成调和点列(图45,§87).

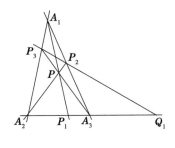

图 45

因为

$$\frac{\overline{P_1A_2} \cdot \overline{P_2A_3} \cdot \overline{P_3A_1}}{\overline{P_1A_3} \cdot \overline{P_2A_1} \cdot \overline{P_3A_2}} = -1$$

而

$$\frac{\overline{Q_1A_2} \cdot \overline{P_2A_3} \cdot \overline{P_3A_1}}{\overline{Q_1A_3} \cdot \overline{P_2A_1} \cdot \overline{P_3A_2}} = 1$$

所以

$$\frac{\overline{P_1A_2}}{\overline{P_1A_3}} = -\frac{\overline{Q_1A_2}}{\overline{Q_1A_3}}$$

同一关系的其他说法有:

§221 定理 在一个完全四角形 $A_2A_3P_2P_3$ 中,任一边,如 A_2A_3,被它上面的对角线点,即 Q_1 与 P_1 调和分割,这里 P_1 是过另两个对角线点 A_1 与 P 的直

线与 A_2A_3 的交点.

§222 定理 在一个边为 $A_1A_2, A_2A_3, A_3A_1, P_3Q_1$ 的完全四边形中,联结 A_1 与两条对角线的交点 P 的直线,将对边 $A_2A_3Q_1$(在 P_1)调和分割.

这两个定理在射影几何中很重要.

§223 定理 如果 A_1P_1, A_2P_2, A_3P_3 交于点 $P, P_2P_3, P_3P_1, P_1P_2$ 分别交 A_2A_3, A_3A_1, A_1A_2 于 Q_1, Q_2, Q_3,那么 Q_1, Q_2, Q_3 共线.

这由 §220 立即推出. 直线 $Q_1Q_2Q_3$ 称为点 P 的三线性极线.

§224 定理 假设同上节,直线 A_1P_1, A_2Q_2, A_3Q_3 必交于一点 P'.

于是对平面上任一个不在已知三角形 $A_1A_2A_3$ 边上的点 P,有三个与它相关的点 P', P'', P''';这四个点通常有很有趣的共同性质. 一个熟悉的例子由三角形的内角平分线的交点组成.

系 由四点 P, P', P'', P''' 到三角形各边的垂线在数值上成比例,但正负号不同.

§225 定理 已知两条固定直线 AM, AN 及不在它们上面的一个定点 B. 过 B 任作两条直线分别交 AM 于 M, M',交 AN 于 N, N',则 MN' 与 $M'N$ 的交点 X 的轨迹,是过 A 的直线,并且直线 BX 被 AM 与 AN 调和分割(图46).

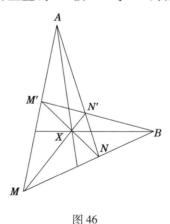

图 46

这由 §220 立即得出:将三角形 AMN 作为 $A_1A_2A_3, B$ 作为 Q_1;容易证明每条过 B 的直线被这三条过 A 的直线调和分割.

因此,不在这两条直线上的每一点,有一条关于这两条直线的极线(参见 §138, §139).

§226 定理 设直线 B_2B_3 平行于 A_2A_3, A_2B_2 与 A_3B_3 相交于 P,则 A_1P 平分 A_2A_3 与 B_2B_3.

这可以看做是前一定理的特殊情况;由梅涅劳斯定理立即证出.

定理 联结梯形两底中点的直线,必通过对角线的交点,也通过两腰的交点.

§227 定理 设一个圆与一个三角形的边交于 X_1,Y_1,X_2,Y_2,X_3,Y_3,若 A_1X_1,A_2X_2,A_3X_3 共点,则 A_1Y_1,A_2Y_2,A_3Y_3 共点.

因为 $\overline{X_1A_2}\cdot\overline{Y_1A_2}=\overline{X_3A_2}\cdot\overline{Y_3A_2}$,等.

§228 定理 设两个三角形 $A_1A_2A_3,B_1B_2B_3$ 内接于同一个圆,A_1B_1,A_2B_2,A_3B_3 共点,则不管正负号

$$\frac{\overline{A_1B_2}\cdot\overline{A_2B_3}\cdot\overline{A_3B_1}}{\overline{A_1B_3}\cdot\overline{A_2B_1}\cdot\overline{A_3B_2}}=1$$

由于正负号含混不清,这个定理的逆命题不成立,因而不应使用,虽然也有些几何学家用它来证明三线共点.

三个圆的位似中心

§229 回忆一下两个圆的位似中心将连心线内分与外分为半径的比. 如果有三个圆,它们的圆心成三角形,则位似中心的下列性质可由塞瓦定理与梅涅劳斯定理立即推出(也可参见 §171 的分析). 其中有一个相当简单的定理曾引起斯宾塞(Herbert Spencer)的惊异与赞赏①.

a. 三个圆的外位似中心共线.

b. 任意两个内位似中心与第三个外位似中心共线.

c. 设每个圆的圆心与另两个圆的内位似中心相连,则三条连线共点.

d. 设一个圆心与另两个圆的内位似中心相连,其他圆心与相应的外位似中心相连,则三条连线共点.

§230 定理 完全四边形三条对角线的中点共线.

这个定理已经证过;但可以想到,由梅涅劳斯定理可以导出一个简单的证明. 下面的证法属于希耶(Hillyer)②.

用常用的记号,令 $BC,CA',A'B$ 的中点分别为 P,Q,R. 设 RQ 交 AA' 于 L,RP 交 BB' 于 M,PQ 交 CC' 于 N,我们的任务是证明 L,M,N 共线,因为这些点显然是相应对角线的交点. 我们有下列比例式

$$\frac{\overline{LQ}}{\overline{LR}}=\frac{\overline{AC}}{\overline{AB}},\frac{\overline{MR}}{\overline{MP}}=\frac{\overline{B'A'}}{\overline{B'C}},\frac{\overline{NP}}{\overline{NQ}}=\frac{\overline{C'B}}{\overline{C'A'}}$$

---

① 参见 American Math. Monthly,XXVIII,May,1921,p.229.

② 见 Durell,Modern Geometry,p.85.

但由于 $AB'C'$ 是与三角形 $A'BC$ 的边相交的截线,所以上面三式右边的积为 +1;而由三式左边的积为 +1,得三角形 PQR 边上的点 L,M,N 共线(图47).

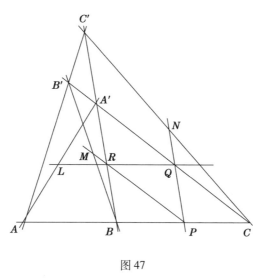

图 47

等角共轭点

§231 现在我们引入一种关系,借助它可以将一个三角形所在平面的点两两配对.对每个点,有一个共轭的点.在这些点对中,后面将发现有一些是我们极感兴趣的.

定义 设由一个角的顶点引两条射线,与它的两边成等角,则称它们为等角线.换句话说,如果两条射线关于一个角的角平分线对称,那么它们关于这个角为等角线.

过一个角的顶点的每条直线有一条确定的等角线;每条角平分线为自等角线.等角线的基本定理如下:

§232 定理 设过三角形三个顶点的三条直线交于一点,则它们的等角线也交于一点.

证明是塞瓦定理的直接应用.设在三角形 $A_1A_2A_3$ 中,A_1P_1 与 A_1Q_1 是等角线(图48),则

$$\frac{\sin\angle A_2A_1P_1}{\sin\angle A_3A_1P_1} = \frac{\sin\angle Q_1A_1A_3}{\sin\angle Q_1A_1A_2}, \cdots$$

定义 在三角形 $A_1A_2A_3$ 的平面上,两个点 P,Q,如果满足
$$\angle A_2A_1P = \angle QA_1A_3$$
$$\angle A_3A_2P = \angle QA_2A_1$$
$$\angle A_1A_3P = \angle QA_3A_2$$

那么 P,Q 称为关于这个三角形的等角共轭点.

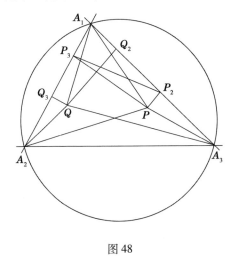

图 48

§233 **练习** 由上面的定理,平面上每一个点,一般地,有一个确定的等角共轭点. 在平面上随意取几点,徒手描绘出每一点的等角共轭点的位置. 例如一点画出一条直线,一个圆,特别是通过三角形两个顶点的圆,它的等角共轭点画出什么图形?

验证三角形一边上的点,它的等角共轭点就是与这边相对的顶点;当一个动点从任一方向趋近一个顶点时,它的等角共轭点趋近对边上一个极限位置.

§234 **定理** 外接圆上一点的等角共轭点是无穷远点. 反过来也成立.

因为设 P 在外接圆上,A_1P 与 A_2P 的等角线分别交圆于 P'_1,P'_2,则由定义,弧 A_3P 与 P'_1A_2 相等,等. 因此由相等弧易证 $A_1P'_1$ 与 $A_2P'_2$ 平行. 反过来,容易证明通过顶点的一组平行线的等角线相交在外接圆上一点(图 49).

于是,一般地,平面上的点两两配成等角共轭的对. 但外接圆上每一点的对子是无穷远点,每一个顶点有多个共轭点,对边上的所有点都是它的等角共轭点. 每个不在外接圆上,也不在已知三角形任一边上的点,有一个实在的等角共轭点. 特别地,角平分线所产生的四个交点是自共轭点,这也是仅有的自共轭点.

§235 **定理** 从一个角的等角线上的点,到角两边的距离成反比.

在图 48 中,由相似三角形立即证出

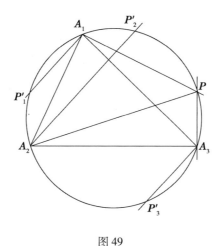

图 49

$$\overline{PP_2}:\overline{PP_3} = \overline{QQ_2}:\overline{QQ_3}$$

下面的系也有些重要：

系 从等角共轭点到三边的距离成反比，即

$$p_1q_1 = p_2q_2 = p_3q_3$$

§236 定理 从两个等角共轭点到各边的垂线的垂足在一个圆上；即等角共轭点有一个公共的垂足圆，它的圆心是这两点连线的中点.

因为设两个等角共轭点 P,Q 的垂足三角形为 $P_1P_2P_3$ 与 $Q_1Q_2Q_3$（图 48），我们有

$$\frac{\overline{A_2P_1}}{\overline{A_2P_3}} = \frac{\cos\angle PA_2P_1}{\cos\angle PA_2P_3} = \frac{\cos\angle Q_3A_2Q}{\cos\angle Q_1A_2Q} = \frac{\overline{A_2Q_3}}{\overline{A_2Q_1}}$$

所以

$$\overline{A_2P_1}\cdot\overline{A_2Q_1} = \overline{A_2P_3}\cdot\overline{A_2Q_3}$$

每两对点共圆. 由 §62a 得这六个点在同一个圆上. 这公共的垂足圆的圆心很显然是这两点的中点. 对于外接圆上的点，严格说来，没有垂足三角形（§191），也没有等角共轭点.

§237 定理 一点的垂足三角形的边，垂直于原三角形相应顶点与这点的等角共轭点的连线.

即设 P,Q 为等角共轭点，则 A_1Q 垂直于 P_2P_3. 因为（图 48）设这两条直线相交于 R，则因为 A_1,P_2,P_3,P 在一个圆上

$$\angle RP_3A_1 = \angle P_2PA_1$$

又

$$\angle PA_1P_2 = \angle P_3A_1R$$

所以三角形 A_1P_2P 与 A_1RP_3 顺相似，R 是直角.

§238 对等角共轭点，与反演的公式（§75）及密克点的公式 §186 类似，

我们有一个基本的角的公式.

定理 设 P 与 Q 为等角共轭点,则
$$\measuredangle A_2PA_3 + \measuredangle A_2QA_3 = \measuredangle A_2A_1A_3$$
(如果两个点都在三角形内,这个公式等价于
$$\angle A_2PA_3 + \angle A_2QA_3 = 180° + \alpha_1)$$
因为
$$\measuredangle A_2P,PA_3 = \measuredangle A_2P,a_1 + \measuredangle a_1,PA_3$$
$$\measuredangle A_2Q,QA_3 = \measuredangle A_2Q,a_1 + \measuredangle a_1,QA_3 =$$
$$\measuredangle a_3,A_2P + \measuredangle PA_3,a_2$$
(由等角线的定义)

相加,得
$$\measuredangle A_2PA_3 + \measuredangle A_2QA_3 = \measuredangle a_3,a_1 + \measuredangle a_1,a_2 = \measuredangle A_2A_1A_3$$

[156]

系 设一点 P 画出过三角形两个顶点的圆,即 $\measuredangle A_2PA_3$ 为定值,则它的等角共轭点画出另一个过这两个顶点的圆.

§239 定理 设任一圆交一个三角形的边于 $P_1, Q_1, P_2, Q_2, P_3, Q_3$,则不论这些点次序如何
$$\measuredangle P_2P_1P_3 + \measuredangle Q_2Q_1Q_3 + \measuredangle A_2A_1A_3 = 0$$
因为
$$\measuredangle P_2P_1P_3 = \measuredangle P_2Q_2P_3 =$$
$$\measuredangle A_3A_1,A_1A_2 + \measuredangle A_1A_2,P_3Q_2 =$$
$$\measuredangle A_3A_1A_2 + \measuredangle Q_3Q_1Q_2$$

系 特别地,这些等式刻画了任意两个等角共轭点 P, Q 的垂足三角形的特征.

§240 定理 设任一圆交一个三角形的边于 $P_1, Q_1, P_2, Q_2, P_3, Q_3$,则三个点的组 $P_1P_2P_3$ 与 $Q_1Q_2Q_3$ 的密克点 P 与 Q 是等角共轭点①.

因为我们有
$$\measuredangle A_2QA_3 = \measuredangle A_2A_1A_3 + \measuredangle Q_2Q_1Q_3$$
$$\measuredangle A_2PA_3 = \measuredangle A_2A_1A_3 + \measuredangle P_2P_1P_3$$
$$\measuredangle A_2PA_3 + \measuredangle A_2QA_3 = \measuredangle A_2A_1A_3 + (\measuredangle P_2P_1P_3 +$$
$$\measuredangle Q_2Q_1Q_3 + \measuredangle A_2A_1A_3)$$
但我们刚刚看到括号内的和为零,因此得到 P 与 Q 为等角共轭的条件
$$\measuredangle A_2PA_3 + \measuredangle A_2QA_3 = \measuredangle A_2A_1A_3, \cdots$$

---

① 见 Lachlan 的书,133 页,9,10;Gallatly 的书,110 页;及 Barrow, American Math. Monthly, 1913, p. 251.

等距共轭点及其他关系

§241 另一种关系非常类似于等角共轭,但远不如它重要,由下面的定理定义.

定理 设由一个三角形的顶点作相交于 P 的三条直线,分别交对边于 P_1, P_2, P_3;在边上取 A_2Q_1, A_3Q_2, A_1Q_3 分别等于 P_1A_3, P_2A_1, P_3A_2,则 A_1Q_1, A_2Q_2, [157] A_3Q_3 相交于一点 Q,称为 P 的等距共轭点.

证明,基于塞瓦定理,是明显的.

§242 **定理** 有四个点,每一个都是自己的等距共轭点;这四点是重心及过三角形顶点作对边的平行线,这些线的三个交点(参见§277).

§243 **定理** 设一条直线交一个三角形的边于 P_1, P_2, P_3,若 A_1P_1, A_2P_2, A_3P_3 的等角线为 A_1Q_1, A_2Q_2, A_3Q_3,则 Q_1, Q_2, Q_3 共线.又设 R_1, R_2, R_3 为 P_1, P_2, P_3 在相应边上的等距共轭点,则它们也共线.

§244 再提供一些关于等角与等距共轭的定理与练习.

a. 三角形的一个顶点引出的两条等角线,分对边的比的积是一个定值,等于这顶点的两条邻边的平方的比(§84),即

$$\frac{\overline{P_1A_2}}{\overline{P_1A_3}} \cdot \frac{\overline{Q_1A_2}}{\overline{Q_1A_3}} = \left(\frac{\overline{A_1A_2}}{\overline{A_1A_3}}\right)^2$$

b. 设一个已知点关于一个已知的三角形的各边反射,则过三个反射所得的点的圆,圆心是已知点的等角共轭点(§236).

c. 在§199中,我们看到如果两个三角形内接于同一个圆,并且对应顶点的连线交于一点 P,那么每一个三角形与 P 关于另一个的垂足三角形相似.

试进一步证明,P 作为一个相似三角形的点,与它在另一个三角形中的等角共轭点互为对应点.

d. 三角形的一条高,与过同一个顶点的外接圆半径是等角线.

e. 三角形一个顶点引出的两条等角线,一条的长算到它与对边的交点,一条算到它与外接圆的交点,则它们的积等于这个顶点的两条邻边的积. [158]

作为这个定理的特殊情况,我们可以注意§101与§99,(稍有改动)的定理.

f. 作一个三角形,使它的一条边在一条已知直线上,另两条边各通过一个已知点,并且其他两个已知点是等角共轭点.

杂 题

§245 定理 设 A_1P_1, A_2P_2, A_3P_3 相交于 P，P_1 在 A_2A_3 上，等. 作 P_1Q_2 平行于 a_3 交 a_2 于 Q_2，P_2Q_3 平行于 a_1 交 a_3 于 Q_3，P_3Q_1 平行于 a_2 交 a_1 于 Q_1，则 A_1Q_1, A_2Q_2, A_3Q_3 必交于一点 Q.

类似地，设 P_1R_3 平行于 a_2，等，则 A_1R_1, A_2R_2, A_3R_3 相交于一点 R.

在同一个图中，设 M 为重心，则 A_1P, A_2Q, A_3M 共点，A_1P, A_2M, A_3R 也共点；等.

三角形 $P_1P_2P_3, Q_1Q_2Q_3, R_1R_2R_3$ 面积相等（参见 §107）.

§246 设 O_1, O_2, O_3 为三角形 $A_1A_2A_3$ 的边的中点，对三角形 $O_1O_2O_3$ 应用塞瓦与梅涅劳斯定理，我们可以获得很多定理，下面的就是典型的例子：

从已知三角形的顶点各作一条直线与对边相交，联结这条线的中点与对边的中点. 如果所作的三条线共点，那么所连的三条线也共点.

在三角形 $A_1A_2A_3$ 的三条边上分别取 P_1, P_2, P_3 三点. 如果这三点共线，那么 A_1P_1, A_2P_2, A_3P_3 的中点也共线.

过三角形 $A_1A_2A_3$ 的顶点各作一条直线 l_1, l_2, l_3，再过各边的中点 O_1, O_2, O_3 分别作 l_1, l_2, l_3 的平行线. 如果 l_1, l_2, l_3 交于一点，那么所作平行线也必交于一点，而且这两点是相似三角形 $A_1A_2A_3$ 与 $O_1O_2O_3$ 的对应点，从而这两点的连线以三角形 $A_1A_2A_3$ 的重心为三等分点.

§247 我们可用同样方法研究已知三角形的任意一个内接三角形 $P_1P_2P_3$. 例如：

设 A_1P_1, A_2P_2, A_3P_3 都过点 P，X_1, X_2, X_3 分别为 P_2P_3, P_3P_1, P_1P_2 的中点，则 A_1X_1, A_2X_2, A_3X_3 共点（用 §83）. 又 O_1X_1, O_2X_2, O_3X_3 共点.

更一般地，设 Y_1, Y_2, Y_3 为 P_2P_3, P_3P_1, P_1P_2 上的点，使得 P_1Y_1, P_2Y_2, P_3Y_3 共点，则 A_1Y_1, A_2Y_2, A_3Y_3 共点.

练习 给出本章未证的命题的完整证明，如 §219，§221~§228，§229，§235，§239，§241~§244，§245~§247.

三个特殊点

§248 本章讨论三角形中三个特殊点的性质,它的历史可以追溯到古希腊.这三个点之间有密切的关系,它们是外心 O,三角形三条边的垂直平分线的交点,也就是外接圆的圆心;垂心 H,三条高的交点;重心 M,三条中线的交点.记号已在§13 解释过.至于内切圆与它的圆心,古代也已经知道,但它们的性质最好分开讨论,这是第十章的课题.

§249 首先注意重心总在三角形内,并三等分每一条中线.如果三角形的所有角都是锐角,垂心与外心也都在三角形内;但如果角 A_1 为钝角,那么垂心在三角形外,高 H_1A_1 的延长线上,而外心在直线 OO_1 超出 A_2A_3 的部分上.在直角三角形中,垂心在直角顶角,而外心是斜边的中点.

§250 **定理** 边在外心所张的角是三角形的角的两倍

$$\angle A_2OA_3 = 2\alpha_1, \quad \angle A_2OO_1 = \alpha_1$$

除非 A_1 是钝角;当 A_1 是钝角时

$$\angle A_2OA_3 = 2(180° - \alpha_1), \quad \angle A_2OO_1 = 180° - \alpha_1$$

在任一种情况

$$\measuredangle A_2OA_3 = 2\measuredangle A_2A_1A_3, \quad \measuredangle A_2OO_1 = \measuredangle A_2A_1A_3$$

这些公式可以由图中直接导出,或从§186 推出.最后给出的等式是最有用的形式.

§251 **定理** 点 H_2, H_3 在以 A_2A_3 为直径的圆上,也在以 A_1H 为直径的圆上(图50).

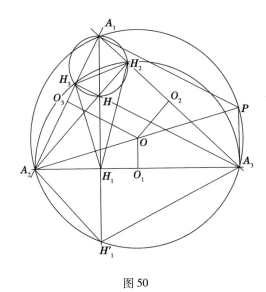

图 50

§252 由上面的定理,可以导出许多公式,表示图中的各个角与各条线的值.

a. $\angle A_1A_2H = \angle A_1A_3H = 90° - \alpha$,即
$$\angle A_1A_2H + \angle A_3A_1A_2 = 90°$$

b. $\angle A_2HH_3 = \angle A_3A_1A_2$.

[162] c. $\angle A_1H_2H_3 = \angle A_1HH_3 = \angle A_3A_2A_1$.

d. $\angle HH_1H_3 = \angle HA_2A_1 = \angle A_1A_3H = \angle H_2H_1H$.

e. $\overline{A_2H_1} = a_3\cos\alpha_2$;$\overline{A_1H} = 2R\cos\alpha_1$.

f. $\overline{OO_1} = R\cos\alpha_1$;$\overline{A_1H}^2 + \overline{A_2A_3}^2 = 4R^2$.

g. $\overline{HH_1} = 2R\cos\alpha_2\cos\alpha_3$;$h_1 = \overline{A_1H_1} = a_2\sin\alpha_3 = a_3\sin\alpha_2$.

§253 将上面的一些关系用文字表达,得到下列命题:

a. **定理** 外心 O 与垂心 H 为等角共轭点.

b. **定理** 三角形 $A_1A_2A_3$ 与 $A_1H_2H_3$ 逆相似.

c. **定理** 外心是它自己的垂足三角形的垂心.

d. **定理** 已知三角形的高与边平分三角形 $H_1H_2H_3$ 的内角与外角.

e. **定理** 半径 AO 垂直于 H_2H_3.

f. **定理** 以 A_2A_3,A_1H 为直径的两个圆在 H_2,H_3 正交.

因为设 H_3T 与以 A_1H 为直径的圆相切,则
$$\angle A_2H_3T = \angle A_1H_2H_3 = \angle A_3A_2H_3$$

所以,如果 T 在 A_2A_3 上,H_3A_2T 是等腰三角形.由此即得 T 就是 O_1(参见 §62f).

§254 **定理** 三角形的高上,从垂心到边这一段长,等于它的延长线从边到外接圆的长.即设 A_1H 延长后交外接圆于 H'_1,则 $\overline{H_1H'_1} = \overline{HH_1}$.

因为立即可得三角形 H_1HA_2 与 $H_1H'_1A_2$ 全等.换句话说,H 关于边的对称点在外接圆上.

§255 **定理** 每条高上两条线段的积相等,即

$$\overline{A_1H} \cdot \overline{HH_1} = \overline{HA_2} \cdot \overline{HH_2} = \overline{HA_3} \cdot \overline{HH_3}$$

几种证法都是明显的.这个定积表示 H 关于每个以边为直径的圆的幂;由 §254,它也是 H 关于外接圆的幂的一半;或由三角得

$$\overline{A_1H} \cdot \overline{HH_1} = 2R\cos\alpha_1 \cdot 2R\cos\alpha_2 \cos\alpha_3 = 4R^2 \cos\alpha_1 \cos\alpha_2 \cos\alpha_3$$

系 $\overline{A_1H} \cdot \overline{HH_1} = \dfrac{1}{2}(a_1^2 + a_2^2 + a_3^2) - 4R^2$.

因为

$$\overline{HA_1} \cdot \overline{HH_1} = \overline{O_1H}^2 - \overline{O_1A_2}^2$$

是 H 关于圆 $O_1(O_1A_2)$ 的幂,但

$$\overline{O_1H}^2 + \dfrac{1}{4}\overline{A_2A_3}^2 = \dfrac{1}{2}(\overline{HA_2}^2 + \overline{HA_3}^2) \quad (\S 96)$$

且

$$\overline{HA_2}^2 = 4R^2 - \overline{A_1A_3}^2, \cdots$$

§256 **定理** 设外接圆的一条弦,与三角形的一条边垂直,并过这边的一个端点,则它等于这边所对的顶点到垂心的距离.

因为设 A_3P_1 垂直于 A_2A_3,交外接圆于 P_1,则 A_2P_1 是这个圆的直径,于是 A_2A_1P 也是直角;由 P_1A_1 平行于 HA_3,知 $P_1A_1HA_3$ 是平行四边形.因此它的对边 P_1A_3 与 A_1H 相等(图51).

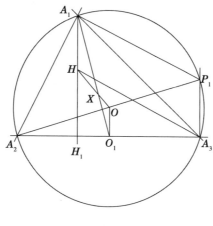

图 51

系 $\overline{A_1H} = 2\overline{OO_1}$.

因为 $\overline{A_3P_1} = 2\overline{O_1O}$;这也可由 §252e,f 直接看出.

§257 **定理（欧拉）** 三角形的外心，垂心，重心共线，并且重心将另两点的连线三等分：$2\overline{OM} = \overline{MH}$.

因为设 A_1O_1 与 OH 相交于 X，则三角形 A_1HX 与 O_1OX 的角对应相等，因而相似. 但
$$\overline{A_1H} = 2\overline{OO_1}$$
所以
$$\overline{A_1X} = 2\overline{XO_1}, \overline{HX} = 2\overline{XO}$$

这表明 X 将这条中线三等分，因此 X 是重心. 这个著名的定理已经预示过，事实上，我们看到 M 是顺相似三角形 $A_1A_2A_3$ 与 $O_1O_2O_3$ 的位似中心，而它们的垂心分别为 H 与 O. 欧拉线 OMH 的其他性质将随时提到.

§258 **九点圆** 因为 O 与 H 为等角共轭点，所以（§236）它们有公共的垂足圆；换句话说，高的足与边的中点都在一个圆上. 这个圆的圆心是 O,H 连线的中点；半径是外接圆半径的一半；它也通过 A_1H,A_2H,A_3H 的中点. 这圆称为九点圆，有很值得注意的性质，应当专辟一章. 因此我们现在不讨论它，而延迟到第十一章才进一步研究这个圆.

垂心组

§259 **定义** 四个点，有一个是另外三个点所成三角形的垂心，称为垂心组.

定理 在一个垂心组中，每一个是另外三个点所成三角形的垂心.

因为如果 H 是三角形 $A_1A_2A_3$ 的垂心，那么三角形 A_2A_3H 的高恰好是 A_2H_3, A_3H_2, A_1H_1. 它们显然相交于 A_1.

由这个定理，这四个点具有相等的地位. 因此，任意三个不共线的点确定一个垂心组；垂心组中的四个点互不相同，除非其中三点组成直角三角形. 在这种情况，第四个点与直角顶点重合. 在所有其他情况，有一个点落在其他三点所成三角形内. 所成的四个三角形中，有一个是锐角三角形，其他三个是钝角三角形.

§260 **定理** 一个垂心组的四个外接圆相等.

因为我们已经证明 HH_1 与 H_1H' 相等；因此三角形 A_2A_3H 与 A_2A_3H' 全等，它们的外接圆也相等（图52）. 换句话说：

定理 过两个顶点和垂心的圆与外接圆相等.

逆定理在 §104 已经讨论过，那里证明了四个相等的圆的交点构成垂心组.

§261 **定理** 一个垂心组的四个外接圆的圆心组成另一个垂心组，与原

来的垂心组全等(参见§104a). [**166**]

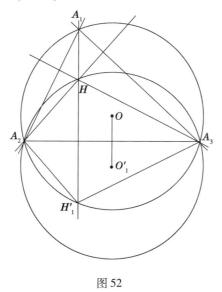

图 52

因为圆 A_2A_3H 等的圆心 O'_1, O'_2, O'_3 是 O 关于各边的对称点,所以 $\overline{OO'_1}$ 是 OO_1 的两倍,从而等于并且平行于 A_1H;其他的连线也是如此. 于是四个点 O, O'_1, O'_2, O'_3 的每一条连线等于并且平行于 H, A_1, A_2, A_3 的对应连线(图53).

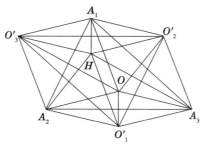

图 53

系 上述两个垂心组中,对应元素的连线交于一点,并且互相平分,这交点就是 OH 的中点 F. 十二条其他的连线,如 $A_1O'_2, HO'_1$,等,都等于 R,并且平行于三个固定方向 A_1O, A_2O, A_3O.

这个图可以看成是一个立体图形的照片,即它的平面射影. 这立体是一个平行六面体,放在这样的位置:棱的射影都相等. 于是两个垂心组的对应点表示这个立体对角线的两个端点,十二条其他连线表示立体的棱. 等边三角形与它的中心的特殊情况,对应于立方体在与它的对角线垂直的平面的射影.

§262 **定理** 垂心组的两条不相邻的连线的平方和,等于外接圆直径的平方(参见§252f).

§263 由已经注意到的事实:A_1H 与 A_2A_3 是两个正交圆的直径,可以提供垂心组的另一个特征. 我们提出:

[167] **问题** 作一个三角形,已知底 A_2A_3 与两条高的垂足 H_2,H_3.

显然,点 H_2,H_3 在以 A_2A_3 为直径的圆上,这是必要而且充分的条件. 如果这个条件满足,那么 A_2H_3 与 A_3H_2 相交在一个确定的点 A_1,A_2H_2 与 A_3H_3 相交在一点 H. 于是 H 显然是 $A_1A_2A_3$ 的垂心,我们得到一个垂心组. 更进一步,以 A_1H 为直径的圆与前一个圆正交. 因而得到逆定理(参见§62f):

定理 设两个圆在 P 与 Q 正交,AB 是一个圆的直径,AP 与 BQ 相交于 C,AQ 与 BP 相交于 D,则 CD 是第二个圆的直径,垂直于 AB,A,B,C,D 是一个垂心组. 换句话说,两个正交圆内,两条互相垂直的直径的端点组成垂心组.

§264 垂心的一个有趣的性质是:内接于一个已知的锐角三角形的所有三角形中,垂心的垂足三角形 $H_1H_2H_3$ 周长最小. 为证明这一定理,我们需要下面的几个定理:

定理 设一个三角形的三条边是另一个三角形的三条不共点的角平分线①,则后者的顶点为前者的高的垂足.

有两种可能的情况,每一种都可以立即证出.

定理 直线同侧有两个已知点,从一个已知点到这直线再到另一个已知点的最短路线,是一条折线,它的两段与这条直线成等角.

[168] 由图54,证明很明显,这是初等几何中一个熟悉的习题.

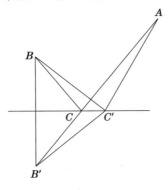

图54

定理 在所有内接于已知锐角三角形的三角形中,三角形 $H_1H_2H_3$ 的周长

---

① 译者注:其中有两条外角平分线.

最小.

因为①设 $P_1P_2P_3$ 内接于 $A_1A_2A_3$,P_1P_2 和 P_1P_3 同 A_2A_3 所成的角不等. 则如果 Q_1 是这样的点,使 P_2Q_1,P_3Q_1 与 A_2A_3 所成的角相等,那么 $P_2P_3Q_1$ 的周长小于 $P_2P_3P_1$ 的周长. 因此,如果最小周长的三角形存在,那么它的边与已知三角形的边所成的角相等,如上面所示,它必须是三角形 $H_1H_2H_3$. 在已知三角形有三个锐角时,直观上显然有最小周长的三角形存在;如果三角形有直角或钝角,如在 A_1,A_1 的退化的垂足三角形,周长比任一个通常的内接三角形小.

§265 定理 如果两个同底的三角形内接于同一个圆,那么它们垂心的连线平行于它们顶点的连线.

因为设三角形为 $A_1A_2A_3$ 与 $A'_1A_2A_3$,垂心为 H 与 H',则我们已经证过
$$\overline{A_1H} = 2\overline{OO_1} = \overline{A'_1H'}$$
所以 $A_1HH'A'_1$ 是平行四边形.

系 设四点在圆上,组成四个三角形,则这些三角形的垂心组成的一个图形与已知点所成图形全等,对应的线互相平行,方向相反;每个已知点与其他三点所成三角形的垂心相连,四条连线共点,这点是已知圆与过四个垂心的圆的连心线的中点,四条直线在这点互相平分.

这个值得注意的图形是后面(§417)进一步研究的课题. 可以注意到:当四个点成垂心组时,它们的外心构成一个全等的图形;另一方面,当四点共圆[169]时,它们的垂心构成一个全等的图形.

§266 我们介绍一个立体图形,它与垂心的性质有有趣的联系.

定理 设以一个锐角三角形的每条高为直径,在垂直于三角形所在平面的平面内画半圆,则这些圆相交于一点 P,P 在过 H 并且垂直于三角形平面的垂线上,并且三角形的每一条边,每一条高,以及任一条由顶点引到对边的线段,都在点 P 张成直角.

因为 H 对这三个以高为直径的圆的幂相等,所以这些圆的过 H 并且垂直于直径的弦相等. 显然任一条高在点 P 张成直角. 要证明对于边同样结论成立,我们计算 $\overline{A_2P}^2$ 与 $\overline{A_3P}^2$,得出它们的和是 $\overline{A_2A_3}^2$;因此 A_2PA_3 是一个直角三角形. 于是 A_1P 垂直于 A_2P 与 A_3P,从而垂直于它们所在的平面. 因为直线 PA_1,PA_2,PA_3 互相垂直,我们可将这个图形看做是一个立方体被一个倾斜的平面从角上切下的一块. 反过来:

定理 设三个互相垂直的平面被一个倾斜的平面所截,则三个平面的公共点在截面上的射影是所形成的三角形的垂心.

---

① 一些课本中关于这个定理的证明难免严厉的批评. 我们的证明根据 Russell 的书(见本书序)138 页.

§267 在 §91 与 §230 已经证明完全四边形的中点共线. 现在我们重新建立这个定理,并加上一些进一步的扩充.

定理 三角形的垂心,是所有过任一条高的两个端点的圆的根心. 换句话说,设 B_1, B_2, B_3 为三角形 $A_1A_2A_3$ 相应边上的点,则以 A_1B_1, A_2B_2, A_3B_3 为直径的圆,以 H 为根心.

[170]

这只不过是 §255 的另一种复述.

定理 设在三角形 $A_1A_2A_3$ 的边上取三个共线的点 B_1, B_2, B_3,则以 A_1B_1, A_2B_2, A_3B_3 为直径的圆共轴(图 55).

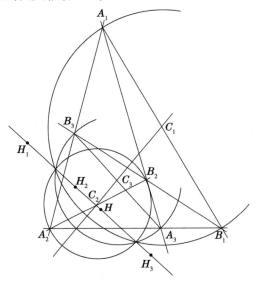

图 55

因为首先三角形 $A_1A_2A_3, A_1B_2B_3, A_2B_3B_1, A_3B_1B_2$ 的垂心不重合. 我们已经知道 $A_1A_2A_3$ 的垂心 H 是三个圆的根心. 而考虑三角形 $A_1B_2B_3$,在它的边上有点 B_1, A_2, A_3;它的垂心 H' 关于以 A_1B_1, A_2B_2, A_3B_3 为直径的圆的幂相等. 这样继续下去,这三个圆以这四个三角形的垂心为根心,因此它们共轴,这些垂心在它们的根轴上.

[171]

§268 因此,我们一举得到下面的两个定理,每一个都具有相当的价值:

高斯(Gauss)与波登密勒(Bodenmiller)定理 以完全四边形的对角线为直径的圆共轴.

定理 完全四边形的四个三角形的垂心在一条直线上,这直线就是上面所说的圆的根轴.

§269 **定义** 两条直线 APR 与 AQS 的两条截线 PQ 与 RS,如果与它们成等角如下

$$\sphericalangle APQ = \sphericalangle RSA$$

换句话说,三角形 APQ 与 ASR 逆相似,那么这两条截线称为关于这两条直线逆平行.

    a. **定理**   两条线关于一个角的两边逆平行,当且仅当它们与这角的平分线依相反方向成同样的角.

    b. **定理**   设 PQ 与 RS 关于 PR 与 QS 逆平行,则后者关于前者逆平行.

    c. **定理**   假设同前,P,Q,R,S 共圆;反过来也成立(图 56).

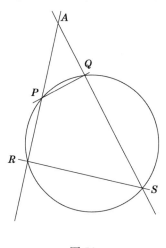

图 56

§270   a. **定理**   三角形两条高的垂足的连线,与第三条边逆平行.

    b. **定理**   三角形外接圆在一个顶点处的切线,与对边逆平行.

    c. **定理**   H 的垂足三角形的边,分别平行于外接圆在各个顶点处的切线.

    d. **定理**   外接圆的过一个顶点的半径,垂直于所有与对边逆平行的直线;[**172**]特别地(图 57),三角形 $H_1H_2H_3$ 的边与相应的半径垂直(参见 §250,§251).

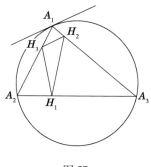

图 57

§271 重心的性质 重心的性质不如垂心的性质那么有趣. 我们只考虑它的少数定理,简要地讨论某些与它有些类似的其他点.

§272 定理 每一条中线将三角形分为等积的两份;所有中线在一起将三角形分为等积的六份. 重心与顶点的连线,分三角形为等积的三份.

系 重心到各边的垂线与边长成反比

$$p_1:p_2:p_3 = \frac{1}{a_1}:\frac{1}{a_2}:\frac{1}{a_3}$$

因为

$$a_1 p_1 = a_2 p_2 = a_3 p_3 = \frac{2}{3}\Delta$$

§273 定理 M 到任一条直线的距离,等于三个顶点到同一条直线的距离的代数和的三分之一.

因为设 A_1, A_2, A_3, M, O_1 到直线 XY 的垂线分别为 d_1, d_2, d_3, d, d',由简单的比例得

$$d = d_1 + \frac{2}{3}(d' - d_1), \quad d' = \frac{1}{2}(d_2 + d_3)$$

因此

$$d = \frac{1}{3}(d_1 + d_2 + d_3)$$

系 设作一直线使三角形三个顶点到它的距离的代数和为零,则它通过重心. 所有这种和为定值的直线都与一个以 M 为圆心的圆相切.

§274 为一致起见,我们定义一条直线上的三个点 A, B, C 的重心为满足

$$\overline{MA} + \overline{MB} + \overline{MC} = 0$$

的点 M.

按照这一定义,设 P 为直线 ABC 上任意一点,则

$$\overline{PM} = \frac{1}{3}(\overline{PA} + \overline{PB} + \overline{PC})$$

又由三个已知点 A, B, C 中任一点到其他两点的中点的线段,被 M 三等分;并且它适合 §273. §273 中所表示的性质将重心与物理中的重心概念结合起来,表明在三角形的顶点放三个相等的重量,它们的重心就是 M. 这将在第十五章进一步讨论.

§275 定理 由一点到一个三角形的各个顶点的距离的平方和,等于这点到重心的距离平方的三倍,加上重心到各个顶点的距离的平方和(图58).

即,对任一点 P

$$\overline{PA_1}^2 + \overline{PA_2}^2 + \overline{PA_3}^2 = \overline{MA_1}^2 + \overline{MA_2}^2 + \overline{MA_3}^2 + 3\overline{PM}^2$$

我们有

$$\overline{PA_1}^2 + \overline{PA_2}^2 = \frac{1}{2}a_3^2 + 2\overline{PO_3}^2 \quad (§96)$$

$$2\overline{PO_3}^2 + \overline{PA_3}^2 = 3\overline{PM}^2 + 2\overline{O_3M}^2 + \overline{A_3M}^2 \quad (\S 100)$$

所以
$$\overline{PA_1}^2 + \overline{PA_2}^2 + \overline{PA_3}^2 = 3\overline{PM}^2 + \frac{1}{2}a_3^2 + \frac{2}{9}m_3^2 + \frac{4}{9}m_3^2$$

又
$$m_3^2 = \frac{1}{4}(2a_1^2 + 2a_2^2 - a_3^2), \overline{MA_3} = \frac{2}{3}m_3$$

因此最后得到所说的结果.

[174]

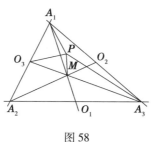

图 58

系 重心是平面上到这个三角形的顶点的距离的平方和为最小的点. 一个点,到各顶点的距离的平方和为定值,则它的轨迹是以重心 M 为圆心的圆.

又
$$\overline{OM}^2 = R^2 - \frac{a_1^2 + a_2^2 + a_3^2}{9}$$

§276 定理 设一个三角形的顶点在另一个三角形的边上,并将它们分成同样的比,则这两个三角形有共同的重心(参见 §170,及 §477 以下).

设 B_1, B_2, B_3 在 $A_1A_2A_3$ 的边上,使
$$\frac{\overline{B_1A_2}}{\overline{B_1A_3}} = \frac{\overline{B_2A_3}}{\overline{B_2A_1}} = \frac{\overline{B_3A_1}}{\overline{B_3A_2}} = \frac{m}{n}$$

在 A_2A_3 上取点 X_1,使 $\overline{X_1A_3} = \overline{A_2B_1}$,则 B_2X_1 平行于 A_1A_2,B_3X_1 平行于 A_1A_3;因此 A_1B_3 与 B_2X_1 相等且平行. 联结 O_1 与 P_3,P_3 是 B_1B_2 的中点,O_1 是 A_2A_3 的中点,因而也是 B_1X_1 的中点. O_1P_3 平行于 X_1B_2,并等于它的一半;因此 O_1P_3 平行于 B_3A_1,并等于它的一半. 所以 A_1O_1 与 B_3P_3 在点 M 互相三等分,这就是所要证的(图 59).

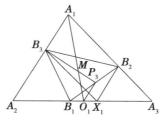

图 59

这个证明基本上属于夫尔曼(Fuhrmann),它可以逆推,因而产生逆定理.

定理 设一个三角形内接于另一个,它们的重心重合,则前者的顶点将后者的边分为相等的比.

§277 外中线 过三角形的每一顶点有一条直线,它的性质非常类似于中线. 这样的直线称为外中线,我们有一些关于中线与外中线的定理.

定义 过三角形的一个顶点,平行于对边的直线称为外中线. 两条外中线的交点,称为旁重心.

这是§224 的一般定理的一种情况. 这定理的另一个例子是角平分线. 希望读者不仅注意到中线与外中线,重心与旁重心的性质的类似之处,而且注意到将中线与外中线的图形作为整体,与角的内、外角平分线之间的类似之处.

定理 每个顶点引出的中线通过这点所对的旁重心. 从外中线上一点到两条邻边的距离与这两条边的长成反比. 从一个外重心到三边的距离与这三边的长成反比. 中线分对边的比为 -1,外中线分对边的比为 $+1$. 中线被重心分成的比为 $-\frac{1}{2}$,被旁重心分成的比为 $+\frac{1}{2}$. 以原三角形的底为底,一个旁重心为顶点的三角形,面积都相等. 最后,设 M' 为与 A_1 相对的旁重心,P 为任意一点,则

$$\overline{PA_2}^2 + \overline{PA_3}^2 - \overline{PA_1}^2 = \overline{PM'}^2 + \overline{M'A_2}^2 + \overline{M'A_3}^2 - \overline{M'A_1}^2$$

极 圆

§278 定义 一个三角形的极圆. 是以垂心为圆心,半径由(§255)
$$r^2 = \overline{HA_1} \cdot \overline{HH_1} = \overline{HA_2} \cdot \overline{HH_2} = \overline{HA_3} \cdot \overline{HH_3} =$$
$$-4R^2 \cos \alpha_1 \cos \alpha_2 \cos \alpha_3 =$$
$$4R^2 - \frac{1}{2}(a_1^2 + a_2^2 + a_3^2)$$

给出的圆. 由此,仅在三角形有一个钝角时,才有实的极圆存在,对钝角三角形,我们可以立即建立如下的定理:

定理 关于极圆,三角形的每个顶点与从它所引出的高在对边的垂足,互为反演点;每条边是所对顶点的极线. 一条边的反形是一个圆,以所对的顶点到垂心的连线为直径. 以三角形任一边为直径的圆,经过这个反演不变,因此与极圆正交. 更一般地,通过一个顶点及这点所引出的高的垂足的圆,即以从顶点引到对边的线段为直径的圆,经过这个反演不变,并与极圆正交. 外接圆关于这个极圆的反形是九点圆(图60,§258).

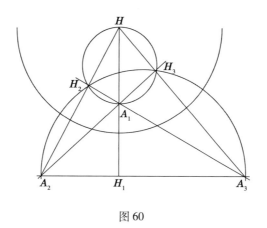

图 60

§279　定理　三角形关于它的极圆是自共轭的（§143）；反过来，一个圆是自共轭三角形的极圆.

§280　在一个垂心组中，组成的四个三角形有三个是锐角三角形；例如设 $A_1A_2A_3$ 是一个锐角三角形，H 是它的垂心，则三角形 $A_2A_3H, A_3A_1H, A_1A_2H$ 有实的极圆，圆心分别在 A_1, A_2, A_3.

定理　一个垂心组的任意两个极圆正交.　　　　　　　　　　[177]

因为设 r_2, r_3 为两个极圆的半径，它们的圆心分别为 A_2, A_3，则
$$r_2^2 = \overline{A_2H_1} \cdot \overline{A_2A_3}, r_3^2 = \overline{A_3H_1} \cdot \overline{A_3A_2} = \overline{H_1A_3} \cdot \overline{A_2A_3}$$
$$r_2^2 + r_3^2 = (\overline{A_2H_1} + \overline{H_1A_3}) \cdot \overline{A_2A_3} = \overline{A_2A_3}^2$$
这就是正交的条件.

定理　任意两个极圆的根轴是第三个顶点引出的高.

§281　暂且承认"虚圆"的存在；这样的圆有一个实的圆心，而半径的平方是负值. 于是，如上面所说，一个垂心组的三角形有四个极圆，三个实的，一个虚的，四个中任两个正交. 反过来，如果四个圆互相正交，它们的圆心是一个垂心组，除非是将要提到的退化情形. 一个关于这种组的有趣的定理是：

定理　设依次地关于四个互相正交的圆的每一个施行反演，则每一个点回到原来的位置.

因为设我们将这图形简化，使这四个圆中的两个变为互相垂直的直线. 这时可以看到另两个是以这两条直线的交点为圆心的同心圆，半径是 r_2, r_3，而 $r_2^2 + r_3^2 = 0$. 对这个特殊图形，定理容易证明，因此它对一般图形也成立.

§282　考虑由四条直线，每两条不互相垂直，确定的三角形的极圆. 我们看到其中至少有两个是钝角三角形，四个也可以全是钝角的. 考虑其中一个，如 $A'B'C'$，在它的各边上有三个共线的点 A, B, C. 我们已经看到 $A'B'C'$ 的极圆与　[178]　以 AA', BB', CC' 为直径的圆正交，因此，对于 §267 中的定理，又增加了新的内

容.

定理 完全四边形的各个三角形的极圆,组成共轴圆组,与以对角线为直径的圆共轭.

§283 练习 我们再举一些零散的定理与练习,作为本章的结束.

a. H_2H_3 的垂直平分线必过 O_1.

b. 从 H_2H_3,等,的中点分别作 A_2A_3,等,的垂线,这些垂线交于一点.

c. 设由一个三角形的三个顶点所作的共点线的交点,也是这些直线与对边的交点的密克点,则这些直线一定是高.

d. 设锐角三角形的三条高,延长后与外接圆相交,则以这三条弦为对角线的六边形面积是原三角形的两倍.

§284 设一个三角形的底 A_2A_3 及外接圆的半径 R 为已知,则第三个顶点的轨迹显然是一个半径为 R 的,通过 A_2 与 A_3 的圆.

a. 在这个图中,垂心的轨迹是什么?重心的轨迹是什么?

b. 设顶点 A_1 及 A_1A_2,A_1A_3 的方向为已知,R 也为已知,则 O 的轨迹是以 A_1 为圆心,R 为半径的圆. 这时,H 的轨迹是什么?M 呢?其他点呢?

c. 设 H_1,H_2,H_3 的位置为已知,则 A_1,A_2,A_3 可以求出. 它们是唯一确定的吗?

d. 设 O_1,O_2,O_3 为已知,则三角形 $A_1A_2A_3$ 可唯一确定;设 H_1,O_2,O_3 为已知,结论同样成立. 但如果给出如像 H_2,H_3,O_1 这样的点,可能无解,除非 O_1 到 H_2,H_3 的距离相等(参见 a). 这时三角形是不确定的,每个顶点都在同一个确定的圆上.

§285 a. 设一个变动的三角形内接于一个定圆,底 A_2A_3 固定,则 H_2H_3 与另一个定圆相切.

因为 H_2H_3 是以 A_2A_3 为直径的定圆的一条长为一定的弦.

b. 在一个垂心组中,四个三角形的重心也构成一个垂心组,与原垂心组位似,相似比为 $1:3$.

c. 设由一个三角形的顶点作三条平行线,则它们与外接圆的交点组成一个与原三角形全等,但方向相反的三角形.

d. 设两个全等并且方向相同的三角形内接于同一个圆,则对应边的交点所组成的三角形与这两个三角形顺相似;这圆的圆心是公共的密克点,也是这新三角形的垂心.

因为设 A_2A_3 交 B_2B_3 于 C_1,等,则容易看到 A_1,B_1,C_2,C_3,O 共圆,O 是密克点. 但我们知道 O 的一个密克三角形,即它的垂足三角形,与 $A_1A_2A_3$ 相似,并以 O 为垂心.

e. 设由三角形的顶点各作一条线,与对边所成的角都相等,则这三条线围成的三角形与原三角形相似,它的外心是 H.

f. 设一个四边形 $ABCD$ 的对角线相交于 K,则圆 ABK, BCK, CDK, DAK 的圆心组成一个平行四边形,边平行于原四边形的对角线.

反过来,设 $PQRS$ 为平行四边形,K 为任意一点,则以 P, Q, R, S 为圆心的,过 K 的圆,顺次相交于 A, B, C, D 四点,恰好使得 AC 与 BD 相交于 K.

g. 设三角形的一边为一个已知圆的固定切线,另一边为这圆的变动的切线,第三边为切点弦,则垂心的轨迹是一个圆,与已知圆相等,圆心为固定切线的切点.

因为我们知道由三角形的外心到动切线的垂线等于已知圆半径的一半,再应用 §256.

§286 下面的哈格(Hagge)定理①,不难证明.

由三角形的顶点到对边引共点的线段,以它们为直径作圆;过 H 作这些线的垂线,与相应的圆相交,则六个交点在一个圆上,圆心是共点线的公共点 P.

在同一图中,上述过 H 的直线与以三角形的边为直径的圆相交,六个交点在一个圆上,圆心关于三角形 $O_1O_2O_3$②,与点 P 在三角形 $A_1A_2A_3$ 中的位置相对应.

以这些共点线为直径的圆与以三边为直径的圆相交于六点,这六点也共圆.

练习 本章中下列命题完全未证或未证完全,请读者补全证明:§250~§253, §255, §262~§264, §266, §269, §270, §272, §276, §277, §278, §279, §283~§286.

---

① Zeitschrift für Math. und Nat. Unterrich, 39, 1908, p. 1.
② 译者注:原文为 $A_1A_2A_3$,似误.

内切圆与旁切圆

第十章

§287 本章研究三角形的角的平分线的交点,及圆心在这些交点并且与三角形各边相切的圆①.

我们已经知道三角形内角的平分线交于一点 I,称为内心,它到三角形各边的距离相等;以内心为圆心并且与各边相切的圆,即内切圆,它的半径记为 ρ. 类似地,任一条内角平分线与另两个顶点的外角平分线交于三角形外的一点;这样的三个点称为旁心;相应的与三角形各边相切的圆称为旁切圆. 在 A_1I 上的旁心记为 J',以 J' 为圆心的旁切圆半径记为 ρ_1. 用 X_1 表示内角平分线 A_1IJ' 与 A_2A_3 的交点,Y_1 为外角平分线 $A_1J''J'''$ 与 A_2A_3 的交点(图61).

§288 一些关于内心与旁心的定理,可以由上一章的结果立即推出.

定理 三角形的内心与旁心成一个垂心组;反过来,一个三角形的顶点与垂心是高的垂足所成三角形的旁心与内心(§253d).

§289 我们知道 A_1X_1 与 A_1Y_1 互相垂直;X_1 与 Y_1 分 A_2A_3 [182] 为比 $\overline{A_1A_2}:\overline{A_1A_3}$. 下面的角的关系不难证明

$$\angle I_2H_3 = 180° - \alpha_1 = \alpha_2 + \alpha_3$$

$$\angle I_2I_1I_3 = \frac{1}{2}\angle I_2H_3 = 90° - \frac{\alpha_1}{2} = \frac{\alpha_2+\alpha_3}{2}$$

---

① §299~§307 可以略去,不影响前后的联系.

$$\angle A_1 I_2 I_3 = 90° - \frac{\alpha_1}{2} = \angle A_1 I_3 I_2$$

$$\angle I I_2 I_3 = \frac{\alpha_1}{2}$$

$$\angle A_1 X_1 A_2 = \alpha_3 + \frac{\alpha_1}{2} = 180° - \alpha_2 - \frac{\alpha_1}{2}$$

$$\angle I A_1 O = \frac{\alpha_2 - \alpha_3}{2}$$

$$\angle A_2 I A_3 = 90° + \frac{\alpha_1}{2}$$

[**183**] 对每一个旁心,有类似的关系,该修改的地方适当修改即可. 例如

$$\angle J'' J' J''' = \frac{\alpha_2 + \alpha_3}{2}$$

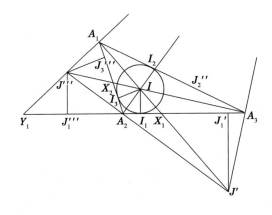

图 61

§290 三角形边上由内切圆与旁切圆的切点所确定的线段,可以简单地用周长的一半 s 来表示,即,不计代数的正负,有

$$s = \overline{A_1 J'_2} = \overline{A_1 J'_3} = \overline{A_2 J''_3} = \overline{A_2 J''_1} = \overline{A_3 J'''_1} = \overline{A_3 J'''_2}$$
$$s - a_1 = \overline{A_1 I_2} = \overline{A_1 I_3} = \overline{A_2 J'''_3} = \overline{A_2 J''_1} = \overline{A_3 J''_1} = \overline{A_3 J''_2}$$
$$s - a_2 = \overline{A_2 I_3} = \overline{A_2 I_1} = \overline{A_3 J'_1} = \overline{A_3 J'_2} = \overline{A_1 J'''_2} = \overline{A_1 J'''_3}$$
$$s - a_3 = \overline{A_3 I_1} = \overline{A_3 I_2} = \overline{A_1 J''_2} = \overline{A_1 J''_3} = \overline{A_2 J'_3} = \overline{A_2 J'_1}$$

这些都可以根据圆外一点向圆所引的切线相等,用代数方法导出. 例如,设

$$x = \overline{A_1 I_2} = \overline{A_1 I_3}, \quad y = \overline{A_2 I_3} = \overline{A_2 I_1}, \quad z = \overline{A_3 I_1} = \overline{A_3 I_2}$$

则

$$y + z = a_1, \quad z + x = a_2, \quad x + y = a_3$$

解这方程组,得
$$2x = a_2 + a_3 - a_1, \cdots$$

系 $\overline{I_1 J''_1} = a_2 = \overline{J'_1 J'''_1}, \overline{I_1 J'''_1} = a_3 = \overline{J'_1 J''_1}$;

$\overline{I_1 J'_1} = a_2 - a_3, \overline{J''_1 J'''_1} = a_2 + a_3$;

$\overline{O_1 I_1} = \dfrac{1}{2}(a_2 - a_3), \overline{O_1 J'_1} = \dfrac{1}{2}(a_2 + a_3)$.

§291 几何方面的系

a. 联结三角形的顶点与内切圆切点的直线交于一点(约尔刚(Gergonne)点).

b. 联结三角形的顶点与旁切圆切点的直线交于一点(奈格尔(Nagel)点,见§361).

c. 约尔刚点与奈格尔点为等距共轭点.   [184]

d. 更一般地,联结顶点与内切圆、旁切圆切点的直线,可分为八组,每组三条交于一点,八个交点成四对等距共轭点.

e. 在上述切点作三角形的边的垂线,这些垂线相交于内心,旁心及其他四点.

这些新的点是内心与旁心所成垂心组的外接圆的圆心.

f. 设 B_1, B_2, B_3 为三角形 $A_1 A_2 A_3$ 的旁心, C_1, C_2, C_3 为三角形 $B_1 B_2 B_3$ 的旁心,等;证明这样得到的三角形越来越接近等边三角形.(将每个角表示为 $60° \pm x$ 的形式,应用§289中最后的等式)

§292 用 P_1 表示角平分线 $A_1 I$ 与外接圆的交点,即弧 $A_2 A_3$ 的中点;用 Q_1 表示 P_1 的对径点,外角平分线 $A_1 J'' J'''$ 与外接圆在这里相交.

定理 以 IJ' 为直径的圆过 A_2, A_3;它的圆心是 P_1,它的半径是

$$r = \dfrac{a_1}{2\cos\dfrac{\alpha_1}{2}} = 2R\sin\dfrac{\alpha_1}{2}$$

因为显然 $IA_2 J'$ 与 $IA_3 J'$ 都是直角,所以以 IJ' 为直径的圆过 A_2, A_3. 这个圆的圆心在 IJ' 上,也在 $A_2 A_3$ 的垂直平分线上,因此是 P_1. 关于半径的公式可以立即得出.   [185]

定理 以 $J'' J'''$ 为直径的圆过 A_2, A_3(图62);它的圆心是 Q_1,半径

$$r' = \dfrac{a_1}{\sin\dfrac{\alpha_1}{2}} = 2R\cos\dfrac{\alpha_1}{2}$$

系 本节所说的两个圆正交.

§293 应当注意到上面的圆就是§251讨论过的圆,有关的垂心组是 $J' J'' J''' I$. 很多推论都是显而易见的:

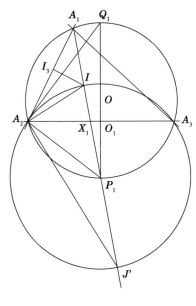

图 62

a. $\overline{IJ'} = \dfrac{a_1}{\cos\dfrac{\alpha_1}{2}} = 2R\sin\dfrac{\alpha_1}{2}$.

b. $\overline{A_3I} = \overline{IJ'}\sin A_3A_2I = 4R\sin\dfrac{\alpha_1}{2}\sin\dfrac{\alpha_2}{2}\rho = 4R\sin\dfrac{\alpha_1}{2}\sin\dfrac{\alpha_2}{2}\sin\dfrac{\alpha_3}{2}$.

c. $\overline{P_1I}^2 = \overline{P_1X_1}\cdot\overline{P_1A_1},\ \overline{O_1I_1}^2 = \overline{O_1X_1}\cdot\overline{O_1H_1}$.

d. $\overline{X_1I_1}\cdot\overline{X_1J'}_1 = \overline{X_1O_1}\cdot\overline{X_1H_1}$.

因为 $\overline{X_1I}\cdot\overline{X_1J'} = \overline{X_1A_3}\cdot\overline{X_1A_2} = \overline{X_1A_1}\cdot\overline{X_1P_1}$.

§294 **问题** 已知 O, I, J' 的位置, 求作三角形.

§295 **定理**① 外接圆与内切圆的半径, 及它们的圆心距由下面的等式联系

$$R^2 - d^2 = 2R\rho$$

[186] 即

$$\dfrac{1}{R-d} + \dfrac{1}{R+d} = \dfrac{1}{\rho}$$

每一个等式可由另一个用代数方法推出; 我们只证明第一个. 我们立即看出 (图 62) 三角形 $Q_1P_1A_2$ 与 A_1II_3 相似, 所以

---

① 关于这个重要定理的早期历史, 见 Mackay, Proceedings of Edinburgh Math. Society, V, 1886～1887, p.62.

$$\overline{Q_1P_1} \cdot \overline{II_3} = \overline{P_1A_2} \cdot \overline{A_1I}$$

由此立即得出

$$2R\rho = \overline{A_1I} \cdot \overline{P_1I} = R^2 - d^2$$

类似地,设 d_1 为 O 与旁心 J' 的距离,则

$$2R\rho_1 = d_1^2 - R^2, \frac{1}{R-d_1} + \frac{1}{R+d_1} = \frac{1}{\rho_1}$$

对正负号作适当约定,这两个命题可以看做是本节定理的等价形式. 逆定理: 如果两个圆适合上面的一个等式,那么必有一个三角形内接于一个圆,并与另一个圆外切. 这逆定理可以由同样的图(图 62)证出,但稍有困难,我们提供另一个利用反演的证法.

§296 定理 设以三角形的内切圆为反演圆作反演,则三角形的边与外接圆变成相等的圆,直径为 ρ; A_2A_3 的反形是以 II_1 为直径的圆, 外接圆的反形是过三角形 $I_1I_2I_3$ 各边中点的圆.

因为 A_1I_2, A_1I_3 是内切圆的切线,所以 A_1 的反演点是 I_2I_3 的中点. 应当注意过这样三个中点的圆是三角形 $I_1I_2I_3$ 的九点圆(§258 及 §104a). 由关于一个已知圆反演时圆的半径公式(§71)可知, §295 的逆定理是本定理的系.

§297 定理 设两个圆 $O(R)$ 与 $I(\rho)$ 有如下关系

$$R^2 - \overline{OI}^2 = 2R\rho$$

[187]

则可以作一个三角形,顶点在另一个圆上,而边与第二个圆相切;这样的三角形有无穷多个, 第一个圆上的任意一点都可以作为一个顶点.

关于第二个圆作反演,设第一个圆变为以 O' 为圆心 R' 为半径的圆,则由 §71

$$R' = \frac{\rho^2}{\overline{OI}^2 - R^2}R$$

因此根据假设, $R' = \frac{1}{2}\rho$. 设 A' 为这个新圆上的任意一点, 又设以 ρ 为直径, 过 I 与 A 的两个圆交这个圆于 B', C', 并切圆 $I(\rho)$ 于 Z, Y. 我们容易证明 A', B', C' 是内接于圆 $I(\rho)$ 的三角形 XYZ 的边的中点; I, A', B', C' 构成一个垂心组. 变回原来的图形, 我们得到三条直线, 与圆 $I(\rho)$ 在 X, Y, Z 相切, 与原来的圆 $O(R)$ 相交于 A, B, C.

系 如果两个圆可以允许一个三角形内接于其中一个圆并与另一个圆外切, 那么就会有无穷多个这样的三角形.

上面所给的公式与 §125 公式的类似性值得注意.

在一个作图问题中, 如果 $R, \rho, \overline{OI}$ 中有两个的长为已知, 那么可以用上面的公式求出第三个, 从而画出这两个圆, 通常也就可以作出三角形了. 上面的等式

还表明内切圆的半径总是小于外接圆半径的一半,除非三角形是等边三角形.

定理 设 XY 是内切圆的垂直于 OI 的直径,则三角形 OXY 的周长等于外接圆的直径.

§298 三角形的各个部分之间的很多关系最好用代数等式或公式来表[188]示,尤其是内切圆与旁切圆的半径. 我们已经看到不少简单类型的这种等式,现在介绍一些其他的等式,也是令人感兴趣的,这些式子的推导没有特别的困难①.

a. $\rho = \dfrac{\Delta}{s} = 4R\sin\dfrac{\alpha_1}{2}\sin\dfrac{\alpha_2}{2}\sin\dfrac{\alpha_3}{2}$; (§15d, §293b)

$\rho_1 = \dfrac{\Delta}{s-a_1} = 4R\sin\dfrac{\alpha_1}{2}\cos\dfrac{\alpha_2}{2}\cos\dfrac{\alpha_3}{2}$.

b. $\dfrac{1}{\rho_1} + \dfrac{1}{\rho_2} + \dfrac{1}{\rho_3} - \dfrac{1}{\rho} = 0$.

c. $\rho_1 + \rho_2 + \rho_3 = 4R + \rho$.

因为 $\rho_1 + \rho_2 + \rho_3 - \rho$ 可化为

$$\dfrac{a_1 a_2 a_3 \Delta}{s(s-a_1)(s-a_2)(s-a_3)} = \dfrac{a_1 a_2 a_3}{\Delta} = 4R$$

d. $R\rho = \dfrac{a_1 a_2 a_3}{4s}$.

e. $\dfrac{1}{h_1} + \dfrac{1}{h_2} + \dfrac{1}{h_3} = \dfrac{1}{\rho} = \dfrac{1}{\rho_1} + \dfrac{1}{\rho_2} + \dfrac{1}{\rho_3}$;

$\dfrac{1}{\rho_1} = \dfrac{1}{h_2} + \dfrac{1}{h_3} - \dfrac{1}{h_1}, \dfrac{1}{\rho_2} + \dfrac{1}{\rho_3} = \dfrac{1}{\rho} - \dfrac{1}{\rho_1} = \dfrac{2}{h_1}$.

[189] 因为 $\dfrac{1}{h_1} = \dfrac{a_1}{2\Delta}$,等.

f. $\overline{OO_1} + \overline{OO_2} + \overline{OO_3} = R + \rho$.

因为对 $OO_1 A_3 O_2$,等,用托勒密定理得

$$\dfrac{a_3}{2}R = \overline{OO_2} \cdot \dfrac{a_1}{2} + \overline{OO_1} \cdot \dfrac{a_2}{2}, \cdots$$

又

$$s\rho = \dfrac{1}{2}(\overline{OO_1} \cdot a_1 + \overline{OO_2} \cdot a_2 + \overline{OO_3} \cdot a_3)$$

---

① 读者如希望进一步研究这一课题,可以参看 Mackay 的两篇文章:Formulas Connected with the Ridii of the Incircle and the Excircles of a Triangle, Proceedings of Edinburgh Math. Society, 12, pp. 86~105, 13, 103~104; Properties Connected with the Angular Bisectors of a Triangle, ibid., 13, pp. 37~102. 两篇文章除有许多用文字叙述的定理外,都包含了大量公式,前者足有 15 页,后者有 25 页. 一份类似的公式表(造得并不很好)构成了 Schroeder 的一本小册子(Das Dreieck und seine Beruhrungskreise). Marcus Baker (Annals of Mathematics, I, p.134)给出了一张包括三角形面积的 101 个公式的表.

相加,并约去公因子 s 即得.

g. $\Delta^2 = \rho\rho_1\rho_2\rho_3$.
h. $\overline{OI}^2 + \overline{OJ'}^2 + \overline{OJ''}^2 + \overline{OJ'''}^2 = 12R^2$. (§295)
i. I 关于外接圆的幂是 $\dfrac{a_1 a_2 a_3}{a_1 + a_2 + a_3}$.

§299 在 1822 年,费尔巴哈(Karl Wilhelm Feuerbach,1800—1834),德国爱尔朗根高等学校的教师,出版了一本小书①,包含了很多关于三角形的定理. 这本著作的主要的名声来自一个冠以著者名字的著名定理,但即使没有这个定理,它也是对三角形几何学的极有价值的贡献. 事实上,没有任何迹象表明著者特别强调这个属于他的定理,或者认为它比书中其他部分更为重要.

这本书主要由三角形各部分之间的比例及其他代数关系组成,特别是关于外心,垂心,内心,旁心之间的距离关系. 许多我们已经给出的结果收在这本书中;我们再举少数他的最吸引人的公式.

a. $\rho_2\rho_3 + \rho_3\rho_1 + \rho_1\rho_2 = s^2$;
$\rho(\rho_2\rho_3 + \rho_3\rho_1 + \rho_1\rho_2) = s\Delta = \rho_1\rho_2\rho_3$;
$\rho(\rho_1 + \rho_2 + \rho_3) = a_2 a_3 + a_3 a_1 + a_1 a_2 - s^2$;
$\rho\rho_1 + \rho\rho_2 + \rho\rho_3 + \rho_1\rho_2 + \rho_2\rho_3 + \rho_3\rho_1 = a_2 a_3 + a_3 a_1 + a_1 a_2$;
$\rho_2\rho_3 + \rho_3\rho_1 + \rho_1\rho_2 - \rho\rho_1 - \rho\rho_2 - \rho\rho_3 = \dfrac{1}{2}(a_1^2 + a_2^2 + a_3^2)$.

用 §298a 的公式,这些都容易证明.

b. 三角形 $H_1 H_2 H_3$ 的周长是 $\dfrac{2\Delta}{R}$.

因为
$$\text{周长} = a_1 \cos\alpha_1 + a_2 \cos\alpha_2 + a_3 \cos\alpha_3 = $$
$$a_1^2 \frac{a_2^2 + a_3^2 - a_1^2}{2 a_1 a_2 a_3} + \cdots = \frac{8\Delta^2}{a_1 a_2 a_3} = \frac{2\Delta}{R}$$

c. H_1 到 $A_1 A_3, A_1 A_2$ 的垂线的垂足之间的距离,等于半周长 p.
d. 三条高的积是 $p\Delta$②.
e. $a_1^2 + a_2^2 + a_3^2 + \overline{A_1 H}^2 + \overline{A_2 H}^2 + \overline{A_3 H}^2 = 12R^2$. (参见 §252f)
f. $\overline{A_1 H} + \overline{A_2 H} + \overline{A_3 H} = 2\rho + 2R$. (§298f) 即
$$\cos\alpha_1 + \cos\alpha_2 + \cos\alpha_3 = 1 + \frac{\rho}{R}$$

---

① Eigenschaften einiger merkwurdigen Punkte des geradlinigen Dreiecks, und mehrerer durch sie bestimmten Linien and Figuren(Niürnberg,1822).

② 译者注:应为 $2p\Delta$.

g. 通过引入三角形 $H_1H_2H_3$ 的内切圆半径 r,费尔巴哈建立了一些值得注意的简单公式(参见§324)

$$r = \overline{HH_1}\cos\alpha_1 = 2R\cos\alpha_1\cos\alpha_2\cos\alpha_3$$

$$\overline{A_1H} \cdot \overline{HH_1} = 2Rr$$

$$\frac{H_1H_2H_3 \text{ 的面积}}{\Delta} = \frac{r}{R}$$

$$a_1^2 + a_2^2 + a_3^2 = 4rR + 8R^2 \quad (\text{参见§255})$$

h. 最后,将上述最后的公式与 e 结合,得

$$\overline{A_1H}^2 + \overline{A_2H}^2 + \overline{A_3H}^2 = 4R^2 - 4Rr$$

§300 **转换原理** 在前几页的研究中,关于三角形内切圆的每一个定理,都提供一个关于每个旁切圆的类似的定理;反过来也一样. 在某些情况. 我们叙述并证明相关联的定理;但除了最简单的情况,构建公式的准确方法是不明确的. 这个问题曾是很多研究的课题,结果一组转换等式的普遍法则已经建立. 我们不详细讨论这一课题,仅简明地叙述这些法则①.

[191]

用 l_1, l_2, l_3 表示内角平分线的长,$\lambda_1, \lambda_2, \lambda_3$ 表示外角平分线的长;所有其他字母意义如常. 如果在任意一个三角形的公式中,作如下代换,我们就得到一个正确的公式

用

| a_1 | a_2 | a_3 | s | $s-a_1$ | $s-a_2$ | $s-a_3$ |

| a_1 | $-a_2$ | $-a_3$ | $-(s-a_1)$ | $-s$ | $s-a_3$ | $s-a_2$ |

取代;并且

用

| ρ | ρ_1 | ρ_2 | ρ_3 | R |

| ρ_1 | ρ | $-\rho_3$ | $-\rho_2$ | $-R$ |

取代;又

用

| l_1 | l_2 | l_3 | λ_1 | λ_2 | λ_3 |

| $-l_1$ | $-\lambda_2$ | $-\lambda_3$ | $-\lambda_1$ | $-l_2$ | $-l_3$ |

取代.

---

① 见 Mackay, Proceedings of Edinburgh Math. Society XII, p. 87; Lemoine, Bulletin Soc. Math. de France, XIX, p.133; Proceedings of Edinburgh Math. Society, XII, p. 2; Lucas, Nouvelles Correspondances Math. , II, p.384;及上书,III, p.1.

未列入的量可作类似的说明. 这个表格,读者可以用前面的公式或其他地方的公式进行试验,证实它的正确性.

§301　定理　三角形旁切圆的外侧的公切线构成一个三角形,它的内心与三角形 $J'J''J'''$ 的外心重合,它的内切圆半径是

$$r = 2R + \rho = \frac{1}{2}(\rho + \rho_1 + \rho_2 + \rho_3) \quad (\text{参见§298c})$$

我们略去定理的证明,因为它长而乏味. 值得注意这个定理可以作为日本在 1820 年左右的一个几何定理的等价定理,在欧洲最近才被重新发现①.

练习　对这个定理应用转换原理(§300).

§302　另一个源自东方的定理应当在这里提一下. 根据林鹤一(T. Hayashi)所说,日本古代数学家习惯将他们的发现铭刻在木板上,悬在庙里,昭示神明并发扬作者的荣誉. 下面的定理是在 1800 年这样展示的②.

定理　设一个凸多边形内接于圆,被对角线分成三角形,则不论分法如何,这些三角形的内切圆的半径的和都相同.

显然,如果这个定理对四边形可以证明,那么用归纳法,对任意多边形也可以证明. 对四边形,可以用§298f 证明.

§303　定理(费尔巴哈)　设三角形 $A_1H_2H_3, A_2H_3H_1, A_3H_1H_2$ 的内心分别为 X_1, X_2, X_3,则 X_2X_3 平行并且等于 I_2I_3;X_1, X_2, X_3 是 I 关于三角形 $I_1I_2I_3$ 的边的对称点.

设 X_2Y 是 A_2A_3 的垂线,则因为三角形 $A_2A_1A_3$ 与 $A_2H_1H_3$ 相似,相似比为 $1:\cos\alpha_2$,并且 I 与 X_2 为对应点,所以 I_3 与 Y 为对应点

$$\frac{\overline{A_2Y}}{\overline{A_2I_3}} = \cos\alpha_2$$

由此得 I_3Y 垂直于 A_2A_3,从而必过 X_2. 换句话说,I_2X_3, I_3X_2, II_1 垂直于 A_2A_3;对其他边类似的结论也成立. 于是容易建立起 $II_1X_2I_3$ 为菱形等结果.

§304　定理　联结内切圆切点的弦平行于相应的外角平分线. 类似地,联结旁切圆切点的弦分别平行于对角的外角平分线及其他两个角的内角平分线.

系　内心或一个旁心的垂足三角形与其他三点③所成的三角形位似.

§305　定理　三角形 $P_1P_2P_3$(§292)与 $J'J''J'''$ 位似,I 为位似中心,相似比为 2∶1. 内心 I 是 $P_1P_2P_3$ 的垂心. 三角形 $P_1P_2P_3$ 与 $I_1I_2I_3$ 也位似.

§306　定理　三角形内切圆与旁切圆的根轴,是三角形 $O_1O_2O_3$ 的外角

---

① Mathesis,1896,p. 192;1898,p. 203;1911,p. 208.
② Mathesis,1906,p. 257.
③ 译者注:指三个旁心或两个旁心、一个内心.

平分线.

§307 **练习** 一些杂题作为本章的结束.

a. 设 AB, AC 为固定直线. XY 为任一截线段, 角 AXY, AYX 的平分线相交于点 P, 则 P 的轨迹是 $\angle BAC$ 的平分线.

b. 设在三角形 $A_1 A_2 A_3$ 中, $A_1 M$ 与 $A_1 N$ 分别垂直于 $A_2 I$ 与 $A_3 I$, 则 MN 平行于 $A_2 A_3$.

c. 设一个周长为已知的三角形有一个固定的角, 则它所对的边与一个固定的圆相切.

d. 设一个三角形的边是两个已知圆的三条公切线, 则这个三角形的外接圆必过两圆连心线的中点.

两个圆的四条公切线组成的完全四边形, 四个外接圆必相交于同一点, 即上述连心线的中点.

练习 完成以下各节的证明: §288, §289, §290, §291, §292, §293, §294, §297, §298, §299, §302 ~ §307.

九点圆

第十一章

§ 308 我们继续研究三角形,要点是在 §258 中简略提到过的,所谓的九点圆. 在概要地介绍它的比较初等的性质之后,我们最后讨论著名的费尔巴哈定理. 首先,我们再重说一下定义这个圆的定理.

定理 以垂心与外心连线的中点为圆心,外接圆半径的一半为半径的圆,通过九点特殊点,即高的垂足,各边中点,顶点与垂心连线的中点.

记 A_1H, A_2H, A_3H 的中点为 C_1, C_2, C_3. 我们希望证明 $C_1,$ $C_2, C_3, H_1, H_2, H_3, O_1, O_2, O_3$ 共圆,圆心为 OH 的中点 F,半径为 $\frac{1}{2}R$(图 63). 我们可以用几种方法建立这个圆的存在与性质;或许下面的方法最为初等.

首先,$O_2O_3C_2C_3$ 是长方形,因此 O_2C_2, O_3C_3 相等,并在交点 X 互相平分. 于是 X 是过 $O_1, C_1, O_2, C_2, O_3, C_3$ 的圆的圆心. 但 $C_1H_1O_1$ 是直角,所以 H_1 也在这个圆上;同理 H_2, H_3 也在这个圆上. 因此圆心 X 在 O_1H_1 的垂直平分线上,这条线平分 OH,所以 X 就是 OH 的中点 F. 半径 C_1F 显然与 A_1O 平行,所以 C_1F 等于 A_1O 的一半.

三角形的九点圆有时称为欧拉圆,欧洲大陆上的作者常称它为费尔巴哈圆. 不知疲倦的麦凯[1]已经考证出这个圆的发现并

[195]

---

[1] 见 Mackay, History of the Nine-point Circle, Proceedings of Edinburgh Math. Society, XI, 1892, p. 19.

非通常假定的归功于欧拉. 归于欧拉的错误,十分奇特,似乎与西摩松线或华莱士线(§192)中产生的错误是同一类. 就事实而言,这个定理很难说是任何一时的发现;显然只能说它是"逐步成长"的. 在1804年与1807年,它已暗含于英国杂志上出现的问题之中;可能第一个明确说出它的是彭赛列,在1821年. 费尔巴哈在1822年又独立地发现了它,并予以发表,其中有关于这个圆的新的、重要的性质①.

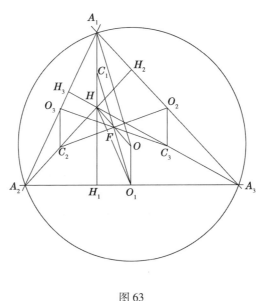

图 63

§309 其他的证明方法,包括前面几章建立的结果,将产生这个圆更多的性质.

因为 O 与 H 是等角共轭点,如§258所说,它们有公共的垂足圆,圆心是它们的中点. 即垂心的垂足圆通过各边的中点. 但在三角形 A_2A_3H 中,垂心是 A_1,它的垂足三角形是 $H_1H_2H_3$,因此过 H_1,H_2,H_3 的圆平分 A_2H 与 A_3H. 因此,得到如下定理:

定理 一个垂心组的四个三角形有一个公共的九点圆.

§310 另一条途径是用相似形. 设从 H 到问题中的九个点的线段都延长至原来的两倍. 容易看出(§254,§260)这些端点都在外接圆上. 因此:

定理 外接圆与九点圆的外位似中心是垂心. 换句话说,九点圆平分任一条从垂心到外接圆上一点的线段.

---

① 关于这一定理的详细信息,可参见 Mackay 的书;Simon 的书,125~130页;及 J. Lange, Geschichte des Feuerbach'schen Kreises, Berlin, 1894.

定理 上述两圆的内位似中心是重心 M.

这是明显的,因为内位似中心必须将 FO 三等分.又 M 是相似三角形 $A_1A_2A_3$ 与 $O_1O_2O_3$ 的位似中心,后者的外接圆就是讨论中的九点圆.

§311 我们已经显示,称九点圆为一个垂心组的九点圆是适当的.

定理 三角形内心与旁心的九点圆是外接圆.

定理 三角形的外接圆平分内心与旁心的每一条连线(§292).

定理 各个顶点关于九点圆的幂的和是
$$\frac{1}{4}(a_1^2 + a_2^2 + a_3^2)$$

因为每个顶点的幂可以用两个公式表示,所以等于它们的和的一半
$$A_1 \text{ 的幂} = \frac{1}{4}(a_2 \cdot \overline{A_1H_3} + a_3 \cdot \overline{A_1H_2})$$

将这样的三个式子相加,即得所给结果.

系 $\overline{FA_1}^2 + \overline{FA_2}^2 + \overline{FA_3}^2 + \overline{FH}^2 = 3R^2$. (§289h)

§312 **定理** 已知圆的以已知点为垂心的所有内接三角形,有共同的九点圆.

§313 **问题** 已知外接圆,圆上的点 A_1,垂心 H,求作三角形.

完整地进行讨论,并确定有解的条件.

§314 可以有趣地注意到大量与已知三角形密切相关的三角形,它们具有共同的九点圆.例如,作一个三角形,以 O_1, O_2, O_3 为它的高的垂足,则它的九点圆与原三角形的相同.以 $O_1O_2O_3$ 的角平分线为边就可作出这样的三角形.新三角形又可以被第三个三角形代替,等.我们得到一个无穷的三角形序列,有共同的九点圆,因而有相等的外接圆.例如,我们反复以外角平分线作为新三角形的边,序列中的三角形越来越接近一个外切于这个定圆的等边三角形的形状(§291f).

又,也可以取任一个三角形的高的垂足作为有同样九点圆的新三角形边的中点.而且还可以对三角形 $C_1C_2C_3$ 采用同样的方法.将这几种方法用任意的次序结合起来使用,得出无数多个有同一个九点圆的三角形.

§315 我们有一个有趣的共轴圆组,包括外接圆,九点圆及极圆.

定理 联结高的垂足的直线与对边相交,三个交点共线.

这是§223的特例;这条直线是垂心的三线性极线,称为这三角形的极轴.设 A_2A_3 与 H_2H_3 相交于 X_1,则
$$\overline{X_1H_2} \cdot \overline{X_1H_3} = \overline{X_1A_2} \cdot \overline{X_1A_3}$$

一个直角三角形的极轴定义为外接圆在直角顶点处的切线.请读者证明这与一般情形的定义符合.

§316 **定理** 极轴是外接圆与九点圆 $H_1H_2H_3$ 的根轴,因此垂直于欧拉

线 OH. 根据三角形是锐角、钝角或直角，共轴圆组是第Ⅰ,Ⅱ或Ⅲ类.

[199]　§317　**定理**　以 HM 为直径的圆是上述圆组的成员，它是外接圆与九点圆的相似圆(图64，§115).

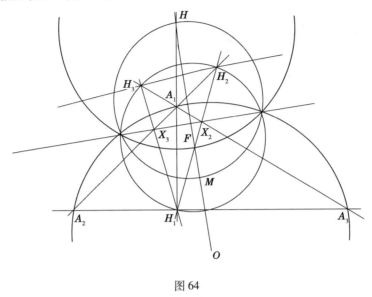

图 64

§318　**定理**　极圆(如果存在)是上述圆组的成员，它是外接圆与九点圆的一个逆相似圆(§126).

§319　**定理**　外接圆在 A_1, A_2, A_3 的切线相交，过三个交点的圆是上述共轴圆组的成员，并且是九点圆关于外接圆的反形.

费尔巴哈定理

§320　**定理**　三角形的九点圆与内切圆及每一旁切圆相切.

关于三角形的定理，除了古代已经知道的，这一个可能是最为著名的. 我们已经说过，这个定理是费尔巴哈 1822 年在他的经典的著作中首先提出并证明的. 几年后，又被斯坦纳独立发现，但没有证明；近百年来，它多次被重新发现.

在献给这个定理的历史的众多证明中，没有一个是真正简单的. 虽然所有的证明都必须基于同样的基本原则，但有几种本质不同的接近方法. 我们将考虑少数典型的证明，每一种都提供了这个定理的某些不同的侧面，增加了我们对它的优美的欣赏.

§321　一个本身简单直接的证法，基于第五章 §117 在合适的部分建立的那个相当困难的定理. 它最初显然是为了现在的目的而设计的. 为了适合目前的问题,可将它叙述成:过三点 O_1,O_2,O_3 的圆将与已知圆 $I(\rho)$ 相切,如果这 [200]
些点到后者的切线 $\overline{O_1I_1},\overline{O_2I_2},\overline{O_3I_3}$ 与三点本身之间的距离满足等式
$$\overline{O_1I_1}\cdot\overline{O_2O_3}+\overline{O_2I_2}\cdot\overline{O_3O_1}+\overline{O_3I_3}\cdot\overline{O_1O_2}=0$$
现在由 §290
$$\overline{O_1I_1}=\frac{1}{2}(a_2-a_3),\cdots$$
及
$$\overline{O_2O_3}=\frac{1}{2}a_1,\cdots$$
将这些值代入立即得到恒等式;因此内切圆与九点圆相切. 稍作修改,便可以得到对旁切圆的证明.

§322　在要求预备知识最少的意义下,下面的证明是尽可能简单的设计. 过程是确定问题中的圆的公共点,证明它们在这里有公切线. 至多,细节不很容易;这些可由下面一系列引理完成.

引理 1　设 $\alpha_2>\alpha_3$,则与九点圆在 O_1 相切的直线 O_1T_1,与底 A_2A_3 所成的角为 $\alpha_2-\alpha_3$(图 65).

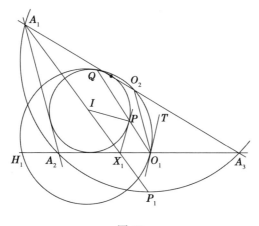

图 65

因为
$$\angle A_3O_1T=\angle A_3O_1O_2-\angle O_2O_1T=\angle A_3A_2A_1-\angle O_2O_3O_1=\alpha_2-\alpha_3$$

引理 2　同前,X_1 表示底 A_2A_3 与角平分线 A_1I 的交点,设由 X_1 作 X_1P 切内切圆于 P,X_1P' 切旁切圆 J' 于 P',则 PX_1P' 是一条平行于 O_1T 的直线.

因为内切圆与旁切圆的公切线相交于连心线上的点 X_1
$$\angle A_1X_1P=\angle A_2X_1A_1=\frac{\alpha_1}{2}+\alpha_3$$
$$\angle PX_1A_3=180°-\angle A_2X_1A_1-\angle A_1X_1P=\alpha_2-\alpha_3$$
[201]

引理 3　设直线 O_1P 再交内切圆于 Q,则 Q 也在九点圆上.

因为
$$\overline{O_1P} \cdot \overline{O_1Q} = \overline{O_1I_1}^2 = \overline{O_1X_1} \cdot \overline{O_1H_1} \quad (\S293c)$$
所以 P, Q, X_1, H_1 共圆. 我们有
$$\angle O_1QH_1 = \angle PX_1O_1 = \alpha_2 - \alpha_3 = \angle TO_1, A_2A_3$$
因此,由于 O_1T 是九点圆的切线,并且
$$\angle O_1QH_1 = \angle TO_1H_1$$
所以 Q 在九点圆上.

引理 4 在点 Q 相交的两个圆:内切圆与九点圆,在这点有相同的切线.

因为一个圆的两条切线与切点弦成等角,内切圆在 P 的切线与九点圆在 O 的切线平行,所以两个圆在 Q 的切线与 O_1PQ 成等角,从而它们重合.

于是,我们不仅证明了内切圆与九点圆相切的定理,而且还给出了切点的简单作法. 和以前一样,证明稍加修改便可应用于旁切圆.

[202] 这个证明有些类似于最早的纯粹几何的证明,1850 年由孟辛(J. Mention)发表①,以前的证明都依据代数方法. 孟辛的证明包含一些刚刚所用的原则,也包含一些在下一个证明中所用的原则.

§323 我们先介绍一下用反演法建立这个定理的证明概要,它同时也可用于任意两个相切的圆. 为确定起见,考虑圆心为 J'', J''' 的两个旁切圆. 这两个圆的三条公切线是三角形的边. 我们定出第四条,然后以圆心为 O_1,正交于两个旁切圆的圆为反演圆,通过比看上去简单的计算证明九点圆的反形是第四条公切线. 由于在这个反演变换中,旁切圆不变,这就完成了证明.

引理 1 以 O_1 为圆心,$\frac{1}{2}(a_2 + a_3)$ 为半径的圆,与旁切圆在 J''_1, J'''_1 正交 (图 66).

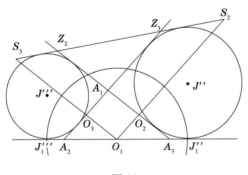

图 66

引理 2 这两个旁切圆的第四条公切线,交 A_1A_3 于 Z_2,交 A_1A_2 于 Z_3,使得
$$\overline{Z_2A_1} = \overline{A_1A_2}, \overline{Z_2A_1} = \overline{A_1A_3}$$

---

① Nouvelles Annales de Math. ,9 ,p.401.

因为外角平分线 $J''A_1J'''$ 是四条公切线的对称轴,A_2A_3 是已知的外公切线. [203]

引理 3 设延长 Q_1Q_2,O_1O_3 交 Z_2Z_3 于 S_2,S_3,则

$$\overline{O_1O_2} \cdot \overline{O_1S_2} = \overline{O_1O_3} \cdot \overline{O_1S_3} = \frac{1}{4}(a_2+a_3)^2$$

因为 $O_1O_2S_2$ 平行于 $A_2A_1Z_3$,由相似三角形得

$$\frac{\overline{O_2S_2}}{\overline{A_1Z_3}} = \frac{\overline{Z_2O_2}}{\overline{Z_2A_1}}$$

即

$$\overline{O_2S_2} = \frac{a_2\left(a_3+\frac{1}{2}a_2\right)}{a_3}$$

$$\overline{O_1S_2} = \overline{O_2S_2} + \frac{1}{2}a_3 = \frac{a_2^2+2a_2a_3}{2a_3} + \frac{a_3}{2} = \frac{(a_2+a_3)^2}{2a_3}$$

引理 4 切线 $S_2Z_2Z_3S_3$ 关于圆 $O_1(O_1J''_1)$ 的反形,是过 O_1,O_2,O_3 的圆,即九点圆.

因为由 §290,反演半径是 $\frac{a_2+a_3}{2}$,所以 O_2,S_2 与 O_3,S_3 是两对反演点.

引理 5 因为 $S_2Z_2Z_3S_3$ 与旁切圆相切,这两个圆在这个反演变换下不变,所以这直线的反形,即九点圆,也与旁切圆相切.

§324 另一种类型的证明,是通过计算九点圆圆心与内心或旁心的距离,证明它确实等于对应半径的和或差. 这是费尔巴哈使用的方法. 我们已经说过,他对这个课题的处理,主要是代数的. 费尔巴哈的证明基于下列步骤,每一步他 [204] 都用力去建立. 以 r 表示垂足三角形 $H_1H_2H_3$ 的内切圆半径

$$\overline{OI}^2 = R^2 - 2R\rho \quad (参见 §295)$$

$$\overline{IH}^2 = 2\rho^2 - 2Rr$$

$$\overline{OH}^2 = R^2 - 4Rr$$

$$\overline{FI}^2 = \frac{1}{2}(\overline{OI}^2 + \overline{HI}^2) - \overline{FH}^2 =$$

$$\frac{1}{4}R^2 - R\rho + \rho^2 = \left(\frac{1}{2}R - \rho\right)^2$$

这就是所要证明的. 另一个由哈威(Harvey)给出的证明,用一些更严格的几何方法建立了同样的公式①. 可惜这种推导看来过于迂回曲折,我们只好略去.

关于这个困难的定理,各种可能的证明的介绍,以及缺少一个简单的证明,已经说得足够多了. 在后面的第十四章中,我们将考虑一系列更一般的定理,引

---

① Proceedings of Edinburgh Math. Society, V, 1887, p. 102.

出这种情况的某些更进一步、更有意义的方面（§401以下）.

§325 以下是一些系与推广.

定理 一个垂心组的四个三角形确定十六个内切圆与旁切圆. 它们都与这个垂心组的共同的九点圆相切.

§314中讨论的三角形的内切圆、旁切圆都与这九点圆相切.

定理 如果一个圆与三角形的三个角的任意三条不共点的角平分线相切，那么这个圆必与三角形的外接圆相切.

我们已经确定了一个三角形可以内接于一个已知圆并且外切于另一个已知圆的条件，而且知道如果有一个这样的三角形，那么必有无穷多个. 这种三角形的九点圆的圆心与 I 的距离为定值，因此都在一个圆上. 这些九点圆全都相等，因此与两个定圆相切.

这种三角形的垂心的轨迹是一个圆；重心的轨迹也是一个圆；这三个轨迹圆的圆心都在 OI 上，以 O 为公共的位似中心.

§326 现在我们进一步研究三角形的西摩松线的性质，建立它们与九点圆的简单关系. 关于这种直线的更多的定理将在第十四章末讨论.

定理 外接圆上任意一点的西摩松线，垂直于这点与顶点连线的等角线.

我们已经知道这些等角线互相平行（§234）；又证明了（§237）对平面上任意一点 P, A_1P, A_2P, A_3P 的等角线分别垂直于 P_2P_3, P_3P_1, P_1P_2；在目前的情况，它们是同一条直线上的线段（图67）.

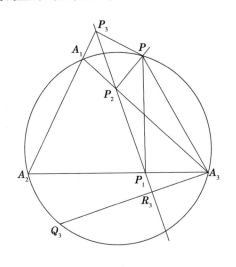

图 67

系 外接圆上两个对径点的西摩松线互相垂直. 更一般地，两个点的西摩松线的夹角，等于这两点之间的外接圆的弧所对的圆周角.

系 三个点的西摩松线所成的三角形,与这三点所成的三角形相似.

系 在外接圆上只有一个点,它的西摩松线平行于一条已知直线. 求这点的方法是:由各个顶点作这条已知直线的垂线,垂线的等角线必交于所求的点.

§327 定理 外接圆上任一点的西摩松线,平分这点与垂心的连线,并且平分点在九点圆上.

这个重要定理似乎没有简单的证明. 我们的证法(按照开世的证法)是延长一条高 A_1H 交外接圆于 H'_1;然后设 PH'_1 交底 A_2A_3 于 L_1,交西摩松线于 X,我们证明这西摩松线平行于 HL_1,并在 X 处平分 PL_1(图68).

首先,因为 P, P_1, P_2, A_3 共圆,我们有
$$\angle P_2P_1P = \angle P_2A_3P = \angle A_1H'_1P = \angle P_1PH'_1$$
所以三角形 XPP_1 是等腰三角形,$\overline{PX} = \overline{XP_1}$. 换句话说,$X$ 是直角三角形 PP_1L_1 的斜边的中点.

我们已经知道(§254)$\overline{HH_1} = \overline{H_1H'_1}$,因此
$$\angle HL_1H_1 = \angle H_1L_1H'_1 = \angle P_1L_1P = \angle XP_1L_1$$
所以 HL_1 平行于 P_1X. 因此西摩松线 P_1X 在 S 处平分 PH.

最后,我们注意从垂心到外接圆的每一条线段 HP 的中点在九点圆上,因此 S 在九点圆上.

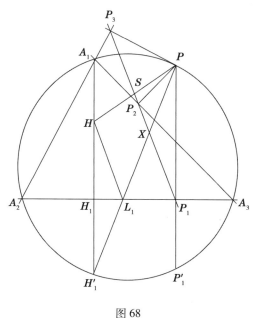

图 68

§328 定理 外接圆上两个对径点的西摩松线在九点圆上交成直角.

因为设 PQ 为外接圆的一条直径,HP 与 HQ 的中点是 S 与 T,则如我们刚

刚证过的,ST 是九点圆的直径. 但又如刚刚证过的,P 与 Q 的西摩松线分别过 S 与 T,并且互相垂直. 所以它们的交点在九点圆上.

§329 **定理** 设外接圆上一点 P 向三角形任一边 A_2A_3 的垂线延长后交外接圆于 P'_1,则 $A_1P'_1$ 平行于点 P 的西摩松线.

[208]

因为 $\sphericalangle PP_1P_2 = \sphericalangle PA_3P_2 = \sphericalangle PP'_1A_1$

这表明 P_1P_2 与 P'_1A_1 平行.

§330 我们已经证明(§268)四条直线构成的四个三角形的垂心共线,并且它们的外接圆交于一点(§197),因此这点到这四条直线的垂线的垂足共线.

定理 一个完全四边形的西摩松线与它的垂心所在直线平行,并且这西摩松线在四个圆的公共点到垂心所在直线的距离正好一半的地方.

因为从这点到任一个垂心的连线被这西摩松线平分.

§331 **定理** 设四个点共圆,则所成四个三角形的九点圆,每一点关于其他三点所成三角形的西摩松线,都通过一个点.

因为联结每一点与其他三点所成三角形的垂心,这四条连线有一个公共的中点(§265). 由§327,每一条西摩松线与每一个九点圆通过这一点. 这个非常有启发性的定理将在 §400 予以推广.

§332 **定理** 设一个圆上的四个定点构成四个三角形,则这圆上任一点对每个三角形有一条西摩松线,由这点到这四条西摩松线的垂线的垂足共线.

因为设 $A_1A_2A_3A_4$ 为任一内接于圆的四边形,P 为圆上任一点,P_{12} 表示 P 到 A_1A_2 的垂线的垂足,等,则 P 关于 $A_1A_2A_3$ 的西摩松线是 $P_{23}P_{31}P_{12}$,等. 记这条直线为 l_4,P 在 l_4 上的垂线的垂足为 T_4.

[209]

现在以 l_1, l_2, l_3 为边,以 P_{14}, P_{24}, P_{34} 为顶点的三角形内接于以 A_4P 为直径的圆. 点 P 关于这个三角形的西摩松线过 T_1, T_2, T_3,因此这三点共线. 显然,第四点 T_4 必在同一条直线上.

§333 **定理** 设过垂心的一条直线交三角形的边于 L_1, L_2, L_3,则这条直线关于三条边对称得到的直线 $H'_1L_1, H'_2L_2, H'_3L_3$ 交外接圆上一点 P,点 P 的西摩松线平行于这条直线 $L_1L_2L_3$(图69).

这是§327 的证明的副产品. 反过来:

定理 设外接圆上任一点 H'_1, H'_2, H'_3 连成直线,交相应的边,则所得的三个交点与 H 共线,而且这条线与所给点的西摩松线平行.

§334 **定理** 设 PQ 为外接圆的直径,过 P, Q 作各自的西摩松线的垂线,两条垂线相交于 R,则 R 在外接圆上,它的西摩松线平行于 PQ.

§335 **定理** 设由三角形的任意一个顶点向其他两个角的内、外角平分线作垂线,则垂足共线,并且这条线平分其他两条边.

§336 **定理** 两个点的西摩松线在九点圆上截得的弧中,一条是另一条

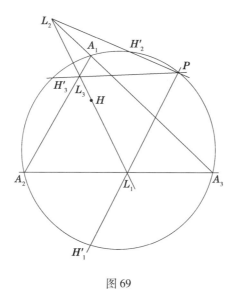

图 69

的两倍.

即设 A,B 在外接圆上,A',B' 分别为 AH,BH 的中点;A,B 西摩松线分别交九点圆于 A',C 及 B',D;则弧 CD 是弧 $A'B'$ 的两倍.

因为弧 $A'B'$ 与弧 AB 相似;两条西摩松线之间的角等于这弧所对的圆周角,也等于弧 $A'B'$ 与弧 CD 的和或差的度数.

§337 西摩松线自身提供很多问题. 例如,过一个定点有几条西摩松线? 三个点的西摩松线在什么条件下交于一点? 我们简略地概述一下这些有趣的直线的进一步的性质①.

定理 过任意两条西摩松线的交点,必有第三条西摩松线. 因此,外接圆上的点中,任意两个点可以确定出第三个点,它们的西摩松线共点.

设 P,Q 为外接圆上任意两点. 因为它们的西摩松线不平行,设它们的交点为 S. 延长 HS 到 H',使 $SH' = HS$. 设 R 为三角形 PQH' 的垂心,我们可以证明 R 在已知圆 $A_1A_2A_3PQ$ 上(因为 $\angle PRQ = \angle QH'P$,它等于 P,Q 的西摩松线的夹角,由于它们分别平行于 $H'P,H'Q$,从而等于 $\angle PA_1Q$). 同理,R 的西摩松线平行于 RH',并过 S. 用这样的方法,可以毫无困难地得到下面的所有结果(可进一步参见 §406).

§338 定理 已知三角形 $A_1A_2A_3$ 及它外接圆上的两点 P,Q,则在这个圆上有第三点 R,使得 P,Q,R 的西摩松线共点. 这公共点是三角形 $A_1A_2A_3$ 与 PQR 的垂心的连线的中点,并且 A_1,A_2,A_3 关于三角形 PQR 的西摩松线也交于

---

① 例如,可见 Beard,Educational Times Reprint,Ⅱ,20,p.109.

一点 S. 为了定出 R, 可延长 HS 到与自身相等的点 H', 则 R 是三角形 PQH' 的垂心. P,Q,R 中每一点的西摩松线垂直于另两点的连线. 反过来, 设 P 是外接圆上任意一点, 弦 QR 与点 P 的西摩松线垂直, 则 P,Q,R 的西摩松线共点.

§339 **问题** 确定一个已知三角形的西摩松线, 使它通过一个已知点.

在 §326 中, 已经知道已知点为无穷远点时的解法. 但在一般情况, 无法用初等方法解决. 用解析法可以证明所有西摩松线与一条确定的曲线相切, 这曲线 (圆内旋轮线) 有三个等距离的尖点, 外切于九点圆. 过曲线外的一点有一条西摩松线, 过曲线内的一点有三条.

练习 多取几点, 作它们的西摩松线, 观察上述圆内旋轮线.

练习 (Sanjana, Educational Times Reprint, Ⅱ, p.3.) 设 P,Q,R 在外接圆上, QR 平行于点 P 的西摩松线, 则 PR 与 PQ 分别平行于 Q,R 的西摩松线. 边为这三条西摩松线的三角形相似于 PQR, 放法亦相似. 当 QR 平行于固定的 P 的西摩松线而移动时, 确定位似中心的轨迹.

练习 完成本章中以下各节的证明: §310～§313, §316～§319, §325, §326, §331, §333, §334, §335, §338, §339.

共轭重心与其他特殊点

第十二章

§340 在前面几章中,我们讨论了三角形的最著名的特殊点、线、圆的性质. 另一个完整的系统,与布洛卡(H. Brocard)的名字连在一起,应当仔细研究,将放在第十六,第十七,第十八章. 这一图形,在某种程度上与我们已经讨论的内容无关,但通过共轭重心形成沟通. 我们现在准备研究共轭重心,它与两个方面都有重要的关系,一方面是垂心,外心,重心所成的图,另一方面是基于布洛卡点的图. 在讨论共轭重心的最有趣的性质之后,我们将本章后面的部分用于其他次要的特殊点.

§341 **定义** 三角形任一中线的等角线称为共轭中线. 三条共轭中线交于一点,即重心的等角共轭点,称为共轭重心 K.

这个点有各种名字. 英、法作者习惯称它为莱莫恩(Lemoine)点,德国称为格黎伯(Grebe)点. 莱莫恩与格黎伯对这点的知识均有贡献,但都不是首先发现这点的人. 因此采用中性的术语看来是合适的. 根据麦凯的彻底研究[①],这个点不是任何一时的发现,而是由不同的研究者研究它的各种性质,逐渐使它成为著名的点.

§342 **定理** 由共轭重心到三角形各边的垂线,与边长成比例(§235,§272). 反过来,在三角形中到各边的垂线与边长成比例的点,仅有一个,即共轭重心.

---

① Mackay, Early History of the Symmedian Point, Proceedings of Edinburgh Math. Society, XI, 1892~1893, p.92.

系 $\overline{KK_1} = a_1 \cdot \dfrac{2\Delta}{a_1^2 + a_2^2 + a_3^2}$,等(图70).

因为我们可写下 $\overline{KK_1} = ca_1, \overline{KK_2} = ca_2, \overline{KK_3} = ca_3$,并由等式
$$2\Delta = a_1 \cdot \overline{KK_1} + a_2 \cdot \overline{KK_2} + a_3 \cdot \overline{KK_3} = c(a_1^2 + a_2^2 + a_3^2)$$
确定 c.

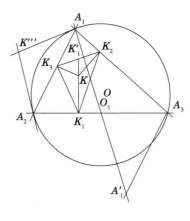

图 70

§343 定理 过三角形一个顶点并与外接圆相切的直线,与这个三角形平行于对边的直线(外中线)为等角线. 从这切线上一点到这个顶点的邻边的垂线,与两边成比例.

§344 定义 外接圆在三角形顶点处的切线,称为外共轭中线(§277).

定理 任两条外共轭中线与第三条共轭中线交于一点,称为旁共轭重心(参见§224). 由一个旁共轭重心 K' 到边的垂线(图71),与边长成比例(§235),并且
$$\overline{K'K'_1} = a_1 \cdot \dfrac{2\Delta}{a_1^2 + a_2^2 - a_3^2}, \cdots$$

定理 共轭中线,外共轭中线将对边内分,外分成邻边平方的比(§244a 或§84).

显然,任一个关于共轭重心的定理,可以平行地产生一个关于每一个旁共轭重心的定理①.

§345 定理 一条平行于共轭中线的直线,夹在两条邻边之间的部分,被相应的外共轭中线平分.

---

① 关于共轭重心的广泛的讨论见 Mackay, Symmedians of a Triangle and their Concomitant Circles, Proceedings of Edinburgh Math. Society, XIV, 1896, pp. 37 ~ 103.

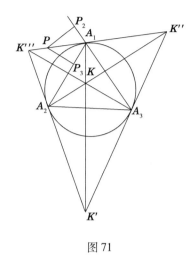

图71

§346 定理 三角形一边的逆平行线,被过所对顶点的共轭中线平分.

因为将这个图沿角平分线对折,共轭中线变为中线,逆平行线变为对边的平行线.

系 高的垂足的连线的中点,与对应顶点相连,三条直线交于共轭重心.

这产生一种作 K 的方便实用的作法. 下面的另一种作法根据 §344. 还有几种将在 §451, §452 介绍.

§347 作图 设外接圆在 A_1, A_2, A_3 的切线相交于 K', K'', K''',则 A_1K', A_2K'', A_3K''' 相交在共轭重心 K.

定理 三角形的约尔刚点(§291a),是以内切圆切点为顶点的三角形的共轭重心.

§348 定理 直角三角形的共轭重心,是斜边的高的中点.

§349 定理 平面上到三角形距离的平方和为最小的点,是共轭重心 K.

这是一个最早知道的共轭重心的性质;事实上,这种事情占有古代数学家很多的注意(参见 §264, §275). 最容易的证明是代数的.

因为对任意六个量,通过实际施行乘法可以建立下面的恒等式

$$(a_1^2 + a_2^2 + a_3^2)(x_1^2 + x_2^2 + x_3^2) =$$
$$(a_1x_1 + a_2x_2 + a_3x_3)^2 + (a_2x_3 - a_3x_2)^2 +$$
$$(a_3x_1 - a_1x_3)^2 + (a_1x_2 - a_2x_1)^2$$

令 a_1, a_2, a_3 为这三角形的边,x_1, x_2, x_3 为任一点到三边的有正负号的距离;则 $a_1x_1 + a_2x_2 + a_3x_3$ 表示这三角形面积的两倍,因而是定值. 由于上式中每一项是正数或零,所以在最后三项为零时,$x_1^2 + x_2^2 + x_3^2$ 为最小,即有

$$x_1 : x_2 : x_3 = a_1 : a_2 : a_3$$

因此所求的点是共轭重心或旁共轭重心.

比较各自的垂线的公式(§342,§344),可知共轭重心提供所需要的最小值,即

[216]
$$\overline{KK_1}^2+\overline{KK_2}^2+\overline{KK_3}^2=\frac{4\Delta^2}{a_1^2+a_2^2+a_3^2}$$

§350　定理　共轭重心是它自己的垂足三角形的重心.

因为设中线 A_1O_1 延长至 A_1',使 $O_1A_1'=A_1O_1$(图70),则三角形 KK_2K_3 与 $A_3A_1A_1'$ 的对应边互相垂直(§237). 因此两个三角形相似. 设 KK_1 与 K_2K_3 相交于 K_1',则在这些相似图形中,KK_1' 对应于 A_3O_1,从而 K_1' 是 K_2K_3 的中点. 所以 K_1K_1' 是三角形 $K_1K_2K_3$ 的中线,K 是它的重心.

定理　反过来,设过三角形的各个顶点作相应中线的垂线,则原三角形的重心是垂线所成新三角形的共轭重心.

系　共轭重心是唯一的点:它是自身的垂足三角形的重心.

定理　类似地,一个旁共轭重心是它自己的垂足三角形的旁重心.

即设 K' 是外接圆在两个顶点处的切线的交点,则 K' 是一个平行四边形的顶点,平行四边形的其他顶点也是 K' 的垂足三角形的顶点.

§351　定理　内接于一个已知三角形的所有三角形中,各边平方和为最小的是共轭重心的垂足三角形.

因为设 X_1,X_2,X_3 分别为 A_2A_3,A_3A_1,A_1A_2 上的任意点,P 为 $X_1X_2X_3$ 的重心,$P_1P_2P_3$ 为 P 的垂足三角形,在 P_1,P_2,P_3 恰好与 X_1,X_2,X_3 分别重合时,则 P 是共轭重心. 在其他情况

$$\overline{PP_1}^2+\overline{PP_2}^2+\overline{PP_3}^2<\overline{PX_1}^2+\overline{PX_2}^2+\overline{PX_3}^2$$

但由§349,如果 K 是共轭重心,那么

[217]
$$\overline{KK_1}^2+\overline{KK_2}^2+\overline{KK_3}^2<\overline{PP_1}^2+\overline{PP_2}^2+\overline{PP_3}^2$$

对三角形 $K_1K_2K_3$ 与 $X_1X_2X_3$ 应用§96c,即得结果.

定理　设共轭中线交外接圆于 L_1,L_2,L_3,则 K 也是三角形 $L_1L_2L_3$ 的共轭重心(§199,§244c,§350).

三角形 $A_1A_2A_3$ 与 $L_1L_2L_3$ 有共同的外接圆,共轭中线,共轭重心,可称为协共轭中线三角形(Cosymmedian triangles). 我们将在后面(§475)再研究它们.

练习　设在三角形的边上向外作正方形,与已知三角形的边平行的边构成一个三角形,与已知三角形相似,K 为位似中心.

问题　已知三角形的一个顶点,过它的两条边的方向,及共轭重心,求作这个三角形.

等角中心[①]

§352 下一个吸引我们注意的点是等角中心. 它们具有这样的性质:三角形各边对它所张的角是 60° 或 120°. 它们由下面的定理确定.

定理 设在已知三角形的边上向外作等边三角形 $A_2A_3P_1$, $A_3A_1P_2$, $A_1A_2P_3$, 则 $\overline{A_1P_1}$, $\overline{A_2P_2}$, $\overline{A_3P_3}$ 相等, 并且相交于一点 R(图72), 且

$$\sphericalangle A_2RA_3 = \sphericalangle A_3RA_1 = \sphericalangle A_1RA_2 = 120°$$

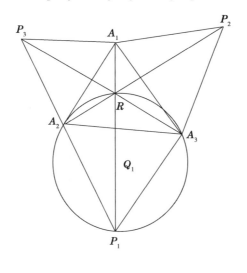

图 72

因为三角形 $A_1A_2P_1$ 与 $P_3A_2A_3$ 全等, A_2 是它们的相似中心, 对应直线之间的角等于 $P_1A_2A_3$, 即 60°, 所以 A_1P_1 与 A_3P_3 相等. 设它们相交于 R, 则

$$\sphericalangle A_3RA_1 = \sphericalangle A_3P_3, A_1P_1 = \sphericalangle A_2A_3, A_2P_1 = \sphericalangle A_3A_2P_1$$

[218]

因此 R 是圆 $A_2A_3P_1$, $A_1A_2P_3$ 的交点. 由于圆 $A_1A_3P_2$ 也过这一点, 所以 A_2P_2 过 R, 这就是要证明的. 我们看到 $\sphericalangle A_2RA_3$ 是 120°, 而不是 60°, 因为三角形 $A_1A_2A_3$ 与 $P_1A_2A_3$ 的方向相反, 所以

$$\sphericalangle A_2RA_3 = \sphericalangle A_2P_1A_3 = 120°$$

点 R 落在三角形 $A_1A_2A_3$ 内, 各边对它所张的角确实是 120°, 除非三角形有一个角超过 120°. 在这种情况, R 在三角形外, 两个较短的边对它所张的角为 60°.

[①] 除 §356 ~ §358 后面将要用到外, 本章其余部分均可略去, 不影响进一步学习.

类似地:

定理 如果在不是等边三角形的三角形的边上,向内作等边三角形 $A_2A_3P'_1, A_3A_1P'_2, A_1A_2P'_3$,那么 $A_1P'_1, A_2P'_2, A_3P'_3$ 相等,并且交于一点 R',各条边在 R' 张等角,即

$$\sphericalangle A_2R'A_3 = \sphericalangle A_3R'A_1 = \sphericalangle A_1R'A_2 = 60°$$

证明与前一个定理类似. 如果三角形没有 60° 的角并且仅有一个角大于 60°,R' 在三角形外,与这个大角相对. 但如果有两个角大于 60°,R' 在三角形外,与第三个角相对(对等边三角形,R' 不存在;但如果一个不等三角形改变它的形状,逐渐变成等边,R' 趋于一个极限位置,它可以是外接圆上任意一点. 请读者自己研究).

点 R 与 R' 是仅有的,各边对它们的张角为 120° 或 60° 的角. 还有一些其他的点,两条边对它们张这样的角;它们是什么点?

§353 定理 由一个等角中心到三角形各个顶点的距离的代数和,等于从顶点到对边上的等边三角形的顶点的距离:

a. R 在三角形内,$\overline{A_1P_1} = \overline{A_1R} + \overline{A_2R} + \overline{A_3R}$.

b. 若 $A_3 > 120°$,$\overline{A_1P_1} = \overline{A_1R} + \overline{A_2R} - \overline{A_3R}$.

c. 若 R' 与 A_3 相对,$\overline{A_1P'_1} = \overline{A_3R'} - \overline{A_1R'} - \overline{A_2R'}$.

因为 R 在圆 $P_1A_2A_3$ 上,所以由 §93b

$$\overline{P_1R} = \overline{A_2R} + \overline{A_3R}$$

从而 a 成立.

§354 a. 定理 三角形 $A_1P_3P'_2, A_1P'_3P_2, A_1A_2A_3$ 全等. 对应直线的交角为 60°.

b. **定理** A_1P_2 与 $A_2P'_1$ 相交在外接圆上.

c. $\overline{A_1P_1}^2 + \overline{A_1P'_1}^2 = a_1^2 + a_2^2 + a_3^2$; (§96)

$\overline{A_1P_1}^2 - \overline{A_1P'_1}^2 = 4\sqrt{3}\Delta.$ (§98)

d. $\overline{A_1P_1}^2 = \frac{1}{2}(a_1^2 + a_2^2 + a_3^2) + 2\sqrt{3}\Delta.$

$\overline{A_1P'_1}^2 = \frac{1}{2}(a_1^2 + a_2^2 + a_3^2) - 2\sqrt{3}\Delta.$ (Nicholas Fuss, 1796)

e. 关于等边三角形 $A_2A_3P_1, A_2A_3P'_1$,等的外接圆有如下关系:

设这些圆的圆心为 Q_1, Q'_1,等,则三角形 $Q_1Q_2Q_3$ 与 $Q'_1Q'_2Q'_3$ 是等边三角形,重心 M 是它们公共的中心. 等角中心 R' 与 R 分别在圆 $Q_1Q_2Q_3$ 与 $Q'_1Q'_2Q'_3$ 上.

§355 下面考虑等角中心 R 的一个性质,它本身具有令人惊异的历史兴趣. 事实上这个点是在远比希腊数学近代的时期,第一个新发现的三角形的特

殊点. 在 17 世纪,费马向托里拆利(Torricelli)提出一个问题:确定一点,它到三个定点的距离和为最小. 这个问题的实际应用是明显的. 托里拆利解决了这个问题,因而发现这个点 R. 他的解 1659 年由他的学生维维亚尼(Viviani)公布. 下面的对这个问题的简单优雅的分析归功于斯坦纳.

定理 设三角形 $A_1A_2A_3$ 的角都小于 $120°$,则到它的顶点的距离的和为最小的点是等角中心 R.

设将任一个等角中心与顶点相连,并过后者作连线的垂线,垂线围成一个等边三角形 $X_1X_2X_3$. 显然仅当这等角中心是 R 并且在已知三角形内时,它在三角形 $X_1X_2X_3$ 内.

一个动点到一个固定的等边三角形三边距离的代数和是一个定值. 如果这点在三角形外,距离的绝对值的和大于代数和. 设 S 为平面上与 R 不同的任意一点,s_1, s_2, s_3 为 S 到 X_2X_3, X_3X_1, X_1X_2 的距离,则

$$s_1 + s_2 + s_3 \geq \overline{RA_1} + \overline{RA_2} + \overline{RA_3}$$

是否取等号根据 S 在 $X_1X_2X_3$ 内或外而定.

[221]

在任一种情况,$\overline{SA_1} \geq s_1, \overline{SA_2} \geq s_2, \overline{SA_3} \geq s_3$,并且等号不全成立,所以

$$\overline{SA_1} + \overline{SA_2} + \overline{SA_3} > \overline{RA_1} + \overline{RA_2} + \overline{RA_3}$$

类似地,三角形 $X_1X_2X_3$ 是各边通过已知三角形顶点的正向的等边三角形中最大的.

如果三角形有一个角大于 $120°$,这个角的顶点是费马问题的解.

等角中心的等角共轭点,称为等力点,将在第十七章仔细讨论①.

§356 关于等角中心的定理可以作一些推广. 我们将叙述一些定理而不加证明. 首先是最一般的,并指出几种变更的形式. 证明根据塞瓦定理.

定理 过三角形每一个顶点各作一对等角线,每一条与角的一边相关联. 与每条边相关联的两条线交于一点,将它与所对的顶点相连,则这三条连线共点. 即设 $\angle A_3A_1X_2 = \angle X_3A_1A_2 = \varphi_1$,$\angle A_1A_2X_3 = \angle X_1A_2A_3 = \varphi_2$,$\angle A_2A_3X_1 = \angle X_2A_3A_1 = \varphi_3$,则 A_1X_1, A_2X_2, A_3X_3 交于一点 P,由 P 到三边的垂线满足

$$p_1 : p_2 : p_3 = \frac{\sin \varphi_1}{\sin(\alpha_1 - \varphi_1)} : \frac{\sin \varphi_2}{\sin(\alpha_2 - \varphi_2)} : \frac{\sin \varphi_3}{\sin(\alpha_3 - \varphi_3)}$$

在 $\varphi_1 + \varphi_2 + \varphi_3 = 180°$ 的特殊情况,各边上的三角形相似,即

$$A_1A_2X_3 \backsim X_1A_2A_3 \backsim A_1X_2A_3$$

[222]

设 A_1X_1, A_2X_2, A_3X_3 交于 P,则这三个三角形的外接圆也交于 P,在点 P 形成的角为已知角 $\varphi_1, \varphi_2, \varphi_3$. $\overline{A_1X_1}, \overline{A_2X_2}, \overline{A_3X_3}$ 的长与这些三角形的高成比例②.

---

① 等角中心的详细研究见 Mackay, Proceeding of Edinburgh Math. Society, XV, 1897, pp. 100~118.
② 图 73 对 §357 的特殊情况说明这一定理.

§357 将原来的定理用另一种方式特殊化,我们得到下列结果. 关于等角中心的定理就是它的特例;其他特例将在布洛卡几何中遇到.

定理 设以已知三角形的边为底,作相似的,位置也相似的等腰三角形,则联结等腰三角形的顶点与原三角形相对的顶点,三条连线共点,这点到原三角形各边的距离由

$$p_1:p_2:p_3 = \frac{1}{\sin(\alpha_1-\varphi)}:\frac{1}{\sin(\alpha_2-\varphi)}:\frac{1}{\sin(\alpha_3-\varphi)}$$

给出,其中 φ 为等腰三角形的底角.

反过来,如果一点到各边的距离如上式所示,那么这个点确定一组上述的相似的等腰三角形.

这个定理是塞瓦定理的直接推论. 特例是: $\varphi=0$,重心;$\varphi=90°$,垂心;$\varphi=\alpha_1$,顶点 A_1;$\varphi=60°$ 或 $120°$,等角中心;等. 对 φ 的各种值画出草图并确定所共点的轨迹是有启发性的.

§358 **定理** 设三角形 $A_2A_3X_1,A_3A_1X_2,A_1A_2X_3$ 是顺相似三角形,并且相似地放置,则 $X_1X_2X_3$ 与 $A_1A_2A_3$ 的重心重合①(图 73).

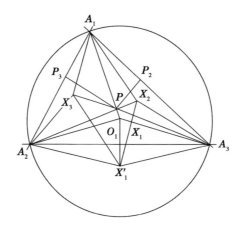

图 73

设延长 X_1O_1 到 X'_1,使 $O_1X'_1 = XO_1$,则 $A_2X_1A_3X'_1$ 是平行四边形. 于是三角形 $A_1A_2A_3,X_2X'_1A_3,X_3A_2X'_1$ 相似,因为每两个有一对相等的角,并且夹角两边成比例. 由比例,可得 $\overline{A_1X_2} = \overline{X_3X'_1}, \overline{A_1X_3} = \overline{X_2X'_1}, A_1X_3X'_1X_2$ 为平行四边形. 因此 $\overline{A_1X'_1}$ 与 $\overline{X_2X_3}$ 在交点 Z 互相平分. 又三角形 $A_1X_1X'_1$ 的两条中线 A_1O_1 与

---

① 注意这个定理既不假定相似三角形是等腰三角形,也不假定 A_1X_1,A_2X_2,A_3X_3 共线.

X_1Z 在点 M 互相三等分,因为 A_1O_1 也是 $A_1A_2A_3$ 的中线.但 X_1Z 也是 $X_1X_2X_3$ 的中线,所以 $X_1X_2X_3$ 的重心也是 M.

一种三角的证明建筑在:将 X_1,X_2,X_3 到某一边,例如 A_2A_3 的垂线,用 $A_1A_2A_3$ 的角及角 $X_1A_2A_3,X_1A_3A_2$ 来表示.运用这些三角表达式,容易证明这些垂线的和等于 A_1H_1,所以它们的平均值等于 MM_1.

系 设 X_1,X_2,X_3 共线,则这条直线必过重心.

§359 定理 从三角形的每一个顶点作一对等角线,如果每三条都不共点,那么共有除去顶点外的十二个交点,这十二个交点,必两两配对,成为六对等角共轭点.原三角形的每一个顶点,可以用新的直线与其中两对共轭点相连.这些新的直线每三条共点,产生八个新的点,它们是四对等角共轭点.

对这个图深入研究可得到丰富的回报.例如,联结上述六对等角共轭点的直线,每三条交于一点,共得四点.联结定理最后的四对等角共轭点的直线共点.

§360 逆垂足三角形 §355 的证明所用的方法提供一个有趣的推广.

定义 设任一点与一个三角形的顶点相连,过这顶点作连线的垂线.这样的三条垂线组成的三角形称为这点关于这个三角形的逆垂足三角形.

显然已知三角形是这点关于这逆垂足三角形的垂足三角形,因此这样命名.于是,任一个关于垂足三角形的定理提供一个关于逆垂足三角形的定理①.

定理 外接圆上一点的逆垂足三角形退化为一点,这点也在外接圆上.

定理 一点的逆垂足三角形,与它的等角共轭点的垂足三角形位似.

奈格尔点

§361 我们已经提到过奈格尔点(§291),它是三角形的顶点与所对旁切圆的切点的连线的交点.我们现在建立一些它的有趣的性质.

定理 三角形的重心 M,内心 I,奈格尔点 N 共线,并且 $\overline{MN}=2\,\overline{IM}$(参见图74,§257).

首先考虑直角三角形 $A_1H_1J'_1$ 与 II_1O_1

$$\overline{I_1I}=\rho=\frac{\Delta}{s},\ \overline{A_1H_1}=\frac{2\Delta}{a_1},\ \overline{I_1O_1}=\frac{1}{2}(a_2-a_3)$$

$$\overline{J'_1H_1}=s-a_3-\overline{A_2H_1}=\frac{s(a_2-a_3)}{a_1}$$

---

① 进一步见 Gallatly 的书.第 7 章.

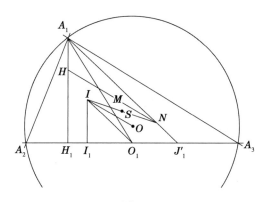

图 74

因此
$$\frac{\overline{J'_1 H_1}}{\overline{O_1 I_1}} = \frac{\overline{A_1 H_1}}{\overline{I_1 I}} = \frac{2s}{a_1}$$

[225] 所以这两个直角三角形相似,IO_1 平行于 $A_1 N$. 应用 §84 与 §290,得
$$\frac{\overline{A_1 J'_1}}{\overline{A_1 N}} = \frac{s}{a_1}$$

所以 $\overline{A_1 N} = 2 \overline{IO_1}$,$A_1 O_1$ 与 IN 在 M 处互相三等分.

§362 定理 HN 平行于 OI,$\overline{HN} = 2\overline{IO}$. 设 S 为 IN 的中点,则 $O_1 S$ 平行于 $A_1 I$,因此平分角 $O_1 O_2 O_3$. 于是 S 是三角形 $O_1 O_2 O_3$ 的内心. 三角形 $A_1 A_2 A_3$ 与 $O_1 O_2 O_3$ 的内切圆的位似中心为 M 与 N.

§363 定理 由三角形 $A_1 A_2 A_3$ 的顶点到奈格尔点的直线通过三角形 $O_1 O_2 O_3$ 的内切圆的相应的切点.

定理 内心是 $O_1 O_2 O_3$ 的奈格尔点.

§364 三角形 $O_1 O_2 O_3$ 的内切圆称为 P - 圆或斯俾克圆[1],有一些性质奇妙地与九点圆的性质平行. 我们刚刚已定出它的圆心为 IN 的中点,并且看到四个点 N,S,M,I 与 H,F,M,O 位置类似,又由 A_1,A_2,A_3 到 N 的直线通过斯俾克圆的相应的切点.

§365 定理 设 P_1,P_2,P_3 为 $A_1 N, A_2 N, A_3 N$ 的中点,则斯俾克圆也是三角形 $P_1 P_2 P_3$ 的内切圆,并且 $P_2 P_3, IO_1, NI_1$ 交于一点,这点是斯俾克圆与 $P_2 P_3$ 相切的切点(图 75).

显然三角形 $A_1 A_2 A_3$ 与 $P_1 P_2 P_3$ 相似,相似比为 2∶1,位似中心为 N. 因此,后者的内切圆即斯俾克圆. 又直线 NI_1 等通过这圆的切点,并被这点平分. 最后,

---

[1] Spieker, Grunerts Archiv, 51, 1870, pp. 10~14.

IO_1 平行于 $A_1NJ'_1$,在 O_1 平分 $I_1J'_1$,所以通过 I_1N 的中点.

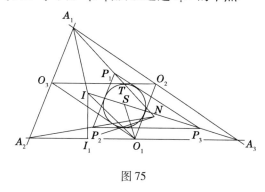

图 75

§ 366 **定理** 斯俾克圆内切于两个全等三角形 $O_1O_2O_3$ 与 $P_1P_2P_3$,这些三角形对应边上的切点是对径点.

于是,我们看到九点圆半径是外接圆半径的一半,M 是位似中心,有六条特殊的直径;与之类似的,斯俾克圆半径是内切圆半径的一半,M 是位似中心,与 [227] 六条特殊的直线在特殊点相切,因而有六条特殊的直径.

§ 367 **定义** 一个三角形的夫尔曼(Fuhrmann)三角形①是外接圆被 $A_1A_2A_3$ 分成的三条弧的中点,关于相应边反射,所得三个点组成的三角形. 过这三个点的圆称为夫尔曼圆.

同前,记弧 A_2A_3,A_3A_1,A_1A_2 的中点为 P_1,P_2,P_3,则 A_1,I,P_1 共线;设 P_1,P_2,P_3 的对径点为 Q_1,Q_2,Q_3;P_1,P_2,P_3 关于相应边的对称点是 R_1,R_2,R_3(图 76),则

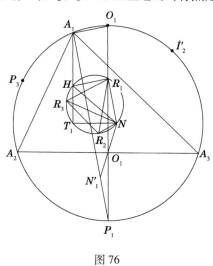

图 76

---

① 即 Spiegeldreieck,见 Fuhrmann 的书,107 页.

$$\overline{R_1O_1} = \overline{O_1P_1} = \frac{1}{2}a_1\tan\frac{\alpha_1}{2}$$

§368 定理 $A_1HR_1Q_1$ 是平行四边形，HR_1 垂直于角平分线 A_1IP_1.

因为 $\overline{Q_1R_1} = 2\overline{OO_1} = \overline{A_1H}$（§256），所以 HR_1 平行于 A_1Q_1，而 A_1Q_1 是外角平分线.

§369 定理 NH 是夫尔曼圆的直径.

首先延长 NO_1 交平分线 A_1IP_1 于 N'. 由 §361 的证明，O_1 是 NN' 的中点，$NP_1N'R_1$ 是平行四边形. 因此 R_1N 平行于 A_1I. 而我们已经知道 HR_1 垂直于 A_1I，所以 R_1 在以 HN 为直径的圆上.

§370 定理 三角形 $P_1P_2P_3$ 与 $R_1R_2R_3$ 逆相似.

因为 R_1H 平行于 P_2P_3，等. 我们有
$$\angle R_1R_2R_3 = \angle R_1HR_3 = \angle P_2P_3, P_1P_2 = \angle P_3P_2P_1$$

§371 定理 夫尔曼圆与高相交，交点到顶点的距离为 2ρ.

因为在高 A_1H_1 上取 $A_1T_1 = 2\rho$，则
$$2\Delta = a_1 \cdot \overline{A_1H_1} = 2\rho s$$

所以
$$\frac{\overline{A_1T_1}}{\overline{A_1H_1}} = \frac{a_1}{s} = \frac{\overline{A_1N}}{\overline{A_1J'_1}} \quad (§361)$$

这表明 T_1N 平行于 A_2A_3，HT_1N 为直角.

§372 定理 三角形 $A_1A_2A_3$ 与 $T_1T_2T_3$ 逆相似.

于是，在这个有趣的圆上有八个特殊的点. 夫尔曼还发现了许多其他有趣的性质.

最后，我们指出虽然我们的注意力限制在与内切圆有关的图形，相应的与旁切圆有同样关系的图形也存在. 即有三个"旁奈格尔点"，性质与奈格尔点相类似，每一个给出一个斯俾克圆与一个夫尔曼圆. 这些图形的更详细的研究是很有价值的.

练习 本章中下列定理留给读者证明它的全部或部分，其中有些比前面各章的较为困难：§342～§348，§351，§353，§354，§356，§357，§359，§360，§362，§363，§366.

第十三章 透视的三角形

§373 本章[①]简略地考虑一些射影性质的定理,即关于共点线,共线点的,不涉及距离、角度大小与比值的定理. 我们讨论透视的图形的关系,建立笛沙格(Desargues)的基本定理. 这个定理的各种应用,接着对四边形的简略研究,最后引至关于圆内接六边形的著名的帕斯卡(Pascal)定理.

定义 平面上两个图形称为互相透视的,如果:(a)联结对应点的直线交于一点,称为透视中心. (b)对应线的交点在一条直线上,称为透视轴.

我们已经考虑过这一定义的一种特殊情况,即对应边互相平行的相似形. 这时透视轴是无穷远线,透视中心是位似中心. 更一般的透视图形的存在性,由下面的定理建立.

§374 **笛沙格定理** 设两个三角形有透视中心,则它们有透视轴.

设三角形 $A_1A_2A_3$ 与 $B_1B_2B_3$ 这样放置:A_1B_1,A_2B_2,A_3B_3 交于一点 O;设 A_2A_3 与 B_2B_3 交于 C_1,A_3A_1 与 B_3B_1 交于 C_2,A_1A_2 [230] 与 B_1B_2 交于 C_3(图77). C_1,C_2,C_3 共线的证明用梅涅劳斯定理很容易解决. 首先将直线 $B_3C_2B_1$ 作为三角形 A_1OA_3 的截线

$$\frac{\overline{B_3O} \cdot \overline{C_2A_3} \cdot \overline{B_1A_1}}{\overline{B_3A_3} \cdot \overline{C_2A_1} \cdot \overline{B_1O}} = 1$$

[①] 第十三,十四,十五章的任何部分或全部,都可以略去,不致影响以后各章的阅读. 但本章包含几个著名的定理.

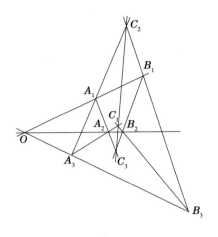

图 77

同理

$$\frac{\overline{B_1O} \cdot \overline{C_3A_1} \cdot \overline{B_2A_2}}{\overline{B_1A_1} \cdot \overline{C_3A_2} \cdot \overline{B_2O}} = 1$$

$$\frac{\overline{B_2O} \cdot \overline{C_1A_2} \cdot \overline{B_3A_3}}{\overline{B_2A_2} \cdot \overline{C_1A_3} \cdot \overline{B_3O}} = 1$$

结合这些等式,相消得

$$\frac{\overline{C_1A_2} \cdot \overline{C_2A_3} \cdot \overline{C_3A_1}}{\overline{C_1A_3} \cdot \overline{C_2A_1} \cdot \overline{C_3A_2}} = 1$$

[231] 这表明 C_1, C_2, C_3 共线.

§375 **定理** 反过来,设两个三角形有透视轴,则它们有透视中心.

用同样的记号,我们假定 C_1, C_2, C_3 在一条直线上,证明 A_1B_1, A_2B_2, A_3B_3 共点. 考虑三角形 $A_1B_1C_3$ 与 $A_3B_3C_1$. 它们以 C_2 为透视中心,因而根据上节定理,它们有透视轴. 换句话说,过 A_2, B_2 的直线也通过 A_1B_1 与 A_3B_3 的交点. 这就正是我们希望证明的.

显然有各种特殊情况,其中有些直线互相平行. 证明容易修改以适用这些情况,以后我们不另行提出讨论.

于是我们看到两个三角形只要有透视中心或透视轴,就一定是透视的. 对三角形以外的图形,我们容易建立下面的一般命题:

§376 **定理** 已知透视中心 O,透视轴 p,一个图形 $ABC\cdots$ 与 OA 上一点 A',那么一定存在,而且可以仅用直尺作出,一个与已知图形透视的图形,其中 A' 与 A 对应.

为了找出与任一点 B 对应的点 B',设 AB 交 p 于 M,作 MA' 交 OB 于 B'. 而

由笛沙格定理,对应于任一其他点 C 的点,是有定义的并且可以唯一地确定.

§377 定理 设三个三角形有公共的透视中心,则它们的三条透视轴共点.

设三角形为 $X_1X_2X_3$, $Y_1Y_2Y_3$, $Z_1Z_2Z_3$, 则 $X_1Y_1Z_1$, $X_2Y_2Z_2$, $X_3Y_3Z_3$ 为共点的直线. 我们将三角形的边用与所对顶点相同的小写字母表示. 考虑边为 x_2, y_2, z_2 与 x_3, y_3, z_3 的三角形. 它们的对应边相交于共线点 X_1, Y_1, Z_1, 所以对应顶点的连线共点. 但联结 x_2, y_2 的交点与 x_3, y_3 的交点的直线, 是 $X_1X_2X_3$ 与 $Y_1Y_2Y_3$ 的透视轴, 等. 所以这三条轴共点.

[232]

§378 定理 类似地,设三个三角形两两互为透视,并且有一条公共的透视轴,则它们的透视中心共线.

这个定理及各种逆定理的证明没有困难.

§379 应用梅涅劳斯定理于两个三角形的边的交点,产生一个一般公式,可以以各种方式应用于特例. 已知两个三角形 $A_1A_2A_3$, $B_1B_2B_3$, 设 A_2A_3 与 B_2B_3 交于 P_1, 与 B_3B_1 交于 Q_1, 与 B_1B_2 交于 R_1; 在 A_3A_1, A_1A_2 上的交点类似地标记. 则在直线 B_2B_3 上, 分别有 A_2A_3, A_3A_1, A_1A_2 的交点 P_1, R_2, Q_3.

定理 对任意三角形 $A_1A_2A_3$ 与 $B_1B_2B_3$

$$\frac{\overline{P_1A_2}\cdot\overline{P_2A_3}\cdot\overline{P_3A_1}}{\overline{P_1A_3}\cdot\overline{P_2A_1}\cdot\overline{P_3A_2}}\cdot\frac{\overline{Q_1A_2}\cdot\overline{Q_2A_3}\cdot\overline{Q_3A_1}}{\overline{Q_1A_3}\cdot\overline{Q_2A_1}\cdot\overline{Q_3A_2}}\cdot\frac{\overline{R_1A_2}\cdot\overline{R_2A_3}\cdot\overline{R_3A_1}}{\overline{R_1A_3}\cdot\overline{R_2A_1}\cdot\overline{R_3A_2}}=1$$

对截线 $P_1R_2Q_3$ 等的每一条应用梅涅劳斯定理,相乘,重排,立即得出上述公式.

§380 系 三角形 $A_1A_2A_3$ 与 $B_1B_2B_3$ 透视, 即 A_1B_1, A_2B_2, A_3B_3 共点, 当且仅当

$$\frac{\overline{Q_1A_2}\cdot\overline{Q_2A_3}\cdot\overline{Q_3A_1}}{\overline{Q_1A_3}\cdot\overline{Q_2A_1}\cdot\overline{Q_3A_2}}=\frac{\overline{R_1A_3}\cdot\overline{R_2A_1}\cdot\overline{R_3A_2}}{\overline{R_1A_2}\cdot\overline{R_2A_3}\cdot\overline{R_3A_1}}$$

因为 P_1, P_2, P_3 共线是充分必要条件, 即

$$\frac{\overline{P_1A_2}\cdot\overline{P_2A_3}\cdot\overline{P_3A_1}}{\overline{P_1A_3}\cdot\overline{P_2A_1}\cdot\overline{P_3A_2}}=1$$

如果在§379 的等式中,两个分式等于1, 那么第三个分式有同样的值. 因此有下面的定理:

[233]

§381 定理 设两个三角形有两种方式成透视,则必有第三种方式成透视. 即设 A_2B_3, A_3B_1, A_1B_2 共点, A_3B_2, A_1B_3, A_2B_1 共点, 则 A_1B_1, A_2B_2, A_3B_3 共点.

§382 上节定理可以表示成稍有不同的形式,如下:

定理 设 P, Q 是三角形 $A_1A_2A_3$ 所在平面上的两点, A_2P 与 A_3Q 交于 B_1, A_3P 与 A_1Q 交于 B_2, A_1P 与 A_2Q 交于 B_3, 则 A_1B_1, A_2B_2, A_3B_3 交于一点 R.

设 A_3Q 与 A_1P 相交于 C_1, 等, 则三角形 $A_1A_2A_3, C_1C_2C_3$ 同样明显地成透

视. 而且可以证明 $B_1B_2B_3$ 与 $C_1C_2C_3$ 成透视,这三个透视中心共线. 应当将这个图完整地画出来,它对深入研究是有益的.

§383 设直线 AA', BB', CC' 交于一点 O. 这六个点可用四种不同的方法,配成三角形对,如 ABC 与 $A'B'C'$, $A'BC$ 与 $AB'C'$, 等. 每一对确定一条透视轴. 这六对直线,如 BC 与 $B'C'$, 相交于六点,每三个一组,在上述四条透视轴上. 换句话说:

定理 设 AA', BB', CC' 共点,则对应线,如 AB 与 $A'B'$, AC' 与 $A'C$, 等,的交点每三个一组,在四条直线上,因而是一个完全四边形的顶点. 类似地,设三对直线,每一对的交点共线,则过这些直线的对应交点的直线,是一个完全四角形的边.

§384 定理 边是一个完全四边形的边的每一个三角形,与这个完全四边形的对角三角形成透视.

因为这两个三角形以完全四边形的第四条边为透视轴.

系 设一个完全四边形的两条对角线的交点与剩下的两个顶点相连,则这样的六条连线中,三条交于一点,产生四个新点,因而形成一个完全四角形. 于是,每个完全四边形必有一个相伴的完全四角形,具有同样的对角三角形;反过来也成立. 过这完全四角形的每个顶点,有完全四边形的一条边. 这完全四角形的每一个三角形,与完全四边形的一个三角形及对角三角形成透视,公共的透视中心是完全四边形的第四个顶点,透视轴是完全四边形的第四条边.

§385 帕斯卡定理 设一个六边形内接于圆,则每组对边的交点共线. 即设六个点 P, Q', R, P', Q, R' 依任意次序在一个圆上,则 PQ' 与 $P'Q$ 的交点, QR' 与 $Q'R$ 的交点, RP' 与 $R'P$ 的交点共线(图78).

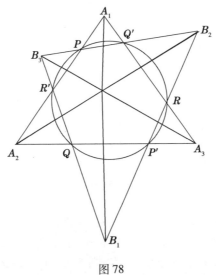

图78

设 PQ', QR', RP'（如果必要的话，将它延长）是三角形 $B_1B_2B_3$ 的边，$P'Q$, $Q'R, R'P$ 是三角形 $A_1A_2A_3$ 的边，则

$$\overline{Q'A_1} \cdot \overline{RA_1} = \overline{PA_1} \cdot \overline{R'A_1}$$

对 A_2, A_3 有类似的等式.

将这些等式乘起来，再分开得

$$\frac{\overline{QA_2} \cdot \overline{RA_3} \cdot \overline{PA_1}}{\overline{QA_3} \cdot \overline{RA_1} \cdot \overline{PA_2}} = \frac{\overline{P'A_2} \cdot \overline{Q'A_3} \cdot \overline{R'A_1}}{\overline{P'A_3} \cdot \overline{Q'A_1} \cdot \overline{R'A_2}}$$

[235]

因此直接应用 §380，三角形 $A_1A_2A_3$ 与 $B_1B_2B_3$ 成透视. 它们的透视轴就是我们要证明存在的直线.

§386 这个著名的定理是帕斯卡(Blaise Pascal)在 1640 年发现的, 当时他只有 16 岁. 从初等几何的观点来看, 它并不特别有意义, 因为逆命题不成立. 它是下面的更一般的定理的特例: 六边形对边的交点共线, 当且仅当这六边形的顶点在一条圆锥曲线上. 仅当我们知道五个顶点在一个圆上时, 才能断定第六个顶点在这个圆上. 因此这个定理的应用范围有限, 另一方面, 在射影几何中, 这个定理非常重要.

我们将叙述这个图形的一些进一步的性质, 而不加证明. 设在一个圆上取六个点, 画线将它们连成一个六边形(不一定是凸六边形), 连法很多, 事实上, 有六十种. 每一个这样的六边形, 确定一条帕斯卡线. 容易看出这些线都不相同. 六个取定的点, 有十五条连线, 相交产生另外四十五个点, 过这些点中每一点有四条帕斯卡线. 这些帕斯卡线, 每三条共线, 产生二十个其他的点, 称为斯坦纳点, 每条线上一个. 而且这些帕斯卡线, 每三条共线, 还产生六十个其他的点, 称为寇克曼(Kirkman)点, 每三个在一条直线上. 二十个斯坦纳点, 在十五条其他直线上, 每条线上四个; 六十个寇克曼点在二十个其他直线上, 每条线上三个(图 79). 这些事实足以显示这个看起来简单的定理中含有几乎无尽的宝藏①.

[236]

§387 与帕斯卡定理相关的有布利安桑(Brianchon, 1806)定理:

定理 设六边形与一个圆外切, 则对顶点的连线共点.

最简单的证明根据极倒形的方法(§134). 考虑一个辅助图形, 其中有已知图形的每条直线的极点, 及每个点的极线. 在已知图形中, 六条直线与圆相切; 在辅助图形中, 六个点在圆上. 原六边形的一个顶点产生这新六边形中的一条边, 即一条连线. 反过来也这样. 对辅助图形的帕斯卡定理, 转换回原来图形, 正好就是布利安桑定理.

---

① 完整的论证见 Lachlan 的书, 113 页.

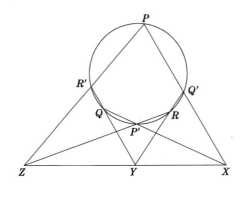

图 79

这个定理也可以直接证明,不用极点与极线①.但证明迂回曲折,没有启迪性.

类似于帕斯卡定理,布利安桑定理是更一般的定理的特例,它的逆命题不成立.与帕斯卡定理平行,它也有不少推广与扩张.

§388 帕普斯(Pappus)定理 设一个六边形的顶点交错地落在两条直线上,则对边的交点共线.

即设 PQR 与 $P'Q'R'$ 是两条直线.六边形 $PQ'RP'QR'$ 的边 PQ' 与 $P'Q$, QR' 与 $Q'R$, RP' 与 $R'P$ 的交点共线.

因为边为 PQ', QR', RP' 与边为 $P'Q, Q'R, R'P$ 的三角形有两条透视轴,即 PQR 与 $P'Q'R'$.因此它们还有第三条透视轴.

这个定理可像 §386 那样予以推广.它还可以提供一个对偶定理.

§389 有些定理表面上与帕斯卡定理无关,可以用帕斯卡定理来证明.下面举几个例子.

定理 由三角形 $A_1A_2A_3$ 的两个顶点作直线 A_2P, A_3P.设 P_2, P_3 分别为 P 到 A_1A_3, A_1A_2 的垂线的垂足.X_2, X_3 分别为 A_1 到 A_2P, A_3P 的垂线的垂足,则 P_2X_2, P_3X_3 与 A_2A_3 共点(图80).

对六边形 $A_1P_3X_3PX_2P_2A_1$ 应用帕斯卡定理立即得出结果,这个六边形内接于以 A_1P 为直径的圆.

§390 定理 已知三角形 $A_1A_2A_3$,过点 P 的一条直线分别交三边于 X_1, X_2, X_3.设 A_1P 交外接圆于 R_1,等,则 X_1R_1, X_2R_2, X_3R_3 交于外接圆上一点.

因为设 R_1X_1 交外接圆于 T_1,对六边形 $A_1R_1T_1R_2A_2A_3A_1$ 应用帕斯卡定理,

---

① 参考 Lachlan 的书,116 页.

得 R_2X_2 也过 T_1. 同理 R_3X_3 过 T_1.

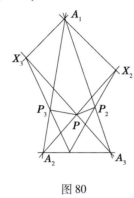

图 80

逆定理,是直接的推论,可以表述成如下形式:

§391 定理 设两个三角形内接于同一个圆,并成透视,则联结圆上任意一点与一个三角形顶点的直线,与第二个三角形对应边的交点,三个点与透视中心共线. [238]

§392 定理 设 P,Q 为等角共轭点,三角形 $P_1P_2P_3$,$Q_1Q_2Q_3$ 是它们的垂足三角形,P_2Q_3 与 P_3Q_2 相交于 X_1,等,则 X_1,X_2,X_3 在 PQ 上.

因为公共垂足圆的圆心,是 PQ 的中点 R;PP_1 与 Q_1R 的交点 P'_1 在这个圆上. 对六边形 $Q_1P_2P'_2Q_2P_1P'_1$ 应用帕斯卡定理,得 P,Q,X_3 共线.

练习 本章下列各节含有留给读者证明的定理:§378,§379,§381,§384,§387,§389,§391. [239]

垂足三角形与垂足圆

第十四章

§393 本章,考虑在由四个点所确定的图形中,关于垂足三角形,垂足圆与九点圆的,一组值得注意的定理. 这些结果自然地将我们引向费尔巴哈定理的重新讨论及它的一些推广. 最后简略地介绍一条直线关于一个三角形的垂极点,作为本章的结束.

§394 第一组定理讨论完全四边形. 设已知四点,则每一点关于其他三点所成三角形的垂足三角形都相似;各点的垂足圆与各三角形的九点圆交于一点①.

设四个已知点 A_1, A_2, A_3, A_4 不共圆,也不成垂心组. 记 A_1 到 A_2A_3 的垂线的垂足为 P_{14},等,A_2A_3 的中点为 M_{23},等. 这种表面上笨拙的记法,很快就显示出它的效用. A_1 关于三角形 $A_2A_3A_4$ 的垂足三角形是 $P_{12}P_{13}P_{14}$,三角形 $A_1A_2A_3$ 的九点圆通过高的垂足 P_{14}, P_{24}, P_{34} 及边的中点 M_{23}, M_{31}, M_{12}(图 81).

§395 **定理** 完全四边形中的垂足三角形顺相似如下
$$P_{12}P_{13}P_{14} \backsim P_{21}P_{24}P_{23} \backsim P_{34}P_{31}P_{32} \backsim P_{43}P_{42}P_{41}$$

这是基本密克等式(§186)的直接结果

$$\angle P_{12}P_{13}P_{14} = \angle A_2A_1A_4 + \angle A_4A_3A_2$$

$$\angle P_{34}P_{31}P_{32} = \angle A_4A_3A_2 + \angle A_2A_1A_4$$

---

① 本节中的定理,虽无疑有其更早的来源,但却是由 Happach 于 1912 年整理的,见 Zeitschrift für Math. und Nat. Unterricht, 43, p. 175. 我们对证明作了修改和缩简.

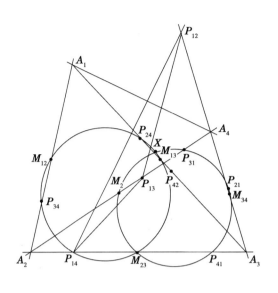

图 81

这表明两个垂足三角形的这两个角相等. 而在每个等式的右边可以换成 (§18f)

$$\angle A_2A_1A_4 + \angle A_4A_3A_2 = \angle A_1A_2A_3 + \angle A_3A_4A_1$$

这表明 $\angle P_{21}P_{24}P_{23}$ 与 $\angle P_{43}P_{42}P_{41}$ 也等于上面的两个角. 同理垂足三角形的其他角也是这样.

下标排列的轮换对称性不是立即就明了的. 但如果将一个四面体的顶点标以 $1,2,3,4$; 然后将四面体放在桌上, 使一个顶点朝上与那个垂足三角形正被考虑的点对应, 那么其他三个顶点将依正方向排列, 与定理中的标记方法相同.

§396 **定理** 四个三角形的九点圆共点.

设圆 $M_{12}M_{13}M_{23}$ 与 $M_{23}M_{24}M_{34}$ 再交于 X, 则

$$\angle M_{12}XM_{23} = \angle M_{12}M_{13}M_{23} = \angle A_3A_2A_1$$
$$\angle M_{23}XM_{24} = \angle M_{23}M_{34}M_{24} = \angle A_4A_2A_3$$

相加得

$$\angle M_{12}XM_{24} = \angle A_4A_2A_1 = \angle M_{12}M_{14}M_{24}$$

因此 X 落在过 M_{12}, M_{14}, M_{24} 的圆上, 这个圆是 $A_1A_2A_4$ 的九点圆.

§397 **定理** 四个点中, 每一个点关于其他三点所成三角形的垂足圆, 也相交于 X.

即, 例如, $P_{12}, P_{13}, P_{14}, X$ 共圆.

因为

$$\measuredangle P_{24}XP_{21} = \measuredangle P_{24}XM_{23} + \measuredangle M_{23}XP_{21} =$$
$$\measuredangle P_{24}M_{13}M_{23} + \measuredangle M_{23}M_{34}P_{21} =$$
$$\measuredangle A_1A_3, A_1A_2 + \measuredangle A_2A_4, A_4A_3 =$$
$$\measuredangle A_4A_2A_1 + \measuredangle A_1A_3A_4 =$$
$$\measuredangle P_{24}P_{23}P_{21} \quad (\S 395)$$

§398 定理 上述四点中,两点的垂足圆的第二个交点,在另外两点的连线上.

例如,考虑圆 $P_{12}P_{13}P_{14}$ 与 $P_{43}P_{42}P_{41}$,它们相交于 X 及另一个点 Y_{14},则
$$\measuredangle P_{14}Y_{14}P_{41} = \measuredangle P_{14}Y_{14}X + \measuredangle XY_{14}P_{41} =$$
$$\measuredangle P_{14}P_{12}X + \measuredangle XP_{42}P_{41} =$$
$$\measuredangle P_{14}P_{12}, P_{42}P_{41} + \measuredangle P_{42}XP_{12}$$

因为 X 在 $A_1A_3A_4$ 的九点圆上,所以
$$\measuredangle P_{42}XP_{12} = 2\measuredangle A_1A_3A_4 \quad (\S 252d)$$

又
$$\measuredangle P_{14}P_{12}, P_{42}P_{41} = \measuredangle P_{14}P_{12}, A_2A_3 + \measuredangle A_2A_3, P_{42}P_{41} = 2\measuredangle A_4A_3A_1$$

因此 $\measuredangle P_{14}Y_{14}P_{41} = 0$

点 Y_{14} 在直线 $P_{14}P_{41}$ 上,即在 A_2A_3 上.

系 垂足三角形 $P_{12}P_{13}P_{14}$, $P_{43}P_{42}P_{41}$ 在 Y_{14} 成透视,即 $P_{12}P_{43}$, $P_{13}P_{42}$, $P_{14}P_{41}$ 都过 Y_{14}.

因为
$$\measuredangle P_{12}Y_{14}P_{14} = \measuredangle P_{12}P_{13}P_{14}$$
$$\measuredangle P_{43}Y_{14}P_{41} = \measuredangle P_{43}P_{42}P_{41}$$

并且我们已经证明在这两个相似的垂足三角形中,上面两式的右端相等.

定理 各垂足三角形的相似中心是点 X.

§399 定理 A_4 关于 $A_1A_2A_3$ 的等角共轭点与 A_1 关于 $A_2A_3A_4$ 的等角共轭点,都在 A_2A_3 的过 Y_{14} 的垂线上,并且与 Y_{14} 的距离相等(§231,§236). 这样的(每一点关于其他三点所成三角形的)四个等角共轭点,组成一个完全四角形,与四个三角形的外心所成的完全四角形相似.

§400 当四点共圆时,上面的那些定理需要一些修正. 某些类似的定理业已证过,其他的可以没有困难地建立起来.

a. 设 A_1, A_2, A_3, A_4 在一个圆上,则在各点的西摩松线上的线段,依 §395 所指出的意义,相等;即
$$\overline{P_{12}P_{13}} = \overline{P_{21}P_{24}} = \overline{P_{34}P_{31}} = \overline{P_{43}P_{42}} = \cdots$$

b. 四个九点圆全等,并且交于一点 X,四条西摩松线都通过这一点(参见

§331).

c. 四点中,任两点的西摩松线,与其他两点的连线成等角.

d. 在各条西摩松线上,由 X 量起的线段每四条相等
$$\overline{XP_{14}} = \overline{XP_{41}} = \overline{XP_{23}} = \overline{XP_{32}}, \cdots$$

十二个垂足落在三个圆上,每个圆上四个,这三个圆是同心圆,圆心为 X (N. Anning). 连线 $P_{14}P_{41}$, $P_{13}P_{42}$, $P_{12}P_{43}$ 互相平行.

e. 任一三角形的顶点与第四个点的连线,关于这个三角形的等角线,垂直于第四个点的西摩松线.

§401 费尔巴哈定理现在可以作为 §396 的一个容易的推论. 下面的证明方法属于封腾(Fontené)①.

设 P, Q 关于三角形 $A_1A_2A_3$ 为等角共轭点,则它们有公共的垂足圆. 设这圆交这三角形的九点圆于 X 与 Y,则显然以 A_1, A_2, A_3, P 为顶点的四个三角形的九点圆都过 X,而以 A_1, A_2, A_3, Q 为顶点的三角形的九点圆都过 Y. 特别地,令 P 与 Q 重合,则两组三角形成为同一组, X 与 Y 重合. 换句话说,内心或旁心的垂足圆与九点圆相切.

但这个证明不十分严密. 因为我们没有简单的办法来抵御反对的意见:在一般情况,当 P, Q 不同时,有可能所有的九点圆都通过一个点 X,而另一点毫无价值. 对这个问题的更仔细的研究引出一些新的有价值的定理. 我们将从另一角度重新开始探讨这个问题②.

§402 **定理** 设一点 P 的垂足三角形的边,与三角形 $O_1O_2O_3$ 的相应边交于 X_1, X_2, X_3,则 P_1X_1, P_2X_2, P_3X_3 交于一点 L,它是圆 $O_1O_2O_3$ 与 $P_1P_2P_3$ 的交点. 即 L 是 $A_1A_2A_3$ 的九点圆与 P 的垂足圆的一个交点.

如图 82 所示,因为设 OP 交以 A_1O 为直径的圆于 L_1, P_1 关于 O_2O_3 的对称点为 P'_1,则 $A_1P'_1$, $P_1P'_1$ 分别平行,垂直于 A_2A_3. 现在 A_1, O, O_2, O_3, L_1 共圆;又 A_1, P, P_2, P_3, L_1 与 P'_1 在以 A_1P 为直径的圆上,所以 L_1 到 A_1P_2, A_1P_3, P_2P_3, O_2O_3 的垂线的垂足共线. 因此 L_1 在三角形 $O_3P_3X_1$ 的外接圆上.

我们再证明 L_1, X_1 与 P'_1 共线,这有一些困难. 因为 P'_1 在以 A_1P 为直径的圆上,所以
$$\angle P'_1L_1P_3 = \angle P'_1PP_3 = \angle O_2O_3, A_1P_3 = \angle X_1O_3P_3$$

---

① 见 Nouvelles Annales, 1905, p. 260.

② 这些定理由 Fontené 给出,并有不同的证法(Nouvelles Annales, 1905, p. 504; 1906, p. 55);这些直接证法由 Bricard 提供(出处同上, 1906, p. 59). 而主要定理, §404, 曾被其他人所独立发现:Weill 的书, 1880, p. 259; McCay, Transactions of the Irish Royal Academy, XXIX, p. 310; Grifiths, Educational Times, 1857.

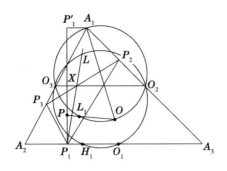

图 82

但我们已经证明 O_3, P_3, L_1, X_1 在一个圆上,所以
$$\angle X_1 O_3 P_3 = \angle X_1 L_1 P_3$$
从而
$$\angle P'_1 L_1 P_3 = \angle X_1 L_1 P_3$$
因此 P'_1, L_1, X_1 在一条直线上.

现在将图形的一部分以 $O_2 O_3$ 为轴翻转过去. A_1 落到 H_1 上,O_2, O_3 保持不动;所以过这三点的圆,即以 $A_1 O$ 为直径的圆,成为九点圆. 因此,设 L 为 L_1 的对称点,则它在九点圆上,也在与直线 $L_1 X_1 P'_1$ 对称的直线上. 又因为
$$\overline{X_1 P_1} \cdot \overline{X_1 L} = \overline{X_1 P'_1} \cdot \overline{X_1 L_1} = \overline{X_1 P_2} \cdot \overline{X_1 P_3}$$
所以 L 也在点 P 的垂足圆上. 于是,若 $P_2 P_3$ 交 $O_2 O_3$ 于 X_1,则 $P_1 X_1$ 通过九点圆与垂足圆的一个交点. 因为 OP 通过 $O_1 O_2 O_3$ 的垂心 O 所以由 §333 直接得到三条直线 $P_1 X_1, P_2 X_2, P_3 X_3$ 通过这九点圆上的同一个点 L. 这就完成了证明.

§403 因此,任一点 P,确定九点圆上一个点 L,根据 §396, §397,完全四角形 $A_1 A_2 A_3 P$ 的各个垂足圆、九点圆都通过 L. 又由上面的证明,我们知道,两个点 P, Q 在九点圆上确定的点确实不同,除非 P, Q 与 O 共线. 若 P, Q 与 O 共线,则它们确定同一个点 L. 这就完成了上面关于费尔巴哈定理的证明,同时得到一些推广.

§404 **定理** 设一点在过外心的一条固定直线上移动,则它的垂足圆通过九点圆上一个定点.

§405 **定理** 一个点的垂足圆与九点圆相切,当且仅当这点与它的等角共轭点同在一条过垂心①的直线上.

系 费尔巴哈定理不过是这个定理的特殊情况,因为内心或旁心都是它自身的等角共轭点.

---

① 译者注:应为外心.

作图 设已知一条过外心的直线,则九点圆上的对应点,可以通过§403 证明中所说的,作这条直线的对称直线而得到,或者利用这样的事实得到:这条直线与外接圆的两个交点的西摩松线在这点相交.

§406 研究这同一个问题的另一途径基于所谓垂极点,它曾被纽堡(Neuberg),松恩(Soons),盖拉特雷(Gallatly)等人广泛研究,最后由盖拉特雷集其大成①. 我们仅能满足于概要地介绍主要结果.

定理 设由一个三角形的各个顶点向任一条直线作垂线,则由其垂足向对边所作垂线必交于一点,称为这条直线的垂极点.

当直线平行移动时,垂极点的轨迹是与它垂直的直线. 与外接圆相交的直线,垂极点是交点的西摩松线的交点. 换句话说,一点的西摩松线是过这点的各条直线的垂极点的轨迹. 如果一条直线通过外心,那么它的垂极点在九点圆上.

设一条直线交外接圆于 P,Q. 由三角形的顶点作这条线的垂线,每条垂线与外接圆还有一个交点,从这些交点向对边作垂线,则这些垂线相交于外接圆上一点 R. 由 PQ 上的三个垂足向对边作垂线,这些垂线相交于垂极点 S. 而 P, Q,R 的西摩松线也都通过 S,S 是直线 PQ,PR,QR 中任一个的垂极点(参阅 §337 以下).

一条直线的垂极点,关于这条线上所有点的垂足圆,有相同的幂(这包括 §404 作为一个特例,在 §404 中幂为零).

---

① Gallarly,Modern Geometry of the Triangle,chap. Ⅵ.

小节目

第十五章

§ 407 本章首先介绍物理中重心的概念与力的合成,基于这些力学方法,建立一些几何定理.然后考虑几组关于三角形与四边形的定理,其中许多内容留给读者彻底解决.

力学定理

§ 408 物理中重心的概念是大家熟悉的.为了几何上的应用,明确定义如下:

定义 已知平面上若干个点,每一点处有一重量,设在 P_1 的重量为 m_1,等.取两条相交直线,设 P_1 到第一条直线的距离为 d_1,到第二条的距离为 d'_1,则到这两条直线的距离为

$$d = \frac{m_1 d_1 + m_2 d_2 + \cdots + m_n d_n}{m_1 + m_2 + \cdots + m_n}$$

$$d' = \frac{m_1 d'_1 + m_2 d'_2 + \cdots + m_n d'_n}{m_1 + m_2 + \cdots + m_n}$$

的点称为 $P_1, P_2, \cdots, P_n$ 的重心.

§ 409 可以立即证出重心到任意的其他直线的距离,由同样的公式给出.在几何定理中,通常考虑相等的重量,一组点的重心是这样的点,它到任一条直线的距离是各已知点到这条直线的距离的平均值.一条线段的重心是它的中点.三角形面

[248]

积重心就是几何上的重心. 在研究重心的问题时,任一组重量可以用一个等于它们的和的重量代替,并将它放在重心.

§410 定理 三角形的三个顶点的重心是几何上的重心.

证明可以很好地说明所用的方法. 设在三角形的顶点都放有单位重量,则其中两个可以用放在它们中点处,2 个单位的重量代替. 这个重量与第三个单位重量的重心显然在中线上,并将它三等分.

§411 定理 四个成垂心组的点的重心,是公共的九点圆的圆心.

显然有几种容易的证明. 这个定理引出下列定理:

定理 贝特拉米(Beltrami(1835 - 1899)) 三角形的内心与三个旁心的重心,是外心.

定理 四边形对边中点的连线,对角线中点的连线,有一个公共的中点,这点是四个顶点的重心.

定理 设一个三角形被一条中线分成两个三角形,则这两个三角形面积相等,原三角形的重心平分这两个三角形重心的连线.

§412 定理 三角形周长(如将一根铁丝弯成三角形形状)的重心,是斯俾克圆(§364)的圆心.

因为各边的重量可以用放在中点,与边长成比例的重量代替. 在三角形 $O_1O_2O_3$ 中,每个顶点有与对边的长成比例的重量,容易看出重心在这个三角形的内心.

§413 定理 设三角形的边被 P_1,P_2,P_3 分成同样的比,即

$$\frac{\overline{A_2P_1}}{\overline{P_1A_3}} = \frac{\overline{A_3P_2}}{\overline{P_2A_1}} = \frac{\overline{A_1P_3}}{\overline{P_3A_2}} = \frac{p}{q}$$

则三角形 $P_1P_2P_3$ 的重心是 M(参阅§358).

因为设在 P_1,P_2,P_3 放有相等的重量,将每一个分成两部分,与 p,q 成比例,并将这些部分重量放到相应边的两端,则这个点组的重心不变;但现在在 A_1,A_2,A_3 有相等的重量,所以重心是 M.

练习 修改上面的证明,使它适用于边被外分的情况.

类似地:

§414 定理 设在三角形的每条边上取两个点与中点等距离,即

$$\overline{A_2P_1} = \overline{Q_1A_3}, \overline{A_3P_2} = \overline{Q_2A_1}, \overline{A_1P_3} = \overline{Q_3A_2}$$

则:

(a)三角形 $P_1P_2P_3,Q_1Q_2Q_3$ 面积相等(§107).

(b)联结这两个三角形重心的线段被 M 平分.

§415 定理 设 X_1, X_2, X_3 在边 A_2A_3, A_3A_1, A_1A_2 上,使得 $\overline{A_2X_1} = \overline{A_3X_2} = \overline{A_1X_3}$,则三角形 $X_1X_2X_3$ 的重心的轨迹是一条过 M 的直线①.

因为容易根据上面所用的方法证明任两个这样的三角形,重心必与 M 共线. 由此可以得到各种可能的推广,但我们已经充分显示了这个方法的作用了. [250]

§416 向量的加法,即向量的合成,用所谓平行四边形法则,这一过程可引出一些有趣的几何定理. 设两个力或两个速度用从一点发出的线段表示它们的大小与方向,则它们的合成是以这两条线段为边的平行四边形的对角线所表示的量.

定理 三个或更多个作用于一点的力,有一个唯一确定的合力,不管它们合成时的次序如何.

定理 西尔维斯特(Sylvester) 设在点 O 有三个相等的,方向任意的力 OA_1, OA_2, OA_3,则它们的合力可用 OH 表示,H 是三角形 $A_1A_2A_3$ 的垂心.

因为用通常的符号,OA_2 与 OA_3 的合力是 $OO_1' = 2OO_1$. 但 OO_1' 等于并且平行于 A_1H(§256),所以 $OO_1'HA_1$ 是平行四边形,它的对角线 OH 是所求的合力. 更一般地:

定理 设 PA_1, PA_2, PA_3 为平面上任意三个作用于点 P 的力,M 为三角形 $A_1A_2A_3$ 的重心,则合力为 $3PM$.

证明留作练习. 这个定理及一些类似的定理可以在 Alison 的一篇文章②中找到.

圆内接四角形

§417 在 §265 已经建立:如果四个点 A_1, A_2, A_3, A_4 在一个圆上;H_1, H_2, H_3, H_4 是三角形 $A_2A_3A_4$,等的垂心,那么 $A_1A_2A_3A_4$ 与 $H_1H_2H_3H_4$ 全等,对应边互相平行,方向相反,所以 A_1H_1, A_2H_2,等,有一个公共的中点 P. 更进一步(§400,§327),四个三角形 $A_1A_2A_3$,等的九点圆,都通过 P. 点 A_1, A_2, A_3, A_4 中,每一个关于其他三点所成三角形的西摩松线也都通过 P. 又因为 A_1 是 [251] $H_2H_3H_4$ 的垂心,等,显然 $H_1H_2H_3H_4$ 的各个九点圆与西摩松线也都通过 P. 还有,A_1 是三角形 $A_2A_3H_4, A_2A_4H_3, H_2A_3A_4$ 的垂心;类似地,对 A_2, A_3, A_4 也是这样. 我们将这些综合如下:

---

① M. d'Ocagne, Mathesis, 1887, p. 265.
② Statical Proofs of Some Geometrical Theorems, Proceedings of Edinburgh Mathematical Society, Ⅳ, 1886, p. 58.

定理 设 A_1, A_2, A_3, A_4 为一个圆上的四点，H_1, H_2, H_3, H_4 为三角形 $A_2A_3A_4$ 等的垂心. 从这八个点中选出四个下标不同的，三个取自一组，第四个取自另一组，则它们组成一个垂心组. 有八个这样的垂心组. 另一方面，如果所取的点全在一组，或者每一组两个，下标不同，那么所取的四个点共圆. 有四对这样的圆. 因此八个点在八个相等的圆上，每一个圆上有四个点.

显然，所有这样的四点组有一个公共点 P. 于是，例如，这八点中，任一点关于任意三个与它共圆的点所成三角形的西摩松线，通过点 P.

§418 定理 韦勒（Weill） A_4 关于三角形 $A_1A_2A_3$ 的西摩松线，与 H_1 关于三角形 $H_4A_2A_3$ 的西摩松线，是同一条.

因为每一条都通过 P，也都通过 A_4H_1 与 A_2A_3 的交点.

系 这同一条直线扮演八个不同的角色，即它是以下各点的西摩松线：

A_4 关于 $A_1A_2A_3$；H_4 关于 $H_1H_2H_3$.
H_1 关于 $A_2A_3H_4$；A_1 关于 $H_2H_3A_4$.
H_2 关于 $A_3H_4A_1$；A_2 关于 $H_3A_4H_1$.
H_3 关于 $H_4A_1A_2$；A_3 关于 $A_4H_1H_2$.

因此八组共圆点的三十二条可能的西摩松线，每八条重合为一条，实际只有四条不同的西摩松线.

§419 定理 类似地，八个垂心组的九点圆都交于 P；因为这些圆相等，所以它们的圆心在一个以 P 为圆心的圆上. 这八个圆心构成的图形与 A_i, H_i 构成的图形相似，相似比为 $1:2$.

读者可以证明八个点 $(A), (H)$ 中的任一个，关于任意其他三点所成三角形的垂足圆通过 P. 这样的圆一共应有 280 个；但实际上有许多是重合的. 在确定有多少个已经被数过后，再考察其他的.

莫莱（Morley）定理

§420 定理 作一个三角形的角的三等分线，使得与每条边相邻的两条线相交，则交点是一个正三角形的三个顶点.

设与 A_2A_3 相邻的三等分线为 A_2P_1 与 A_3P_1，等. 要证明 $P_1P_2P_3$ 是等边三角形（图83）.

延长 A_2P_1 与 A_1P_2 相交于 L. 作三角形 A_1A_2L 的内切圆，圆心显然是 P_3. 设 Q, R 分别为它在 LA_2 与 LA_1 上的切点，又设 P_3R 交 A_1A_3 于 K，P_3Q 交 A_2A_3 于 N；设 K 到这个圆的切线与圆相切于 P，交 A_2L 于 F. 则

$$\overline{P_3R} = \overline{RK}, \overline{P_3P} = \frac{1}{2}\overline{P_3K}$$

$$\angle PP_3K = 60°, \angle P_3KP = 30°$$

又
$$\angle QP_3R = 180° - \angle QLR = 120° - \frac{2}{3}\alpha_3$$

所以
$$\angle FNQ = \angle FP_3Q = \frac{1}{2}\angle QP_3P =$$
$$\frac{1}{2}(\angle QP_3R - 60°) = 30° - \frac{1}{3}\alpha_3$$

又
$$\angle P_3NK = \angle P_3KN = \frac{1}{2}\angle QLR = 30° + \frac{1}{3}\alpha_3$$
$$\angle FNK = \frac{2}{3}\alpha_3, \angle FKN = \frac{1}{3}\alpha_3$$

所以 F,K,A_3,N 共圆. 从而 F 与 P_1 重合，K 到圆 P_3 的切线过 P_1.

同理，N 到这个圆的切线过 P_2. 因为图形 P_3NK 是对称的，NP_2 与 KP_1 在对称的位置上，所以容易看到弧 PP_1 等于弧 P_2R；但角 PP_3R 等于 $60°$，因此角 $P_1P_3P_2$ 等于 $60°$.

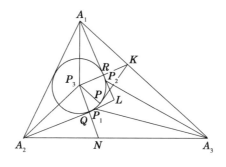

图 83

§421 这个定理曾被泰勒(Taylor)与马尔(Marr)推广[①]. 他们的主要结果如下：

定理 三角形的每一个角有六条三等分线；对每条内角三等分线，有两条外角三等分线与它成 $120°$ 角. 这些三等分线相交得二十七个点，落在九条直线上，每一条上有六个点. 这九条直线分为三组平行线，各组之间的夹角为 $60°$.

§422 同一类型的另一个定理由夫尔曼给出(上述引文, p. 50). [254]

定理 设四个点在一个圆上，则四个三角形的内心组成一个长方形，它的

---

① Proceedings of Edinburgh Math. Society, XXXII, 1914, pp. 119~150. 上面所给的聪明的证明，这些作者归之于 W. E. Philip.

边平行于对弧中点的连线;这些连线过这长方形的中心.

设 A,B,C,D 顺次在一个圆上, a,b,c,d 为三角形 BCD,CDA,DAB,ABC 的内心,弧 AB,BC,CD,DA 的中点为 M,N,P,Q.

以 Q 为圆心, $QA=QD$ 为半径的圆过 b 与 c (§292),并且 DcM,AbP 都是直线. 所以

$$\angle bAD = \angle bcD$$

但 $\qquad\qquad\qquad \angle bAD = \angle PAD = \angle PMD$

所以 $\qquad\qquad \angle bcD = \angle PMD, bc \parallel MP$

于是 bc 与 ad 平行于 MP,而 ab 与 cd 平行于 NQ. 但 MP 与 NQ 垂直,所以 $abcd$ 是长方形. 而且 NQ 垂直于圆 Q 的弦 bc,所以 NQ 平分弦 bc. 于是 MP 与 NQ 的交点是这个长方形的中心.

更一般地:

定理 以圆上四点为顶点的四个三角形,它们的十六个内心与旁心,是两组平行线的交点,这两组平行线互相垂直,每组有四条线.

§423 下列定理是斯坦纳叙述的,没有证明. 我们遵循这庄严的榜样. 部分的证明并没有困难,但完整的证明(孟辛曾经给出)长而且甚难①.

定理 在一个完全四边形中,角的平分线相交于十六个点,即四个三角形 [255] 的内心与旁心. 这些点是两组圆的交点,每组四个圆,它们是共轭共轴圆组的成员. 两个圆组的轴相交在这个四边形的四个三角形的外接圆的公共点.

杜洛斯 – 凡利(Droz – Farny)圆

§424 下面的第一个定理是斯坦纳给出的. 和通常一样,没有证明. 它的证明及随后的推广,属于杜洛斯-凡利(Mathesis,1901,p. 22).

定理 设以 H 为心的任一个圆,分别交直线 O_2O_3, O_3O_1, O_1O_2 于 $P_1, Q_1, P_2, Q_2, P_3, Q_3$ (图84),则

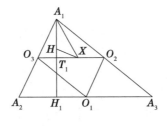

图 84

---

① Steiner, Collected Works, I, p. 223; Mention, Nouvelles Annales, 1862, p. 16; p. 65.

$$\overline{A_1P_1} = \overline{A_2P_2} = \overline{A_3P_3} = \overline{A_1Q_1} = \overline{A_2Q_2} = \overline{A_3Q_3}$$

设 X 为 O_2O_3 上任一点，T_1 为 A_1H_1 的中点，则有

$$\overline{A_1X}^2 = \overline{A_1H}^2 + \overline{HX}^2 + 2\,\overline{A_1H} \cdot \overline{HT_1} =$$

$$\overline{HX}^2 + \overline{A_1H}(\overline{A_1H} + 2\,\overline{HT_1}) =$$

$$\overline{HX}^2 + \overline{A_1H} \cdot \overline{HH_1}$$

但 $$\overline{A_1H} \cdot \overline{HH_1} = \overline{A_2H} \cdot \overline{HH_2} = \overline{A_3H} \cdot \overline{HH_3}.$$

所以在 O_2O_3, O_3O_1, O_1O_2 上的，与 H 等距离的点，也分别与 A_1, A_2, A_3 等距离. 反过来也成立.

§425 定理 反过来，设以一个三角形的各顶点为圆心，画相等的圆，与邻边中点的连线相交，则所得的六个交点在一个以垂心为圆心的圆上.

系 a. 设 r 为上述以 A_1, A_2, A_3 为圆心的圆的半径，R_0 为以 H 为圆心的圆的半径，则（参见 §255）

$$R_0^2 = 4R^2 + r^2 - \frac{1}{2}(a_1^2 + a_2^2 + a_3^2)$$

b. 设以顶点为圆心的圆等于外接圆，则

[256]

$$R_0^2 = 5R^2 - \frac{1}{2}(a_1^2 + a_2^2 + a_3^2)$$

§426 a. 定理 以高的垂足为圆心，作通过外心的圆，交垂足所在边，则这样得到的六个点在一个圆上，圆心为 H.

因为设 F 为 OH 的中点，也就是九点圆的圆心，设以 H_1 为圆心，H_1O 为半径的圆交 A_2A_3 于 P_1, P'_1，则

$$\overline{HP_1}^2 = \overline{HH_1}^2 + \overline{H_1O}^2 = 2\,\overline{H_1F}^2 + \frac{1}{2}\overline{OH}^2 \quad (§96)$$

因为 $\overline{H_1F} = \overline{H_2F} = \overline{H_3F}$，所以 $\overline{HP_1} = \overline{HP_2} = \overline{HP_3}$.

b. 定理 以各边中点为圆心，过 H 的圆，与这边相交，则这样得到的六个点在一个圆上，圆心为 O. 这个圆与 a 中的圆相等.

因为设 S_1 在 A_2A_3 上，使 $\overline{O_1S_1} = \overline{O_1H}$，则有

$$\overline{OS_1}^2 = \overline{OO_1}^2 + \overline{O_1S_1}^2 = \overline{OO_1}^2 + \overline{O_1H}^2 =$$

$$\overline{OO_1}^2 + \overline{O_1H}^2 + \overline{HH_1}^2 = \overline{H_1O}^2 + \overline{HH_1}^2 = \overline{HP_1}^2$$

c. 系 上述两个定理中的圆都等于 §425b 中的圆.

因为

$$\overline{OS_1}^2 = \overline{OO_1}^2 + \overline{O_1H}^2 =$$

$$\overline{OO_1}^2 + \frac{1}{4}(2\,\overline{A_2H}^2 + 2\,\overline{A_3H}^2 - \overline{A_2A_3}^2) \quad (§96a)$$

而 $\overline{A_2H}^2 = 4\overline{OO_2}^2 = 4(R^2 - \overline{A_1O}^2) = 4(R^2 - \frac{1}{4}a_2^2)$,等,所以代入得

$$\overline{OS_1}^2 = 5R^2 - \frac{1}{2}(a_1^2 + a_2^2 + a_3^2)$$

与前面的结果相同.

d. **定理** 以 H 为中心

$$\sqrt{5R^2 - \frac{1}{2}(a_1^2 + a_2^2 + a_3^2)}$$

为半径的圆通过十二个特殊的点,每条边上两个,每条中位线上两个.

§427 将前面的结果推广,得:

定理 设由一点向一个三角形的各边作垂线,以垂足为圆心作圆通过这点的等角共轭点. 这些圆与圆心所在的边相交,则所得的六点在一个圆上,圆心是所给的点. 并且以一对等角共轭点为圆心,这样画出的两个圆相等.

神奇的三角形

§428 **定理** 一条直线与三角形 $A_1A_2A_3$ 的边相交,过交点作所在边的垂线,则垂线所组成的三角形 $B_1B_2B_3$ 与原三角形相似. 这两个三角形也成透视;它们外接圆的一个交点是相似中心,另一个是透视中心. 这两个圆正交.

两个三角形显然相似,因为对应角相等,它们成透视,因为对应边的交点共线,即已知直线是透视轴. 设这条直线为 $X_1X_2X_3$,使 A_2A_3 与 B_2B_3 相交于 X_1,等. 设 A_2B_2 交 A_3B_3 于 P,则

$$\sphericalangle X_1A_2P = \sphericalangle X_1X_3B_2, \sphericalangle PA_3X_1 = \sphericalangle B_3X_2X_1$$
$$\sphericalangle A_2PA_3 = \sphericalangle X_3B_1X_2 = \sphericalangle A_2A_1A_3$$

P 在圆 $A_1A_2A_3$ 上. 同理 P 也在 B - 圆上.

又考虑 $X_1X_2X_3$ 关于每一个三角形的密克点. 圆 $A_1X_2X_3$ 显然与圆 $B_1X_2X_3$ 是同一个圆,所以两组密克圆,有三对重合,密克点是两个三角形共有的,在每一个三角形的外接圆上. 这一点显然是两个三角形的相似中心.

推广 这个定理及其证明立即可以推广到下面的情况:由一个三角形三条边上的共线点作与所在边成任一相等角的直线. 构成的第二个三角形,与第一个相似,并且外接圆的交角等于所作的角,对一条固定的直线 $X_1X_2X_3$,使所作的角变化,则相似中心始终不变,但透视中心沿着圆 $A_1A_2A_3$ 移动. 另一方面,设 $X_1X_2X_3$ 平行移动,并在每一位置作垂线,则图 $X_1X_2X_3B_1$ 的形状不变,B_1 的轨迹是一条过 A_1 的直线. 因此 P 是一个固定点,B_1, B_2, B_3 分别在 A_1P, A_2P, A_3P 上.

由此易知点 P 的西摩松线平行于 $X_1X_2X_3$.

由这些定理,斯坦纳最早注意到,可以得出一些十分精致的结果,例如,桑达(Sondat)的定理:这两个三角形的透视轴平分两个垂心的连线①.

§429 下列定理,属于 A·戈博(A. Gob)②,留作练习. 如定理所说,它假定三角形是锐角三角形. 对钝角三角形,需加一些必要的修改. 对直角三角形,这些定理没有意义. 这些定理中有一些已经提到过.

设过三角形 $A_1A_2A_3$ 的顶点作外接圆的切线. 组成三角形 $P_1P_2P_3$,它的内切圆是圆 $A_1A_2A_3$(图 85).

a. 三角形 $P_1P_2P_3$ 与 $H_1H_2H_3$ 位似;O 对应于 H.

b. 因此位似中心 X 在欧拉线上,并且

$$\frac{\overline{XH}}{\overline{XO}} = \frac{\overline{HH_1}}{\overline{OP_1}} = \frac{2R\cos\alpha_2\cos\alpha_3}{R\sec\alpha_1} = 2\cos\alpha_1\cos\alpha_2\cos\alpha_3.$$

[259]

c. 三角形 $P_1P_2P_3$ 的外心,记为 O',也在这欧拉线上(参见§315).

因为 O' 与 $H_1H_2H_3$ 的外心 F 相对应.

d. 三角形 $P_1P_2P_3$ 与 $H'_1H'_2H'_3$ 位似,位似中心 Y 在 OH 上.

e. 三角形 $P_1P_2P_3$ 的旁心是一个三角形 $Q_1Q_2Q_3$ 的顶点,这个三角形的边与原三角形 $A_1A_2A_3$ 的边平行;O 是它的垂心,位似中心是 X.

f. H 关于 $H_1H_2H_3$ 的垂足三角形与 $A_1A_2A_3$ 位似,位似中心仍为 X.

将这些结果反过去,又可以得到许多定理. 例如,我们可以用 $P_1P_2P_3$ 作为基本三角形,所说的结果产生内切圆的有趣的性质. 又,以 $H_1H_2H_3$ 为基本三角形特别有趣. 这时 H 是内心,$H_1H_2H_3$ 与外接圆在弧的中点处的切线组成的三角形位似. 经过仔细研究之后,这个图形的内涵将会更充分地显示出来.

§430 三角形的幂 下列奇巧的关系属于西班牙的几何学家 D·洛瑞革(Duran Loriga)③.

定义 定义三角形的全幂为边的平方和的一半

$$P = \frac{1}{2}(a_1^2 + a_2^2 + a_3^2)$$

[260]

三角形关于任意一个顶点的部分幂为

$$p_1 = \frac{1}{2}(a_2^2 + a_3^2 - a_1^2), \cdots$$

定理 a. $p_1 = a_2a_3\cos\alpha_1$.

---

① 作为参考,可进一步参见 Simon 的前述著作,p.172.
② 见 Mathesis,1889 年增刊.
③ 见 Mathesis,1895,p.85.

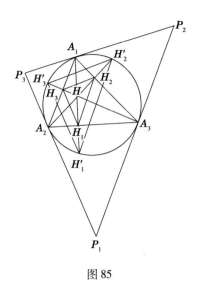

图 85

b. $P = p_1 + p_2 + p_3$.

c. $P^2 + p_1^2 + p_2^2 + p_3^2 = a_1^4 + a_2^4 + a_3^4$.

d. $\Delta = \dfrac{1}{2}\sqrt{p_2 p_3 + p_3 p_1 + p_1 p_2}$.

e. p_1 是 A_1 关于以 $A_2 A_3$ 为直径的圆的幂,也是 A_1 关于以 $A_2 H$ 或 $A_3 H$ 为直径的圆的幂;$p_1 = \overline{A_1 H_2} \cdot \overline{A_1 A_3}$.

f. $\dfrac{a_1 p_1}{\cos \alpha_1} = a_1 a_2 a_3 = 4\Delta R$.

g. $p_1 \tan \alpha_1 = p_2 \tan \alpha_2 = p_3 \tan \alpha_3$.

h. 设已知三角形的一条边,及上述各个幂中任一个的值,则第三个顶点的轨迹是一个圆或一条直线.

§431 下列的三角形性质,属于舒若特(Schroter),由夫尔曼给出详细证明. 多数证明非常困难,除非采用射影几何的方法,但希望读者画出完整的图,验证所有命题,尝试发现新的关系. 这个图形的资源似乎是取之不竭的.

在三角形 $A_1 A_2 A_3$ 中,设 $O_2 H_3$ 交 $O_3 H_2$ 于 X_1,等;设 $O_2 O_3$ 交 $H_2 H_3$ 于 Y_1,等;设 $A_2 A_3$ 交 $Y_2 Y_3$ 于 Z_1,等;则:

X_1, X_2, X_3 在欧拉线 OH 上(参见§392).

$A_1 Y_1, A_2 Y_2, A_3 Y_3$ 互相平行并且垂直于 OH.

A_1, X_1, Y_2, Y_3 共线,等.

$F Y_1$ 垂直于 $Y_2 Y_3$,等.

$O_1 Y_1, O_2 Y_2, O_3 Y_3$ 交于九点圆上一点 P.

H_1Y_1, H_2Y_2, H_3Y_3 交于九点圆上一点 P'.

点 Z_1, Z_2, Z_3 在直线 PP' 上.

设 H_1P 与 O_1P' 相交于 V_1,等,则 Y_1V_1, Y_2V_2, Y_3V_3 交于直线 PP' 上的一点①,又 V_1 在 A_1X_1 上,等.

X_1, V_2, V_3 共线;等.

练习 本章以下各节供给读者自己证明的机会:§409,§411,§414,§415,§416,§418,§419,§(421),§(423),§425,§427,§(428),§429,§430,§(431).括号中的各节的完整的证明,或许比其他的更加困难. [262]

---

① 译者注:"交于直线……的一点"应为"交于一点,这点是直线 PP' 关于外接圆的极点".

布洛卡图

第十六章

§ 432 本章及以下两章的内容都是相当近代的,差不多全是刚过去的五十年间的产物.这种几何图形的结构,在相当大的程度上与前面已经建立的没有关系,它是以一个三角形中的两个特殊的点为基础的.这两个点称为布洛卡点,早在1816年,首先为克莱尔(Crelle)注意到.差不多同时,雅可比(Jacobi)与其他杰出的数学家发现了它们的一些性质.然而,对于它们的兴趣未能持续下去,所得的结果也很快被遗忘了.

1875年,由于一位法国军官布洛卡(H. Brocard)重新发现这冠以他的名字的点,使三角形的研究得到一股推进的动力,吸引了当时相当广泛的注视与兴趣.据估计,至1895年,在欧洲有六百多篇关于这一几何领域的研究发表.其中突出的是布洛卡,纽堡(Neuberg),莱莫恩(Lemoine),麦开(McCay),塔克(Tucker).由于他们的贡献,这些人的名字永远与三角形的一些著名的圆或线联在一起①.

本章研究与布洛卡几何有关的各种点、线与圆.首先是布洛卡点本身的性质,它们是以外心与共轭重心连线为直径的圆上

---

① 或许最令人满意的论文是 Emmerich 的 Die Brocard'schen Gebide(柏林,1891).实际上这是那些轨迹为直线与圆的布洛卡几何的一个纲要;它还有一个简短但有价值的文献目录与重要的历史注记.

另一个详细讨论这一课题的教本是本书已经多次引用的夫尔曼的 Synthetische Bewise Planimetrischer Sätze(柏林,1890).其处理分为两个部分;除了与布洛卡点相关联的点、直线与圆,还研究一些不是初等的、最好用解析方法探讨的轨迹.

许多这样的论题的另一种解析处理,可以在开世的 Treatise on the Analytical Geometry of the Point, Line, Circle, and Conic Sections(Longmans, Green, 1885)中找到.

的一对等角共轭点.在这个圆——布洛卡圆上,还有两个值得注意的三角形的顶点,它们也冠以布洛卡的名字.对一组称为塔克圆的圆也给予一些注意,它们与布洛卡点密切联系,其中有一个是这两个点的共同的垂足圆.简略地提到泰利点与斯坦纳点,然后考虑各种其他的与已知三角形有简单关系,具有同样布洛卡角的三角形.

布洛卡点

§433 **定理** 在任意三角形 $A_1A_2A_3$ 中,有且仅有一点 Ω,满足
$$\angle \Omega A_1A_2 = \angle \Omega A_2A_3 = \angle \Omega A_3A_1 = \omega$$
有且仅有一点 Ω',满足
$$\angle \Omega'A_2A_1 = \angle \Omega'A_3A_2 = \angle \Omega'A_1A_3 = \omega'$$
这两个点称为这个三角形的布洛卡点(图86).

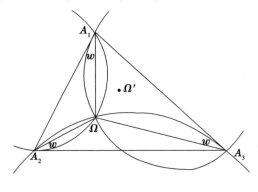

图 86

设有一个这样的点 Ω.考虑圆 $A_1A_2\Omega$.因为角 ΩA_2A_3 等于角 ΩA_1A_2,而它是弧 ΩA_2 的圆周角,所以 A_2A_3 是这个圆的切线.换句话说,点 Ω 是三个圆的公共点,每一个圆与三角形的一条边在一个顶点相切,并且通过这边所对的顶点.

记 c_1 为与 A_1A_2 在 A_1 相切,并通过 A_3 的圆,等.立即可得圆 c_1,c_2,c_3 共点;事实上,这是密克定理的极限情况.这个交点必定在三角形内部.于是点 Ω 被完全确定了.

类似地,Ω' 是三个圆 c'_1,c'_2,c'_3 的交点,其中 c'_1 切 A_1A_3 于 A_1 并通过 A_2.

系 $\angle A_2\Omega A_3 = 180° - \alpha_3$,$\angle A_2\Omega A_3 = \angle A_2A_3A_1$;
$\angle A_2\Omega'A_3 = 180° - \alpha_2$,$\angle A_3\Omega'A_2 = \angle A_3A_2A_1$.

问题 作出已知三角形的布洛卡点.

解法一 作圆 $c_1, c_2, c_3, c'_1, c'_2, c'_3$.

解法二 设 A_1P 平行于 A_2A_3（§277），A_3P 与外接圆相切（§344），则圆 A_1A_3P 是 c_1，它与 A_2P 的交点是 Ω（图 87）.

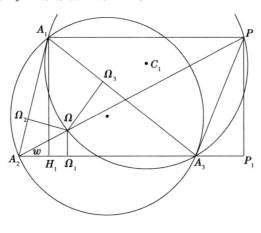

图 87

因为 $\measuredangle A_1A_3P = \measuredangle A_1A_2A_3$，$\measuredangle PA_1A_3 = \measuredangle A_2A_3A_1$，所以
$$\measuredangle A_3PA_1 = \measuredangle A_3A_1A_2 = \measuredangle A_3\Omega A_1.$$
由上面的系，Ω 在圆 A_1A_3P 上. 又由定义
$$\measuredangle \Omega A_2A_3 = \measuredangle \Omega A_3A_1 = \measuredangle \Omega PA_1$$
所以 A_2, Ω, P 共线.

类似的作法产生第二个点 Ω'. 由这些作图我们推出重要的基本公式. [265]

§434 定理 $\cot \omega = \cot \omega' = \cot \alpha_1 + \cot \alpha_2 + \cot \alpha_3$.

设 H_1 与 P_1 分别为从 A_1 与 P 向 A_2A_3 所作垂线的垂足. 因为 $\angle PA_2A_3 = \omega$, 所以

$$\cot \omega = \frac{\overline{A_2P_1}}{\overline{PP_1}} = \frac{\overline{A_2H_1}}{\overline{A_1H_1}} + \frac{\overline{H_1A_3}}{\overline{A_1H_1}} + \frac{\overline{A_3P_1}}{\overline{PP_1}} =$$
$$\cot A_1A_2H_1 + \cot A_1A_3H_1 + \cot PA_3P_1 =$$
$$\cot \alpha_2 + \cot \alpha_3 + \cot \alpha_1$$

定理 两布洛卡点是等角共轭点.

我们区别 Ω 与 Ω'，分别称它们为正、负布洛卡点；ω 称为布洛卡角；直线 $A_1\Omega, A_1\Omega'$, 等，分别称为布洛卡线.

§435 定理 $\cot \omega = \dfrac{a_1^2 + a_2^2 + a_3^2}{4\Delta}$. （§15g）

下列关系可以用三角方法建立. 上式与 §15g 的类似，启示我们三角形的 [266]

187

布洛卡角与三角形的内角有同等的重要性,这一点随着我们的进展将越来越清楚.

a. $\cot \omega = \dfrac{1 + \cos \alpha_1 \cos \alpha_2 \cos \alpha_3}{\sin \alpha_1 \sin \alpha_2 \sin \alpha_3} =$

$\dfrac{\sin^2 \alpha_1 + \sin^2 \alpha_2 + \sin^2 \alpha_3}{2 \sin \alpha_1 \sin \alpha_2 \sin \alpha_3} =$

$\dfrac{a_1 \sin \alpha_1 + a_2 \sin \alpha_2 + a_3 \sin \alpha_3}{a_1 \cos \alpha_1 + a_2 \cos \alpha_2 + a_3 \cos \alpha_3}$

b. $\csc^2 \omega = \csc^2 \alpha_1 + \csc^2 \alpha_2 + \csc^2 \alpha_3$

c. $\sin \omega = \dfrac{2\Delta}{\sqrt{a_2^2 a_3^2 + a_3^2 a_1^2 + a_1^2 a_2^2}}$

§436　设 $A_1\Omega, A_1\Omega'$ 与 A_2A_3 的交点分别为 W_1, W'_1,容易导出下列有用的结果(图88).

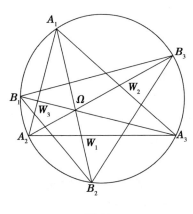

图 88

a. $\angle A_1 \Omega W_3 = \alpha_1$, $\angle W_3 \Omega A_2 = \alpha_3$, $\angle A_2 \Omega W_1 = \alpha_2$.

[267]　b. $\overline{A_2\Omega} = \dfrac{a_3}{\sin \alpha_2} \sin \omega$.

c. $\dfrac{\overline{A_2\Omega}}{\overline{A_3\Omega}} = \dfrac{a_3^2}{a_1 a_2} = \dfrac{\sin(\alpha_3 - \omega)}{\sin \omega}$. (§15b)

d. $\dfrac{\overline{W_3 A_1}}{\overline{W_3 A_2}} = \dfrac{a_2 \sin \omega}{a_1 \sin(\alpha_3 - \omega)} = \left(\dfrac{a_2}{a_3}\right)^2$. (§84)

§437　**问题**　求作三角形,已知一边,一个邻角,及布洛卡角.

设 α_3 与 ω 为已知角,A_2A_3 为已知边.作三角形 $A_2 A_3 \Omega$,以 $\omega, \alpha_3 - \omega$ 为底角.作角 $A_2 A_3 X$ 等于 α_3.所求的点 A_1 在 $A_3 X$ 上,也在过 Ω 并且与 $A_2 A_3$ 相切于

A_2 的圆上. 设这个圆交 A_3X 于 A_1 及 A'_1, 则有两个解 $A_1A_2A_3$ 与 $A'_1A_2A_3$, 可以立即证明它们是逆相似三角形(图89). 后面(§481)我们将看到有解存在所必须满足的条件.

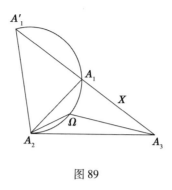

图 89

定理 如果两个三角形有一组角相等, 并且有相等的布洛卡角, 那么这两个三角形相似.

§438 现在我们建立布洛卡点与共轭重心之间的一些关系, 以及前者的垂足三角形的性质.

定理 共轭重心到三角形各边的距离是

$$\overline{KK_1} = \frac{a_1 \tan \omega}{2}, \cdots \quad (§342, §435)$$

§439 **定理** 一条布洛卡线, 一条中线, 一条共轭中线共点. 具体地说, $A_1\Omega, A_2K$ 与 A_3M 交于一点; 类似地, $A_1\Omega', A_2M$ 与 A_3K 交于一点. 这两个点是等角共轭点. (§344, §436d, §214)

定理 类似地, 一条布洛卡线, 一条外中线, 一条外共轭中线交于一点; 参见 §433 问题.

§440 **定理** 设 $W_1, W_2, W_3, W'_1, W'_2, W'_3$ 为布洛卡线与对边的交点, V_1, V_2, V_3 为共轭中线与对边的交点, 则 W_1V_2 平行于 A_1A_2, W'_1V_3 平行于 A_1A_3, 等.

§441 **定理** Ω 与 Ω' 的垂足三角形相似于已知三角形, 即

$$A_1A_2A_3 \backsim \Omega_3\Omega_2\Omega_1 \backsim \Omega'_2\Omega'_3\Omega'_1$$

相应的相似中心为 Ω 与 Ω'; 相似角分别为 $90° - \omega$ 与 $\omega - 90°$ 相似比都是 $\sin \omega$.

因为 $A_1, \Omega, \Omega_2, \Omega_3$ 在一个圆上, 由相等的角可以证明三角形 $\Omega_1\Omega_2\Omega_3$ 与三角形 $A_1A_2A_3$ 相似, 等. 所以 $A_1A_2A_3$ 与 $\Omega_1\Omega_2\Omega_3$ 由同样放置的相似三角形组成, Ω 是自对应点. 相似比与相似角由对应线 $A_1\Omega$ 与 $\Omega_3\Omega_2$ 给出(图90).

定理 Ω 与 Ω' 的垂足三角形全等, 即 $\Omega_3\Omega_1\Omega_2 \cong \Omega'_2\Omega'_3\Omega'_1$.

§442 **定理** 反过来, 设已知三角形 $A_1A_2A_3$ 的一个内接三角形 $P_1P_2P_3$

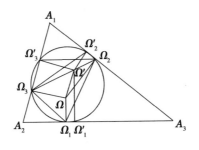

图 90

与它相似,即 $P_1P_2P_3 \backsim A_1A_2A_3$,则它的密克点是 Ω,并且 Ω 是相似中心. 对 Ω' 有类似的结果.

[269]

§443 **定理** $\Omega_2\Omega'_3$ 平行于 A_2A_3,$\Omega'_2\Omega_3$ 与 A_2A_3 逆平行.

这些可以利用公共的垂足圆中相等的圆周角证明.

§444 **定理** Ω 与 Ω' 的垂足圆的半径是 $R\sin\omega$,圆心 Q 是 $\Omega\Omega'$ 的中点.

§445 **定理** 三角形 $O\Omega\Omega'$ 是等角三角形
$$O\Omega = O\Omega',\ \angle\Omega O\Omega' = 2\omega$$

因为在相似三角形 $A_1A_2A_3$ 与 $\Omega_1\Omega_2\Omega_3$ 中,O 与 Q 是对应点,ΩOQ 是直角三角形,角 O 等于 ω. 对三角形 $\Omega'OQ$ 有类似结果.

§446 利用一个辅助三角形可以得到进一步的结果.

定理 设布洛卡线 $A_1\Omega,A_2\Omega,A_3\Omega$ 分别再交外接圆于 B_2,B_3,B_1,则三角形 $A_1A_2A_3$ 与 $B_1B_2B_3$ 全等. Ω 是 $B_1B_2B_3$ 的负布洛卡点. 又 $\Omega O\Omega'$ 是等腰三角形,$\angle\Omega'O\Omega$ 是正角 2ω.

因为(图 88)弧 A_1B_1,A_2B_2,A_3B_3 相等,而且方向相同,每一个都在 O 张正角 2ω. 又
$$\angle\Omega B_1B_3 = \angle A_3A_2\Omega = \omega$$

§447 a. 以 Ω 为公共顶点,以六边形 $A_1B_1A_2B_2A_3B_3$ 的边为底的每一个三角形都与已知三角形相似
$$A_1A_2A_3 \backsim \Omega B_1A_1 \backsim B_1A_2\Omega \backsim A_2\Omega B_2,\cdots$$

b. Ω 关于外接圆的幂是
$$\overline{A_1\Omega}\cdot\overline{B_2\Omega} = \overline{A_1B_1}\cdot\overline{A_2B_2} = \overline{A_1B_1}^2 = (2R\sin\omega)^2$$

c. 因此
$$\overline{O\Omega} = \overline{O\Omega'} = R\sqrt{1-4\sin^2\omega}$$
$$\Omega\Omega' = 2R\sin\omega\sqrt{1-4\sin^2\omega}$$

d. 三角形的布洛卡决不大于 $30°$. 如果它等于 $30°$,那么这个三角形是等边

三角形. [270]

塔克圆

§448 我们现在介绍一组值得注意的圆,即布洛卡点的密克三角形的外接圆(§187,§240,§442).它们有一些有趣的性质,有些值得特别注意.同时,它们带给我们更多布洛卡点的知识.

§449 余弦圆或第二莱莫恩圆由下面的定理定义.

定理 设过共轭重心 K 作各边的逆平行线,则它们的端点在一个圆上,圆心为 K(图 91).

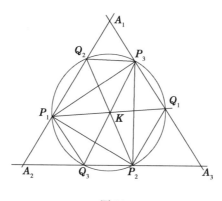

图 91

我们知道 K 平分任一条与边逆平行的线,所以设与 a_1 逆平行的直线交 a_3 于 P_1,交 a_2 于 Q_1,等,则有 $\overline{KP_1} = \overline{KQ_1}$. 又有三角形 KP_2Q_3 为等腰三角形,底角为 α_1,所以六点到 K 的距离都相等.

系 Q_2P_3 平行于 A_2A_3,Q_2P_3 与 P_2Q_3 相等. 弦 P_2Q_3,P_3Q_1,P_1Q_2 与角 $A_1A_2A_3$ 的余弦成比例,所以称为余弦圆. P_2P_3 垂直于 A_2A_3,所以三角形 $P_1P_2P_3$ [271] 与 $A_1A_2A_3$ 顺相似,对应边互相垂直. 因此 $P_1P_2P_3$ 的密克点是 Ω,它也是 $P_1P_2P_3$ 的正布洛卡点与相似中心(这可以通过在三角形 $P_1P_2P_3$ 中画圆 c_1,c_2,c_3 直接证明). $P_1P_2P_3$ 与 $A_1A_2A_3$ 的相似比是 $\tan \omega$. 在这两个相似形中,外心 O 与 K 对应. 因此 $KO\Omega$ 是直角三角形

$$\angle O\Omega K = 90°, \angle KO\Omega = \omega$$

余弦圆的半径是 $R\tan \omega$.

§450 定理 类似地,三角形 $Q_1Q_2Q_3$ 与 $A_1A_2A_3$ 相似,以 Ω' 为相似中心,对应边互相垂直. 三角形 $P_1P_2P_3$ 与 $Q_1Q_2Q_3$ 全等. 因为三角形 $OK\Omega$ 与 $OK\Omega'$ 是

全等的直角三角形,关于公共的斜边 OK 对称. 换句话说,两个布洛卡点关于 OK 对称,并且在以 OK 为直径的圆上,这个圆称为布洛卡圆(图92)

$$\overline{OK} = \frac{\overline{O\Omega}}{\cos \omega} = \frac{R\sqrt{1-4\sin^2\omega}}{\cos \omega}$$

$$\overline{\Omega K} = \overline{\Omega' K} = \overline{\Omega O}\tan \omega$$

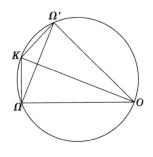

图92

系 设 W' 为 $P_1P_2P_3$ 的负布洛卡点,W 为 $Q_1Q_2Q_3$ 的正布洛卡点,Y,Z 分别为这两个三角形的共轭重心,则 YZ 平行于 $\Omega\Omega'$,K 为 YZ 的中点,$WW'\Omega'\Omega$ 是长方形,以 K 为中心.

§451 K 是这三角形的三个内接长方形,如 $P_2Q_3Q_2P_3$ 的中心. 如果长方形内接于三角形,一条边在三角形的边上,那么它的中心的轨迹是一条直线. 因此,联结三角形一边的中点与这边上的高的中点的直线,通过共轭重心 K.

由此得到 K 的另一种简单作法. 还有一种作法根据基本定理的逆定理. 即:

§452 定理 设一个圆的三条直径,端点都在一个三角形的边上,则这个圆是这个三角形的余弦圆,它的圆心是共轭重心 K.

因此,为了同时作一个三角形与它的共轭重心,我们在一个圆内任作三条直径 P_1Q_1, P_2Q_2, P_3Q_3,作 P_2Q_3, P_3Q_1, P_1Q_2 构成三角形 $A_1A_2A_3$. 已知圆就是这个三角形的余弦圆,圆心就是共轭重心.

§453 另一个重要的圆,莱莫恩圆,由下面的定理定义:

定理 过共轭重心作三角形边的平行线,与邻边相交,则所得的六个交点在一个圆上,圆心 Z 是 KO 的中点.

设平行于 a_1 的直线交 a_2 于 P_3,交 a_3 于 Q_2,等. 首先,因为 $A_1Q_1KP_1$ 是平行四边形,A_1K 平分 P_1Q_1,而被共轭中线平分的线与对边逆平行,所以 P_1Q_1 与 a_1 逆平行. 于是 P_1Q_1, P_2Q_2, P_3Q_3 都等于余弦圆的半径,现在设 F_1 为 P_1Q_1 的中点,Z 为 OK 的中点,则 F_1Z 平行于 A_1O 并且等于它的一半. 因此 F_1Z 垂直于 P_1Q_1(图93). 设 r 为余弦圆的半径,则

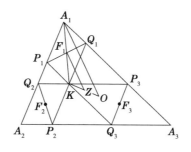

图 93

$$\overline{ZQ_1}^2 = \overline{F_1Z}^2 + \overline{F_1Q_1}^2 = \frac{1}{4}R^2 + \frac{1}{4}r^2$$

[273]

对六个点 $P_1, Q_1, P_2, Q_2, P_3, Q_3$ 到 Z 的距离都是这同一个值,所以它们在以 Z 为圆心的圆上,圆半径为

$$\frac{1}{2}\sqrt{R^2 + r^2} = \frac{R\sec\omega}{2}$$

§454 这莱莫圆将每条边分成三段,与三条边的平方成比例

$$\overline{A_2P_2} : \overline{P_2Q_3} : \overline{Q_3A_3} = a_3^2 : a_1^2 : a_2^2 \quad (§344)$$

莱莫恩圆在各边上截得的线段与边的立方成比例.

后一结果可由前面的比例合成而得. 由于这个结果,英国的几何学家称这个圆为三次方圆.

§455 三角形 $P_1P_2P_3$ 与 $Q_1Q_2Q_3$ 全等,而且与已知三角形 $A_1A_2A_3$ 相似,相似比为 $1 : (2\cos\omega)$;相似中心分别为 Ω, Ω';相似角为 ω. 逆平行线 P_1Q_1, P_2Q_2, P_3Q_3 相等,长为 $R\tan\omega$.

§456 这两个莱莫恩圆,是称为塔克圆的圆组中的特别有趣的代表圆. 现在我们从几个方面来讨论这些圆.

定理 设作三条相等的线 P_1Q_1, P_2Q_2, P_3Q_3 与三角形 $A_1A_2A_3$ 的边分别逆平行,并且其中任意两条,例如 P_2Q_2 与 P_3Q_3,不仅在 $A_2P_2Q_3A_3$ 的同侧,也在第三条线 P_1Q_1 的同侧,则 $P_2Q_3P_3Q_2$ 是等腰梯形,P_3Q_2, P_1Q_3, P_2Q_1 分别与 $A_1A_2A_3$ 的相应边平行. 这些反平行线的中点 C_1, C_2, C_3 在相应的共轭中线上,并将它们分成相等的比;设 T 将 KO 分成同样的比,则 TC_1, TC_2, TC_3 分别平行于半径 OA_1, OA_2, OA_3,并且 $TC_1 = TC_2 = TC_3$. 因为逆平行线垂直于共轭中线①,它们是一个以 T 为圆心的圆的相等的弦,这个圆通过六个已知点 P_1, Q_1, P_2, Q_2, P_3, Q_3. 它是一个塔克圆.

[274]

---

① 译者注:"共轭中线"应改为"顶点与外心的连线".

我们立即看出 P_2Q_2, P_3Q_3 与 A_2A_3 所成的角相等,都等于 α_1. 因此它们是等腰梯形的腰. 我们又知道共轭中线平分逆平行线,所以 C_1, C_2, C_3 在共轭中线上. 但 C_2C_3 平行于 P_3Q_2 与 A_2A_3,因此分 A_2K, A_3K 成比例. 设

$$\frac{\overline{KC_1}}{\overline{KA_1}} = \frac{\overline{KC_2}}{\overline{KA_2}} = \frac{\overline{KC_3}}{\overline{KA_3}} = \frac{\overline{KT}}{\overline{KO}} = c$$

因为三角形 C_1P_1T, C_1Q_1T,等,都全等

$$\overline{TC_1} = cR, \overline{P_1C_1} = \overline{C_1O_1} = (1-c)R\tan\omega \quad (\S 450)$$

所以这塔克圆的半径是 $R\sqrt{c^2 + (1-c)^2\tan^2\omega}$. 对 c 的任意值,正负均可,都有一个塔克圆.

§457 其他描述塔克圆的方法由下面的性质提供. 即:

定理 从三角形一条边上任意一点开始,作一个闭六边形,它的边交替地与三角形的边平行或逆平行,则逆平行的边都相等,并且六边形的顶点在一个塔克圆上. 或,作三角形各边的平行线,并且每条线到平行边的距离,与边长成比例(依通常意义),则它们的端点在一个塔克圆上.

定理 三角形 $P_1P_2P_3$ 与 $A_1A_2A_3$ 相似,Ω 是相似中心. 对应直线之间的相似角 θ 及相似比由

$$\tan\theta = \frac{1-c}{c}\tan\omega, \quad q = \frac{\overline{\Omega T}}{\overline{O\Omega}} = \frac{\sin\omega}{\sin(\omega+\theta)}$$

确定.

因为 $\angle P_2P_1P_3 = \angle P_2Q_1P_3 = \angle A_2A_1A_3$

[275] 所以两个三角形相似. 由 §33,相似中心是圆 $A_1P_1P_3, A_2P_2P_1, A_3P_3P_2$ 的交点,它是一个定点,即密克点. 但在余弦圆的情况,我们知道这个点是 Ω. 其他关系容易导出. 类似地:

三角形 $Q_1Q_2Q_3$ 相似于 $A_1A_2A_3$,Ω' 是相似中心;相似比同前,相似角是 $-\theta$. 三角形 $P_1P_2P_3$ 与 $Q_1Q_2Q_3$ 全等.

§458 定理 设三条直线 $\Omega A_1, \Omega A_2, \Omega A_3$ 作为一个刚体,绕 Ω 旋转,分别交边 A_1A_2, A_2A_3, A_3A_1 于 P_1, P_2, P_3;而 $\Omega'A_1, \Omega'A_2, \Omega'A_3$ 依相反方向绕 Ω' 旋转,转过同样的角 θ,分别交 A_1A_3, A_3A_2, A_2A_1 于 Q_1, Q_2, Q_3;则三角形 $P_1P_2P_3$ 与 $Q_1Q_2Q_3$ 全等,并与已知三角形 $A_1A_2A_3$ 相似,相似比见上面的定理;两个三角形的顶点 $P_1, P_2, P_3, Q_1, Q_2, Q_3$ 在一个圆上,圆心在 OK 上,这个圆具有塔克圆的性质. $P_1P_2P_3$ 的负布洛卡点的轨迹是 $\Omega'K, Q_1Q_2Q_3$ 的正布洛卡点的轨迹是 ΩK. 这两个三角形的共轭重心的轨迹是 OK 的过 K 的垂线.

我们知道 Ω 与 Ω' 的公共垂足圆是塔克圆,莱莫恩圆,$A_1A_2A_3$ 的外接圆也都是塔克圆.

显然这公共的垂足圆是最小的塔克圆. 其他的塔克圆成对相等.

§459 **准共轴圆组** 在相似形 $A_1A_2A_3O\Omega$ 与 $P_1P_2P_3T\Omega$ 中,对应线段 $O\Omega$ 与 $T\Omega$ 的比等于两圆半径的比. 设 r 为圆心为 T 的这个塔克圆的半径,则

$$r = \frac{R}{\overline{O\Omega}}\overline{T\Omega}$$

即 r 是 $\overline{T\Omega}$ 的常数倍. 如果 r 等于 $\overline{T\Omega}$,我们得到一组过 Ω 与 Ω' 的共轴圆. 因此: [276]

定理 一个三角形的塔克圆,可以由过公共点 Ω 与 Ω' 的共轴圆导出. 方法是将每个圆的半径乘以常数 $\frac{R}{\overline{O\Omega}}$. 如果一个共轴圆组的每个圆,半径都乘以一个常数,那么所得的圆组称为准共轴圆组. 它的性质塞尔得(Third)曾详细研究(§501). 塔克圆组是准共轴圆组的一个代表.

§460 泰勒(Taylor)圆是塔克圆组中另一个有趣的成员.

定理 设由每条高的垂足向两条邻边作垂线,则这六个垂足在一个圆上,这圆是一个塔克圆.

因为设 H_1P_1 与 H_1Q_1 分别垂直于 A_1A_2 与 A_1A_3,则 $A_1H_3HH_2$ 与 $A_1P_1H_1Q_1$ 相似,P_1Q_1 平行于 H_2H_3,又容易得出

$$\overline{P_1Q_1} = 2R\sin\alpha_1\sin\alpha_2\sin\alpha_3$$

所以这三条逆平行线相等.

定理 $\overline{P_1Q_1}$ 平分 $\overline{H_1H_2}$ 与 $\overline{H_1H_3}$,并且在 $A_1A_2A_3$ 为锐角三角形时

$$\overline{P_1Q_1} = \frac{1}{2}(\overline{H_2H_3} + \overline{H_3H_1} + \overline{H_1H_2}) \quad (\text{费尔巴哈})$$

泰勒圆的圆心是以 H_2H_3, H_3H_1, H_1H_2 的中点为顶点的三角形的内心或旁心;即 $H_1H_2H_3$ 的斯俾克圆的圆心;又联结这些中点与圆心的直线垂直于 $A_1A_2A_3$ 的边.

布洛卡三角形与布洛卡圆

§461 本节建立两个内接于布洛卡圆的著名三角形的存在性.

回忆一下 $A_2\Omega$ 与 $A_3\Omega'$ 与 A_2A_3 都成角 ω;设它们的交点为 B_1. 类似地定义 [277] B_2, B_3,则称三角形 $B_1B_2B_3$ 为第一布洛卡三角形.

定理 三角形 $B_1A_2A_3, B_2A_3A_1, B_3A_1A_2$ 是相似的等腰三角形,底角为 ω. 它们面积的和是 Δ. 又

$$\overline{B_1O_1} = \frac{1}{2}a_1\tan\omega = \overline{KK_1} \quad (§438)$$

因此 KB_1 平行于 A_2A_3. 三角形 $B_1B_2B_3$ 内接于以 OK 为直径的布洛卡圆. 三角形 $A_1A_2A_3$ 与 $B_1B_2B_3$ 逆相似(图 94).

我们看到 KB_1O 是直角,因此 B_1 在以 OK 为直径的圆上. 同理 B_2,B_3 也是如此. 又

$$\angle B_2B_1B_3 = \angle B_2KB_3 = \angle B_2K, B_3K = \angle A_3A_1A_2$$

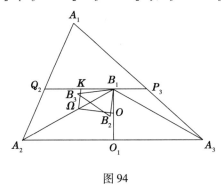

图 94

§462 第一布洛卡三角形与原三角形成透视,A_1B_1,A_2B_2,A_3B_3 相交于一点 D.

这可以用几种方法证明. 例如,作为 §357 的一种情况. 又,这两个三角形以 Ω,Ω' 为透视中心,已有两种成透视的方法,因此有第三种成透视的方法(§381). 最后,直线 KB_1 通过莱莫恩圆的点 P_3 与 Q_2,莱莫恩圆与布洛卡圆同心,所以 A_1K 与 A_1B_1 为等距线,点 D 是 K 的等距共轭点.

§463 两个布洛卡点分别由两组圆确定,每组有三个圆,记为 C_1,等 (§433). 设两个圆 c_1,c'_1 (它们分别过 A_3,A_2,并分别与 A_1A_2,A_1A_3 在 A_1 相切) 再相交于 C_1;则这样的三角形 $C_1C_2C_3$ 称为第二布洛卡三角形(图 95).

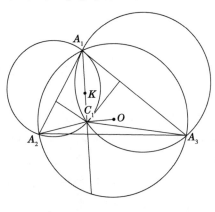

图 95

定理 $\angle A_1C_1A_2 = \angle A_1C_1A_3 = 180° - \alpha_1$, $\angle A_2C_1A_3 = 2\alpha_1$.

换言之 $\measuredangle A_2C_1A_1 = \measuredangle A_1C_1A_3 = \measuredangle A_2A_1A_3$, $\measuredangle A_2C_1A_3 = 2\measuredangle A_2A_1A_3$.

因此点 C_1 在圆 A_2A_3O 上,三角形 $A_1A_2C_1$ 与 $A_3A_1C_1$ 顺相似,相似比为 $\dfrac{a_3}{a_2}$. 由 C_1 到 A_1A_2 与 A_1A_3 的垂线,与这两条边成比例(是对应的高),C_1 在共轭中线 A_1K 上. OC_1 垂直于 A_1K(利用等式 $\measuredangle OC_1A_1 = \measuredangle OC_1A_2 + \measuredangle A_2C_1A_1$). C_1 是外接圆内从 A_1 过 K 的弦的中点. 第二布洛卡三角形的每个顶点在布洛卡圆上(因为 OC_1 垂直于 C_1K).

§464　**定理**　第一布洛卡三角形的重心是 M(§358).　　　[279]

§465　**定理**　两个布洛卡三角形成透视,透视中心为 M.

因为 M 是逆相似三角形 $A_1A_2A_3$ 与 $B_1B_2B_3$ 的公共重心
$$\measuredangle B_3B_1M = \measuredangle MA_1A_3 = \measuredangle A_2A_1K = \measuredangle B_3KC_1 = \measuredangle B_3B_1C_1$$
所以 B_1, C_1, M 共线.

§466　关于这个图的进一步的性质,可以说得充分详细①:

$B_1B_2B_3$ 的各边中点与 $A_1A_2A_3$ 的各边中点的连线,相交于一点 R,R 在 DM 上(§462),$\overline{MR} = \dfrac{1}{2}\overline{DM}$,并且 R 是 $\Omega\Omega'$ 的中点. M 是三角形 $\Omega\Omega'D$ 的重心. DH 平行于 OK,$\overline{DH} = 2\overline{OR}$. 设 Z 为这布洛卡圆的圆心,H' 为第一布洛卡三角形的垂心,则 H' 是 ZM 与 HD 的交点,HH' 与 KO 相等而且平行,OH 与 KH' 的公共中点是九点圆的圆心 F.

§467　**问题**　作一个三角形,以一个已知三角形为它的第一布洛卡三角形.

解法根据这样的事实:任一三角形与它的第一布洛卡三角形逆相似. 我们定出已知三角形的两个布洛卡点,及它的第一布洛卡三角形;然后由相似性,在已知三角形的外接圆上,定出所求的三角形的两个布洛卡点. 于是所求三角形的顶点可以立即得出.

§468　**定理**　在不等边三角形内,共轭重心在布洛卡圆的弧上,这弧在第一布洛卡三角形的两个顶点之间,这两个顶点处的角是三角形的最大角与最小角.

设 $\alpha_1 < \alpha_2 < \alpha_3$,$A_2A_3$ 为水平线,A_2 在左边,则整个共轭中线 A_1K 在 OO_1 的　[280]
右方(§344). 因此 B_1K 方向向右,从而 B_1K 与 A_2A_3 方向相同,B_2K 与 A_1A_3 方向相同,B_3K 与 A_1A_2 方向相同. 所以 $\angle B_1KB_2 = \alpha_3$,$\angle B_2KB_3 = \alpha_1$,$\angle B_1KB_3 = 180° - \alpha_2 = \alpha_1 + \alpha_3$,$K$ 与 B_2 相对.

---

① 参见 Fuhrmann 或 Emmerich. 并不指望由读者去证明这些结论.

斯坦纳点与泰利点

§469 定理 设由三角形的各个顶点作直线平行于第一布洛卡三角形的相应边,则它们相交于外接圆上一点(称为斯坦纳点①).

我们将同时证明更一般的定理:

设由一已知三角形的各个顶点作直线,平行于一个与它逆相似的三角形的对应边,则它们相交在外接圆上.

因为设 $A_1A_2A_3$ 与 $B_1B_2B_3$ 逆相似,A_1S 与 A_2S 分别平行于 B_2B_3 与 B_3B_1,则
$$\angle A_1SA_2 = \angle B_2B_3B_1 = \angle A_1A_3A_2$$
从而 S 在 $A_1A_2A_3$ 的外接圆上,A_3S 平行于 B_1B_2(图 96).

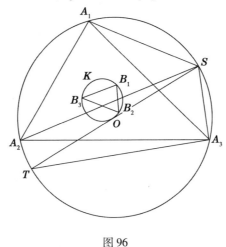

图 96

§470 定理 共轭重心 K 是第一布洛卡三角形的斯坦纳点.

§471 定理 由三角形的各个顶点作直线,垂直于第一布洛卡三角形的对应边,这些直线交于一点 T,称为泰利(Tarry)点,这点在外接圆上并且是斯坦纳点的对径点. 外心是 $B_1B_2B_3$ 的泰利点.

§472 定理 S 与 T 的西摩松线,分别平行,垂直于 OK(§326).

其他性质 泰利点在三角形 $B_1B_2B_3$ 的欧拉线 ZMH' 上(§466). 直径 ST 通过点 D;D 的等角共轭点 D' 在 OK 上,与 R 成调和点列,所以布洛卡圆在 Ω 与 Ω' 的切线相交于 D'. T,H,D' 共线.

---

① Steiner(Collected Works,2,p.689)从不同的方面讨论这个点.

一些有关的三角形

§473 现在简略地讨论某些与已知三角形相联系的,具有相同布洛卡角的三角形.

定理 可以作一个三角形,它的边平行并且等于已知三角形的中线.

设 O_3P 等于并且平行于 A_2O_2,方向相同(图97),则 PA_3O_3 就是这样的三角形. 它称为 $A_1A_2A_3$ 的中线三角形,边长由 §96a 给出

[282]

$$m_1 = \frac{1}{2}\sqrt{2a_2^2 + 2a_3^2 - a_1^2}, \cdots$$

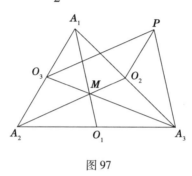

图 97

系 中线三角形的中线三角形,与原三角形相似,相似比为 $\frac{3}{4}$. 中线三角形 PA_3O_3 的面积是 $\frac{3}{4}\Delta$.

§474 定理 中线三角形与原三角形有相同的布洛卡角.

因为设 ω 为中线三角形的布洛卡角,则

$$\cot \omega = \frac{m_1^2 + m_2^2 + m_3^2}{4\Delta'} = \frac{\frac{1}{4}(3a_1^2 + 3a_2^2 + 3a_3^2)}{4 \times \frac{3}{4}\Delta}$$

练习 证明与中线三角形依如下意义相似: $A_1A_2A_3 \backsim M_1M_2M_3$ 的三角形 $A_1A_2A_3$ 一定是等边三角形.

§475 在 §351 我们已经证明:如果三角形的共轭中线延长交外接圆于 P_1, P_2, P_3,那么 K 是三角形 $P_1P_2P_3$ 的共轭重心. 因此 $P_1P_2P_3$ 与 $A_1A_2A_3$,两个协共轭中线三角形,有同一个布洛卡圆,并且显然有同一个第二布洛卡三角形. 又由 §450,我们知道在 R 与 $\overline{OK}$ 为已知时,布洛卡角亦为已知,由此可得

$P_1P_2P_3$ 与 $A_1A_2A_3$ 有相同的布洛卡角. 因此它们的布洛卡点重合.

定理 协共轭中线的两个三角形,每一个与另一个的中线三角形相似.

因为我们知道(§199) $P_1P_2P_3$ 与 K 的垂足三角形 $K_1K_2K_3$ 相似;而 K 是 $K_1K_2K_3$ 的重心(§350),所以 $P_1P_2P_3$ 的中线与 KK_1,KK_2,KK_3 成比例,而这三条线段又与 a_1,a_2,a_3 成比例(§342).

系 协共轭中线的两个三角形,有相同的外接圆,并且以共同的共轭重心为透视中心;它们有共同的布洛卡点、布洛卡角及第二布洛卡三角形.

§476 定理 设已知三角形每边上有一点,将三边分成同样的比,则这三点所成三角形与已知三角形有相同的布洛卡角.

设边被 B_1,B_2,B_3 分成比 $-\dfrac{m}{n}$,这里我们取 $m+n=1$,则 $A_2B_1=ma_1$, $B_1A_3=na_1$,等. 要证 $B_1B_2B_3$ 的布洛卡角为 ω (图98). 证明长但直接可得. 用余弦定律表出 B_2B_3 等的长,由公式

$$\cot \omega' = \frac{\overline{B_2B_3}^2 + \overline{B_3B_1}^2 + \overline{B_1B_2}^2}{4 \times B_1B_2B_3 \text{ 的面积}}$$

得出 $B_1B_2B_3$ 的布洛卡角,经过一些化简变为

$$\frac{(a_1^2+a_2^2+a_3^2)(1-3mn)}{4\Delta(1-3mn)}$$

即 $\cot \omega$(§435).

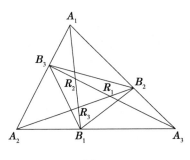

图98

练习 在图98中,设 A_2B_2 交 A_3B_3 于 R_1,等;则三角形 $R_1R_2R_3$ 的布洛卡角为 ω,又以 A_1B_1,A_2B_2,A_3B_3 为边的三角形,布洛卡角也是 ω.

方法是用 m,n 表示各条线段及面积与原三角形相应量的比,最终证明 A_1, A_2,A_3 将三角形 $R_1R_2R_3$ 的边分成相等的比.

§477 回忆一下两组 c 圆,每组三个圆,与三角形一边在一个顶点处相切,并且通过布洛卡点. 设圆 c_2 与 c'_3,它们分别与 A_2A_3 在 A_2,A_3 相切并通过 A_1,再相交于 D_1,等. 则顶点 A_1,A_2,A_3,两个布洛卡点,第二布洛卡三角形及这

个 D - 三角形的顶点是这些 c 圆的全部交点. 我们将三角形 $D_1D_2D_3$ 的性质总结如下,它们都不难证明.

定理 $\angle A_2D_1A_3 = \angle A_3A_1A_2$, D_1 在过 A_2,A_3,H 的圆上. D_1 在中线 A_1O_1 上, 并且是 H 到这条中线的垂线的垂足①. 以 HM 为直径的圆过 D_1,D_2,D_3;三角形 $D_1D_2D_3$ 与中线三角形逆相似. D_1 是共轭中线 A_1K 与外接圆的交点关于 A_2A_3 的对称点. $D_1D_2D_3$ 与第二布洛卡三角形的对应顶点是等角共轭点. D_1,D_2,D_3 的垂足三角形是等腰三角形,D_1 的垂足三角形底角为 α_1 或 α_1 的补角.

§478 c - 圆的圆心是两个有趣的三角形的顶点. 设 U_1,U_2,U_3 是 c_1,c_2,c_3 的圆心,V_1,V_2,V_3 是 c'_1,c'_2,c'_3 的圆心. 于是 U_1 是 A_1A_3 的垂直平分线与 A_1A_2 在 A_1 的垂线的交点;等.

定理 三角形 $U_1U_2U_3$ 与 $A_1A_2A_3$ 相似,Ω 为相似中心. $U_1U_2U_3$ 的负布洛卡点是 O. $V_1V_2V_3$ 与 $A_1A_2A_3$ 相似,它的布洛卡点是 O 与 Ω'. $U_1U_2U_3$ 与 $V_1V_2V_3$ 全等,它们的相似中心是布洛卡圆的圆心. 过 U_1,U_2,U_3 的圆与过 V_1,V_2,V_3 的圆,圆心与 O 的距离相等,在一条与 $\Omega\Omega'$ 平行的直线上. 两个三角形以布洛卡圆的圆心为共同的共轭重心. 三角形 $U_3U_1U_2$ 与 $V_2V_3V_1$ 以 O 为透视中心,因此对应直线的交点共线,这些交点在 OK 上(因为 U_1U_2 是 $A_1\Omega$ 的垂直平分线,V_1V_3 是 $A_1\Omega'$ 的垂直平分线,所以它们的交点到 Ω,Ω' 的距离相等). 两个三角形的边与莱莫恩圆的交点,就是莱莫恩圆与原三角形的交点. [285]

练习 本章与下两章的读者,应当认识到在已证的定理与证明留作练习的定理之间,并无尖锐的差别. 下列各节有可能在原著中找到证明,其中打括号的比较困难:§(435),§436,§437 ~ §444,§447,§449,§450,§454,§455, §457,§458,§460,§462 ~ §464,§(466),§467,§470,§471,§(472), §475 ~ §478. [286]

---

① 注意这种类似:C_1 是 O 到共轭中线的垂线的垂足(§463).

等布洛卡角的三角形

第十七章

§479 本章讨论具有相同布洛卡角的三角形的组. 首先,在已知底上的有一已知布洛卡角的三角形引出纽堡(Neuberg)圆. 其次,由在空间的简单射影,得到平面上所有具有相同布洛卡角的三角形. 由对阿波罗尼圆的讨论,引出对一点的垂足三角形的布洛卡角的研究,从而得出如下问题的解:求垂足三角形的布洛卡角为已知角的点的轨迹.

纽堡圆

§480 **定理** 在已知底 A_2A_3 上,具有一已知布洛卡角的三角形的顶点 A_1 的轨迹,是两个圆,A_2A_3 的一侧各一个,圆心 N_1 对底 A_2A_3 所对的角为 2ω,圆半径是

$$v = \frac{a_1}{2}\sqrt{\cot^2\omega - 3}$$

因为设 $A_1A_2A_3$ 的布洛卡角为 ω,角 A_1O_1O 为 x,A_1O_1 为 m_1,则

$$h_1 = m_1\cos x, 2\Delta = a_1m_1\cos x$$

因为 $\qquad a_1^2 + a_2^2 + a_3^2 = 4\Delta\cot\omega$ (§435)

又 $\qquad a_2^2 + a_3^2 = \frac{1}{2}a_1^2 + 2m_1^2$ (§96)

所以 $$\frac{3}{2}a_1^2 + 2m_1^2 = 2a_1 m_1 \cos x \cot \omega$$

[287] 引入 $u = \overline{O_1 N_1} = \frac{a_1}{2}\cot \omega, v$ 如上所给,将等式改写成余弦定理(§15c)的形式

$$m_1^2 - 2m_1\left(\frac{a_1}{2}\cot \omega\right)\cos x + \frac{a_1^2}{4}\cot^2\omega = \frac{a_1^2}{4}(\cot^2\omega - 3)$$

即 $$m_1^2 + u^2 - 2m_1 u\cos x = v^2$$

这表明 $\overline{A_1 N_1}$ 等于 v,在 a_1 与 ω 已知时,它是常数(图99).

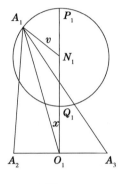

图 99

由这个定理确定三个圆,每一个通过已知三角形的一个顶点,这三个圆 n_1, n_2, n_3 称为三角形的纽堡圆. 每一个是在对边上,具有已知布洛卡角的三角形的顶点的轨迹,它们的一些性质可以立即看出.

定理 A_2 与 A_3 关于圆 n_1 的幂是 $\overline{A_2 A_3}^2$ (等于 $\overline{A_2 N_1}^2 - v^2$). 三角形 $N_1 N_2 N_3$ 的重心是 M(§358);$A_1 N_1, A_2 N_2, A_3 N_3$ 共点(§357). (实际上这个交点是泰利点,所以各纽堡圆在相应的顶点处的切线,相交于斯坦纳点)

§481 定理 设布洛卡角 ω 的值为已知,则三角形的任一角的最大值 δ 与最小值 δ' 由

$$\cot \frac{\delta}{2} = \cot \omega - \sqrt{\cot^2 \omega - 3}, \cot \frac{\delta'}{2} = \cot \omega + \sqrt{\cot^2 \omega - 3}$$

给出.

因为设 $O_1 O N_1$ 交纽堡圆于 Q_1, P_1,则 $A_2 Q_1 A_3 = \delta, A_2 P_1 A_3 = \delta'$. 由三角方法我们得到

$$\cot \delta = \frac{1}{3}(\cot \omega - 2\sqrt{\cot^2 \omega - 3})$$

$$\cot \delta' = \frac{1}{3}(\cot \omega + 2\sqrt{\cot^2 \omega - 3})$$

$$\sin \delta \sin \delta' = 3\sin^2 \omega$$
$$\cos \delta \cos \delta' = 5\sin^2 \omega - 1$$

例如,设 $\cot \omega = 1.75, \omega = 29°44'42''$,则三角形的角约在 $53°7'$ 与 $67°23'$ 之[288]间,这时 $\overline{OK} = \frac{1}{7}R, \overline{\Omega\Omega'} = \frac{8}{65}R$.

§482 定理 设已知三角形的一个角为 α,则布洛卡角的最大值由
$$\cot \omega = \frac{3}{2}\tan\frac{\alpha}{2} + \frac{1}{2}\cot\frac{\alpha}{2}$$
给出.

§483 定理 以已知线段为边可以作六个三角形,与一个已知的不等边的三角形顺相似或逆相似,它们的顶点在它们共同的纽堡圆上.

设三角形 $A_1A_2A_3, A_2A_3A_1, A_3C_1A_2$ 顺相似, $D_1A_3A_2, A_3A_2E_1, A_2F_1A_3$ 与它们逆相似. 因为这六个三角形有相同的布洛卡角, $A_1, B_1, C_1, D_1, E_1, F_1$ 在这纽堡圆上. 又 A_1E_1, B_1F_1, C_1D_1 过 $A_2, A_1F_1, B_1D_1, C_1E_1$ 过 A_3,即六边形 $A_1E_1C_1D_1B_1F_1$ 的边交错地通过两个定点 A_2, A_3. 三角形 $A_1C_1B_1$ 与 $D_1F_1E_1$ 相似于 $A_1A_2A_3$. 设 A_2A_1 与 A_3D_1 相交于 X, A_2B_1 与 A_3E_1 相交于 Y, A_2C_1 与 A_3F_1 相交于 Z,则三角形 $A_2A_3X, A_2A_3Y, A_2A_3Z$ 都是等腰三角形,底角分别为 $\alpha_2, \alpha_1, \alpha_3$(图100).

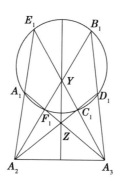

图 100

在这些三角形为等腰三角形时,产生一个例外情况:

设 $A_2A_3P_1$ 及 $A_2A_3Q_1$ 为等腰三角形,则 P_1 与 Q_1 在 O_1N_1 上. 设 A_2P_1 交这圆于 R_1,则 A_3R_1 是圆的切线, $A_2A_3R_1$ 是等腰三角形, $A_2A_3 = A_3R_1$.

§484 定理 纽堡圆 n_1 与以 A_2, A_3 为圆心, A_2A_3 为半径的圆正交. 因此在已知底上的,以不同的 ω 值所得的纽堡圆,是一个共轴圆组,它的极限点 L, L' 都与 A_2A_3 成等边三角形. [289]

§485 定理 设三角形的顶点 A_1 画出纽堡圆 n_1,则它的重心画出一个

圆,半径为圆 n_1 的三分之一. 这个圆称为麦开圆;三角形的三个麦开圆相交于重心 M.

这些圆的性质将在下一章讨论.

练习 O_1O 与自 O 到纽堡圆 n_1 的切线之间的夹角 ϕ,由
$$\cos\phi = \sqrt{3}\tan\omega$$
定出.

由外心到各纽堡圆圆心的距离与各边的立方成比例:$\overline{N_1O} = \dfrac{a_1^3}{4\Delta}$. 因此

$$\cot\omega = \dfrac{\overline{N_1O}}{a_1} + \dfrac{\overline{N_2O}}{a_2} + \dfrac{\overline{N_3O}}{a_3}$$

$$\overline{N_1O} \cdot \overline{N_2O} \cdot \overline{N_3O} = R^3$$

正射影

§486 在前几节,我们已经知道一种将具有相同布洛卡角的三角形分组的方法. 另一种方法是根据从一个平面到另一个平面的平行射影. 我们发现如果一个平面上的所有的等边三角形,被与第二个平面垂直的直线射影到第二个平面上,那么所得的三角形有相同的布洛卡角.

为表达的方便,我们将说一个平面是水平平面,另一个是斜平面,与它所成的角为 ϕ(图 101). 所谓射影,将理解为投射线垂直于水平平面的正射影. 显然每一个平面上的直线,在另一个平面上的射影是直线,圆的射影是一个卵形曲线(椭圆).

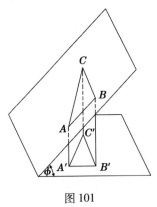

图 101

设斜平面上一条长为 a 的线段平行于两个平面的交线 l,则它在水平平面

的射影平行于 l 并且等于 a. 如果这条线段垂直于 l,那么它的射影也垂直于 l, 长度是 $a\cos\phi$. 对一条斜线的射影,不难写出它的方向与长度的公式.

如果斜平面上一个三角形面积为 D,那么它的射影,面积是 $D\cos\phi$. 利用拼合与极限,对多边形或曲线围成的面积,我们得到同样的公式.

如果在一个平面上的两个图形相似,它们在另一个平面上的射影一般说来并不相似,除非这两个图形位似. 但对应线段仍是成比例的.

§487 **定理** 设斜平面上两个同向的等边三角形被射影到水平平面上,则所得到的两个三角形有相同的布洛卡角.

因为设 $A_1A_2A_3$ 与 $B_1B_2B_3$ 为等边三角形,M 与 N 是它们的中心,过 M 并且分别平行于 NB_1,NB_2,NB_3 的直线,分别交 A_2A_3,A_3A_1,A_1A_2 于 C_1,C_2,C_3,则三角形 $B_1B_2B_3$ 与 $C_1C_2C_3$ 位似. 显然 C_1,C_2,C_3 将 A_2A_3,A_3A_1,A_1A_2 分成相等的比. 设所有这些点在水平平面上的射影为原来的字母加上撇号,则 $B'_1B'_2B'_3$ 与 $C'_1C'_2C'_3$ 位似. C'_1,C'_2,C'_3 将 $A'_2A'_3,A'_3A'_1,A'_1A'_2$ 分成相等的比. 因此[**291**] (§476) $C'_1C'_2C'_3$ 与 $A'_1A'_2A'_3$ 有相同的布洛卡角,从而 $A'_1A'_2A'_3$ 与 $B'_1B'_2B'_3$ 有相同的布洛卡角 ω(图 102).

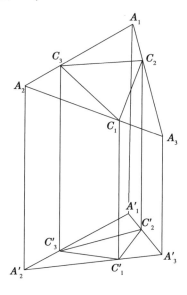

图 102

系 这布洛卡角 ω 仅与两个平面的夹角 ϕ 有关,即

$$\cot\omega = \frac{\sqrt{3}}{2}\left(\cos\phi + \frac{1}{\cos\phi}\right)$$

因为特别地,考虑一边平行于 l 的正三角形,它的射影是等腰三角形,底边

为 a, 高为 $\dfrac{a}{2}\sqrt{3}\cos\phi$. 所以它的腰由

$$b^2 = \dfrac{a^2}{4} + \dfrac{3a^2}{4}\cos^2\phi$$

给出,因此

$$\cot\omega = \dfrac{a^2+b^2+b^2}{4\Delta'} = \dfrac{\dfrac{3}{2}a^2(1+\cos^2\phi)}{\sqrt{3}a^2\cos\phi} = \dfrac{\sqrt{3}}{2}\cdot\dfrac{1+\cos^2\phi}{\cos\phi}$$

系 在 ω 为已知时,我们可求得唯一的在 $0,1$ 之间的 $\cos\phi$ 的值,即

$$\cos\phi = \dfrac{1}{\sqrt{3}}(\cot\omega - \sqrt{\cot^2\omega - 3})$$

因此,适当选择 ϕ,就可以将等边三角形射影成一个三角形,它的布洛卡角为任意一个小于 $30°$ 的已知角. 对任一 ω,仅有一个相应的 ϕ,并且 ϕ 可以用圆规直尺作出.

§488 定理 水平平面上的任一三角形,可以(用这个平面的垂线)射影到一个平面上,得到等边三角形;换句话说,任一直三棱柱可以被一个平面相截,使得截面成为等边三角形.

因为设已知三角形的布洛卡角为 ω,面积为 Δ;所求等边三角形的边长为 d,则有

$$d^2 = \dfrac{4\Delta}{3}(\cot\omega - \sqrt{\cot^2\omega - 3})\text{①}$$

取已知三角形的最大角的顶点 A_1 为球心,d 为半径,作球交棱柱的另外两条棱于水平平面同侧的 P_2,P_3 两点,则可以由直接计算得出 $A_1P_2P_3$ 是等边三角形.

于是我们的结果可以叙述如下:在一个与水平平面成定角的斜平面上的所有等边三角形,射影到水平平面上,成为有一常数布洛卡角的三角形;反过来,所有有这一布洛卡角的三角形都可以这样得到. 如果在这斜平面上,一个等边三角形绕任一点旋转,那么射影所成的三角形,都具有这特定的布洛卡角,而且取尽所有可能的形状.

§489 定理 设一个三角形的顶点在另一个的边上,并将边分成相等的比(§476),则这两个三角形可以同时射影成等边三角形. 反过来,设两个三角形方向相同,有相同的布洛卡角,则有与其中任一个顺相似的三角形,可以内接于另一个,并将它的边分成相等的比.

---

①译者注:似应为 $d^2 = \dfrac{4\Delta}{\cot\omega - \sqrt{\cot^2\omega - 3}}$.

因为我们可以将这些已知三角形射影成两个斜平面上的等边三角形. 一般说来,这两个斜平面不互相平行,但与水平平面成相同角 φ;于是我们可将其中一个绕一根垂直的轴旋转,直到它们互相平行. 此时原来的三角形在水平平面移动,与自身全等. 然后在一个等边三角形内内接另一个三角形,这个内接三角形与第二个等边三角形位似,并将第一个的边分成相等的比. 从而对于水平平面的那两个不相似的三角形,同样的情况成立. [293]

系 将一个已知三角形的边分成相等的比,以这三个分点为顶点的三角形,组成具有相同布洛卡角的所有不同形状的三角形.

阿波罗尼圆与等力点[①]

§490 我们已经知道(§59),到一个三角形的顶点 A_2, A_3 的距离与 A_1A_2, A_1A_3 成比例的点的轨迹,是一个过 A_1 的圆,它的直径是 A_2A_3 上的一条线段,端点 X_1, Y_1 在角 A_1 的内、外角平分线上. 每一个三角形,有三个这样的圆,称为阿波罗尼圆,记它们为 k_1, k_2, k_3;它们的圆心,在三角形的边上,记为 L_1, L_2, L_3.

定理 圆心 L_1 是外接圆在 A_1 的切线与边 A_2A_3 的交点;阿波罗尼圆与外接圆正交.

因为 $\angle L_1A_1X_1 = \angle A_1X_1A_2 = \alpha_3 + \dfrac{\alpha_1}{2}, \angle L_1A_1A_2 = \alpha_3$.

圆心 L_1 是共轭中线 A_1K 关于外接圆的极点.

因为设在 A_2, A_3 的切线相交于 T_1,则 A_1T_1 是共轭中线. A_1 与 T_1 的极线分 [294] 别为 A_1L_1 与 A_2A_3;所以 A_1T_1 的极点是 L_1(图103).

圆心 L_1, L_2, L_3 共线,都在 K 关于外接圆的极线上. 这条直线垂直于布洛卡轴 OK,是外接圆与布洛卡圆的根轴. 它称为莱莫恩线,也是 K 关于 $A_1A_2A_3$ 的三线性极线(Trilinear polar).

三个阿波罗尼圆共轴;它们的根轴是布洛卡线 OK,它们交根轴于两点,这两点关于外接圆互为反演点.

§491 定理 阿波罗尼圆 k_1,是垂足三角形为等腰($\overline{P_1P_2} = \overline{P_1P_3}$)的点的轨迹.

因为 $\overline{P_1P_2} = \overline{PA_3} \sin \alpha_3$ (§190)

所以 $\overline{P_1P_2}$ 与 $\overline{P_1P_3}$ 相等当且仅当

[①] 本节应用极点与极线的理论(§134 及以后各节).

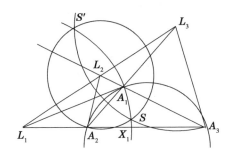

图 103

$$\frac{\overline{PA_2}}{\overline{PA_3}} = \frac{\sin \alpha_3}{\sin \alpha_2} = \frac{\overline{A_1A_2}}{\overline{A_1A_3}}$$

定理 更一般地，设两个点 P, Q 关于圆 k_1 互为反演点，则它们的垂足三角形逆相似，即 $\triangle P_1P_2P_3 \backsim \triangle Q_1Q_3Q_2$；反过来也成立.

因为 A_2, A_3 关于 k_1 互为反演点，所以 P, Q, A_2, A_3 共圆，$\measuredangle A_2PA_3 = \measuredangle A_2QA_3$. 因此

$$\measuredangle P_2P_1P_3 = \measuredangle Q_2Q_1Q_3 \quad (\S 186)$$

又由 §75，$\measuredangle A_1PA_2 + \measuredangle A_1QA_3 = \measuredangle A_1L_1A_3$，所以再由 §186，$\measuredangle P_1P_3P_2 = \measuredangle Q_3Q_2Q_1$. 同理

$$\measuredangle P_1P_2P_3 = \measuredangle Q_2Q_3Q_1$$

反过来，设 P 与 Q 的垂足三角形相似，方式如上，设 R 是 P 关于圆 k_1 的反演点，则 Q 与 R 有相似的垂足三角形，因而重合.

[295] §492 **定义** 三角形的等力点，是阿波罗尼圆的公共点 S, S'. 它们关于外接圆互为反演点，在布洛卡线 OK 上，并且到莱莫恩线 $L_1L_2L_3$ 的距离相等.

定理 任一等力点到三个顶点的距离，与边长成反比.

定理 任一等力点的垂足三角形是等边三角形.

对 S，$\measuredangle S_1S_2S_3 = 60°$；对 S'，$\measuredangle S'_1S'_2S'_3 = 120°$.

这个定理可由 §491 或 §190 而得. 因此

$$\measuredangle A_2SA_3 = \measuredangle A_2A_1A_3 + 60°, \measuredangle A_2S'A_3 = \measuredangle A_2A_1A_3 + 120°$$

设一个等力点与顶点的连线交外接圆于 X_1, X_2, X_3，则 $X_1X_2X_3$ 是等边三角形.

定理 以任一等力点为反演中心，可以将原三角形反演成等边三角形（§200）.

§493 **定理** 两个等力点是两个等角中心的等角共轭点（§354 以下）.

因为设 T 是 S 的等角共轭点，则

$$\angle A_2 S A_3 + \angle A_2 T A_3 = \angle A_2 A_1 A_3, \angle A_2 T A_3 = 120°, \cdots$$

定理 D - 三角形(§477)的三个顶点在相应的阿波罗尼圆上.

§494 定理 第二布洛卡三角形的顶点 C_1,是 O 关于圆 k_1 的反演点.

因为我们知道(§463)C_1 是外接圆截共轭中线所得弦的中点,而这条直线是 O 关于 k_1 的极线.

系 因此 C_1, C_2, C_3 的垂足三角形 $X_1 X_2 X_3, Y_1 Y_2 Y_3, Z_1 Z_2 Z_3$ 与原三角形逆相似,即

$$A_1 A_2 A_3 \backsim X_1 X_3 X_2 \backsim Y_3 Y_2 Y_1 \backsim Z_2 Z_1 Z_3.$$

在布洛卡圆上有六个点,即 $O, \Omega, \Omega', C_1, C_2, C_3$,它们的垂足三角形与原三角形相似. 前三个,与原三角形顺相似;后三个,与原三角形逆相似. 这两组点(每组三个)关于阿波罗尼圆互为反演. 因此三角形 $O\Omega\Omega'$ 与 $C_1 C_2 C_3$ 有三种方式成透视; $OC_1, \Omega C_2, \Omega' C_3$ 都过 L_1,等. 于是这两个三角形有三条透视轴,它们相交于 OK 上的一点 P

$$\overline{OP} = \frac{\overline{OK}}{1 + 3\tan^2 \omega}$$

阿波罗尼圆与布洛卡圆正交.

外接圆,布洛卡圆,莱莫恩线,等力点属于一个共轴圆组,与阿波罗尼圆正交.

我们称这些圆为舒特(Schoute)共轴圆组.

§495 前面所说的六个点中,每一个点关于外接圆的反演点也具有这样的性质:它的垂足三角形与原三角形相似,但方向与前面说的垂足三角形方向相反. 因此有十一个点,它的垂足三角形与原三角形相似,其中六个在布洛卡圆上,五个在莱莫恩线上.

§496 上述结果的推广是相当明显的.

因为任意两个关于外接圆或关于阿波罗尼圆互为反演的点,有相似的垂足三角形. 任取一点关于这些圆连续反演,产生以下结果:

定理 一般地,有十二个点,它们关于一个已知三角形的垂足三角形,有相同的给定的形状. 它们在舒特圆组的两个圆上,每个圆上六个点. 这两个圆关于外接圆互为反形. 在每个圆上的六个点构成两个三角形,它们有三种方式成透视,且关于每一个阿波罗尼圆互为反形.

舒特圆

§497 下面我们来求垂足三角形有一定的布洛卡角的点的轨迹. 由刚刚

得到的定理所示,这个轨迹是舒特共轴圆组中的一个圆.

定理 设 O 是等边三角形 $C_1C_2C_3$ 的中心,则任一点 P 的垂足三角形的布洛卡角仅依赖于 $\overline{OP}$ 的值

$$\cot \omega = \sqrt{3} \cdot \frac{R^2 + \overline{OP}^2}{R^2 - \overline{OP}^2}$$

因为 $\overline{P_2P_3} = \overline{C_1P}\sin 60°$,所以

$$\overline{P_2P_3}^2 + \overline{P_3P_1}^2 + \overline{P_1P_2}^2 = \frac{3}{4}(\overline{C_1P}^2 + \overline{C_2P}^2 + \overline{C_3P}^2) =$$

$$\frac{3}{4}(\overline{OC_1}^2 + \overline{OC_2}^2 + \overline{OC_3}^2 + 3\overline{PO}^2) =$$

$$\frac{9}{4}(R^2 + \overline{OP}^2) \quad (\S 275)$$

又由 §198

$$P_1P_2P_3 \text{ 的面积} = \frac{1}{2}(R^2 - \overline{OP}^2)\sin^3 60° = \frac{3\sqrt{3}}{16}(R^2 - \overline{OP}^2)$$

于是由 §435 得出结论.

系 关于一个等边三角形的垂足三角形,具有给定方向与给定布洛卡角的点的轨迹,是以这三角形中心为圆心的圆.

§498 定理 在任一三角形中,垂足三角形具有给定方向与给定布洛卡角的点的轨迹,是舒特圆组中的一个圆,即与外接圆和布洛卡圆共轴的一个圆.

首先,以一个等力点 S' 为中心,施行一个反演,保持第二个等力点 S 在原处,则已知三角形变为一个等边三角形,以 S 为中心(§492);阿波罗尼圆变为过 S 的直线,舒特圆变为圆心为 S 的圆. 但由 §204,如果一个三角形与一个点受到反演的作用,那么这个点关于这个三角形的垂足三角形,与反形中对应的垂足三角形逆相似. 现在由 §497,在这反形中,每个舒特圆是垂足三角形具有一定的布洛卡角的点的轨迹,并且由于这一性质经过反演保持不变,所以在原来的图形中,这一性质仍然成立①.

推 广

§499 对布洛卡几何的推广,有很多的尝试,取得各种成果. 相似图形的

---

① 这个定理,及其解析证明,归于 P. H. Schoute, Proceedings, Amsterdam Academy, 1887~1888, pp. 39~62. 也可参见 Gallatly, chap. Ⅷ.

理论显然是这种推广之一,将在下一章讨论,但其中并无与布洛卡点明显类似的东西. 我们很简略地概述一下一两种其他形式的推广.

定理 设 P,Q 为任意两点, $P_1P_2P_3$ 与 $Q_1Q_2Q_3$ 是它们关于三角形 $A_1A_2A_3$ 的密克三角形, P_1P 交 Q_1Q 于 B_1, P_2P 交 Q_2Q 于 B_2, P_3P 交 Q_3Q 于 B_3,则 B_1, B_2,B_3,P,Q 在一个圆上,这圆称为推广的布洛卡圆. 从这些 B-点向对应的底线作垂线,这些垂线相交于这个圆上的一点 O. 过这些 B-点作底线的平行线,这些线相交于这个圆上的一点 K. 三角形 $B_1B_2B_3$ 与 $A_1A_2A_3$ 逆相似. 由 A_1,A_2, A_3 分别作 $B_1B_2B_3$ 的边的垂线或平行线,它们相交在 $A_1A_2A_3$ 的外接圆上①.

其他定理也可以见到,不少特殊情况颇为有趣.

§500 另一种设计,属于莱莫恩,根据 §440 的推广.

定理 设 K 为平面上任意一点, A_1K 交 A_2A_3 于 K', 等. 过 K',分别平行于 A_1A_3 与 A_1A_2 的直线,交 A_1A_2, A_1A_3 于 L_3,M_2,则 A_1L_1, A_2L_2, A_3L_3 交于一点 W, A_1M_1, A_2M_2, A_3M_3 交于另一点 W'. 这些点有许多性质与布洛卡点的性质类似.

§501 塞尔得研究了塔克圆的一种推广②. 本质上,他的圆是任一对等角共轭点 P, P' 的密克三角形的外接圆(§459). 它们与塔克圆的类似扩展到很多方面.

§502 哈格(Hagge)的一组值得注意的定理③,描绘了三角形中一个一般的圆.

定理 设 P 为任意一点, P' 是它的等角共轭点, A_1P 交外接圆于 B_1, 等; B_1 关于 A_2A_3 的对称点是 C_1, 等; C_1P 交高 A_1H 于 D_1, 等. 则七个点 H,C_1,C_2,C_3, D_1,D_2,D_3 在一个圆上,并且 H 的对径点 T 在 $A_1A_2A_3$ 中的位置对应于 P' 在 $O_1O_2O_3$ 中的位置.

又设 O_1P,O_2P,O_3P 交九点圆于 X_1,X_2,X_3; 而 Y_1,Y_2,Y_3 分别为 X_1,X_2,X_3 关于 O_2O_3,O_3O_1,O_1O_2 的对称点;最后,设 OO_1 与 PY_1 相交于 Z_1, 等. 则七个点 $O,Y_1,Y_2,Y_3,Z_1,Z_2,Z_3$ 共圆.

我们可以注意到当 P 为内心时,第一个定理中的圆即夫尔曼圆(§367). 当 P 为重心时,第二个定理中的圆即布洛卡圆,见下面的练习. 另一个例子见 §477,其他例子不难找到.

练习 证明:第二布洛卡三角形的顶点 C_1 在圆 $A_1O_2O_3$ 上. 设 A_1M 交九点圆于 X_1,则三角形 $O_2O_3C_1$ 与 $O_2O_3X_1$ 全等(对称).

§503 推广布洛卡几何到四角形的尝试,仅有有条件的成果. 为了获得有价值的结果,我们限于所谓的调和四角形,它的特征是内接于一个圆,并且对边

---

① J. A. Third, Proceedings of Edinburgh Math. Society, XXXI, 1912, pp. 17~34.
② 出处同前, XVII, 1898, pp. 70~99.
③ 见 Zeitschrift für Math. Unterricht, 1907~1908, p. 257.

的乘积相等. 我们已经看到(§133)调和四角形的顶点是一个正方形的顶点的反演点. 又知道(§200)设 $A'B'C'D'$ 为正方形, P 为任意一点, 则 PA', PB', PC', PD' 交圆 $A'B'C'D'$ 于一个调和四角形的顶点.

§504 定理 在一个调和四边形 $ABCD$ 中, 存在一个点 P 与一个点 Q, 使得

$$\angle PAB = \angle PBC = \angle PCD = \angle PDA$$
$$\angle QBA = \angle QCB = \angle QDC = \angle QAD$$

像 AP, BQ 这样的直线相交得到的四个交点在一个圆上, 这圆通过 $ABCD$ 的外接圆圆心 O. 设 OK 为这个圆的直径, 则 K 是对角线的交点, 对应于共轭重心. 过 K 而且与边平行的直线交其他的边, 得到八个点, 这八个点在一个圆上, 圆心是 OK 的中点. 其他塔克圆的类似结论也可仿照写出. K 是到这四角形各边距离的平方和为最小的点①.

练习 请读者证明以下各节中未证明的命题: §480, §481, §482, §484, §485, §489, §490, §492 ~ §496, §499 ~ §504.

---

① 参见 Tucker, Educational Times, Reprint, 44, p. 125; Neuberg, Mathesis, 1885, p. 202; Gob, Cong. de Marseille, 1891; Eckhardt, Archiv der Math. und Physik, 13, p. 12; Zeitschrift für Math and Phys. Unterricht, 36, 1905, p. 409.

三个相似形

第十八章

§505 以一个三角形的三边为底,作三个相似形,在这些图形与布洛卡图形之间有着密切的关系.我们将仔细研究这一问题,发现共线的对应点的位置,或共点的对应线的交点;确定相似中心.然后考虑更一般的问题,即在一平面上的任意位置的三个顺相似图形的关系.我们找出相似中心及其他著名的点,从而得到一系列定理,布洛卡定理是其中的一个特例.这特殊情况与一般情况分开来用不同方法处理似更好;两者的类似之处将随时指出.

§506 以三角形 $A_1A_2A_3$ 的边 A_2A_3, A_3A_1, A_1A_2 为对应边作三个相似形.一个熟悉的例子就是欧几里得对毕达哥拉斯定理的证明,在这证明中,以一个直角三角形的边为边向外作正方形.处于相似位置的,我们熟悉的其他对应点还有三边的中点,及第一布洛卡三角形的顶点(§461).

定理 三个相似形中,每两个的相似中心为第二布洛卡三角形的顶点 C_1, C_2, C_3. 关于 C_1 的相似比为 $\dfrac{a_3}{a_2}$, 相似角为 $180° - \alpha_1$.

因为在§463,我们知道三角形 $C_1A_1A_2$, $C_1A_3A_1$ 相似,所以[302]对于边 A_1A_2 与 A_3A_1 上的相似形, C_1 是自对应点.在§32 的定理证明中,所用的圆即这里的 c - 圆 c_1, c'_1;因此由那里的基本定理得到一个直接的证明(图104).

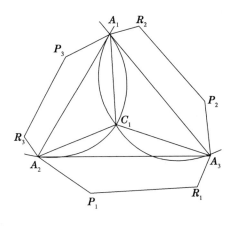

图 104

§507 定理 任意三个对应点所成三角形的重心为 M(§358). 如果三个对应点 P_1,P_2,P_3 共线,那么这直线过点 M,并且
$$\overline{MP_1}+\overline{MP_2}+\overline{MP_3}=0$$

§508 接下去,我们考虑三条对应直线共点的可能性. 例如,熟知的有三角形三边的垂直平分线,任一布洛卡点与三个顶点的连线.

定理 设三条对应直线共点,则交点必在布洛卡圆上,并且它们分别通过第一布洛卡三角形的三个顶点.

首先考虑三条对应直线与三角形三边平行的情况. 这时平行线之间距离与 a_1,a_2,a_3 成比例. 如果三条对应直线交于一点,交点必为共轭重心 K(§342),并且三条直线就是 KB_1,KB_2,KB_3 (图 105).

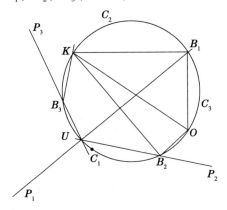

图 105

其次,设三条对应直线分别交三边于 P_1,P_2,P_3. 这些直线与边所成的角应

当相等. 如果这些直线交于同一点 U, 那么 A_1, P_2, P_3, U 在同一圆上, 并且这圆通过相似中心 C_1 (§33). 因此

$$\angle P_3UC_1 = \angle P_3A_1C_1$$

同理
$$\angle C_2UP_3 = \angle C_2A_2P_3$$

相加并注意 C_1, C_2, C_3 分别在相应的共轭中线上, 得

$$\angle C_2UC_1 = \angle C_2A_2, C_1A_1 = \angle KC_2, KC_1 = \angle C_2KC_1$$

于是 C_1, C_2, K, U 共圆. 但前三点在布洛卡圆上, 因此 U 也在这个圆上. 定理的第一部分证毕.

设 UP_1 交这圆于另一点 Q_1, 则

$$\angle UQ_1K = \angle UC_2K = \angle UC_2A_2 = \angle UP_3A_2 = \angle UP_1A_3$$

因此 Q_1K 平行于 A_2A_3, 从而 Q_1 与 B_1 重合.

§509 定理 反过来, 联结布洛卡圆上任意一点与第一布洛卡三角形的顶点的直线, 是对应直线.

因为设 B_1U, B_2U, B_3U 过布洛卡圆上一点 U, 交边于 P_1, P_2, P_3, 容易看出它们与边所成的角相等, 因此三角形 $B_1O_1P_1, B_2O_2P_2, B_3O_3P_3$ 相似. [304]

系 分别过点 B_1, B_2, B_3 的三条对应直线相交于布洛卡圆上一点.

§510 定理 布洛卡圆上任一点的垂足三角形, 有布洛卡角 ω (参见 §498).

因为在上面的讨论中, $P_1P_2P_3$ 是 U 的密克三角形, 所以由 §476 即得结果.

下面考虑三条一般的对应直线.

§511 定理 在一个由三条对应直线组成的三角形中, 它的共轭中线通过第二布洛卡三角形的顶点, 并且同交于布洛卡圆上的一个点. 这三角形与原三角形的相似中心也在布洛卡圆上.

因为过 A_2A_3, A_3A_1, A_1A_2 上的对应点 P_1, P_2, P_3 分别作对应直线 l_1, l_2, l_3, 它们相交于 L_1, L_2, L_3 (一般说来, 这些点不是对应点), 则显然 A_1, P_2, P_3, L_1, C_1 共圆

$$\angle P_3A_1C_1 = \angle P_3L_1C_1$$

即
$$\angle A_2A_1K = \angle L_2L_1C_1$$

但三角形 $A_1A_2A_3$ 与 $L_1L_2L_3$ 相似; 设 U 为后者的共轭重心, 则

$$\angle A_2A_1K = \angle L_2L_1U$$

因此 L_1, C_1, U 共线, C_1 在共轭中线 L_1U 上. 因为 $L_1L_2L_3$ 相似于 $A_1A_2A_3$, 所以

$$\angle L_1UL_2 = \angle A_1KA_2, \angle C_1UC_2 = \angle C_1KC_2$$

U 在圆 C_1C_2K 上. 最后, 相似中心在一个圆上, 这个圆过对应点 U, K 及对应直线 A_1KC_1, L_1UC_1 的交点 C_1, 它就是布洛卡圆. [305]

系 边为对应直线的任意两个三角形,它们的相似中心在布洛卡圆上.

§512 下面研究共线的三个对应点,我们已经知道这样的三个点必与重心共线.

定理 三个共线的对应点,各在一个过 M 及第二布洛卡三角形两个顶点的圆上(麦开圆. 参见§485).

点 C_1 是相似中心.因此设 P_1,P_2,P_3 为对应点,则三角形 $C_1P_2P_3$ 与固定三角形 $C_1B_2B_3$ 相似.所以设 $P_1P_2P_3$ 过 M(图106,§507).则
$$\angle C_1P_2M = \angle C_1P_2P_3 = \angle C_1B_2B_3 = \angle C_1C_3B_3 = \angle C_1C_3M \quad (§465)$$
因此 P_2,C_1,C_3,M 共圆.

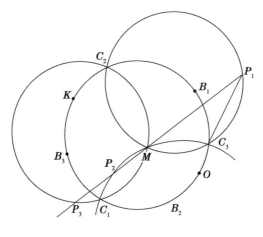

图 106

§513 定理 反过来,每一条过 M 的直线与三个麦开圆相交于对应的点.

设一点在一个麦开圆上运动,则它的对应点画出其他的麦开圆,并且它们与 M 共线,且成立
$$\overline{MP_1} + \overline{MP_2} + \overline{MP_3} = 0$$

[306] 与一个麦开圆在点 M 相切的切线,被其他麦开圆截得相等的弦.设 MC_1 交麦开圆 MC_2C_3 于 C'_1,则 $\overline{MC'_1} = 2\overline{C_1M}$;$C'_1$ 作为在 A_2A_3 上的图形的点,对应于另两个图形的自对应点 C_1.三角形 $C'_1C'_2C'_3$ 与 $C_1C_2C_3$ 位似.

§514 定理 设 $A_1A_2A_3$ 的顶点与三个对应点 P_1,P_2,P_3 的连线共点,则或者 P_1,P_2,P_3 在边的垂直平分线上(§357),或者它们在相应的纽堡圆上(§480),并且这些连线互相平行.

不幸的是,这个优秀的定理,证明长而复杂①,缺少启迪作用.我们将它略去.

逆定理引出麦开圆的下列性质:

§515 定理 设过顶点作平行的线段,则它们交相应的纽堡圆于对应点.

定理 过点 M,平行于 A_1P_1,A_2P_2,A_3P_3 的直线,分别通过对应三角形 $A_2A_3P_1,A_3A_1P_2,A_1A_2P_3$ 的重心.即这些重心的轨迹为相应的麦开圆.

因为过 M 并且平行于 A_1P_1 的直线,将三角形 $A_2A_3P_1$ 的中线 P_1O_1 三等分.

系 边 A_2A_3 的中点,是它所对的纽堡圆与麦开圆的外位似中心,相似比为 $3:1$.麦开圆 MC_2C_3 的圆心 Y_1 在 OO_1 上

$$\overline{O_1Y_1} = \frac{a_1}{6}\cot\omega$$

半径为

$$r = \frac{a_1}{6}\sqrt{\cot^2\omega - 3}$$

这麦开圆的半径是 $\overline{Y_1O_1}$ 与 $\overline{Y_1B_1}$ 的比例中项.又 D – 三角形(§477)的顶点在相应的麦开圆上.

§516 现在我们转向更一般的,平面上三个顺相似图形的相互关系.在第二章,我们已经知道,两个相似图形确定一个唯一的相似中心,即自对应点.在本章的前一部分,我们讨论了以一个三角形的边为对应基线的三个相似形.其中很多定理,作一些修改就可以用到一般情况②.

首先回忆一下确定两个图形的自对应点的方法.设选取两条对应线段 $MN,M'N'$ 为对应基线,它们相交于 X,则圆 $MM'X$ 与 $NN'X$ 的第二个交点 C 是相似中心.而且,设任两条直线 $MP,M'P$,相交于圆 $MM'C$ 上的点 P,则这两条直线是对应直线.设 CH 与 CH' 是 C 到它们的垂线,则图形 $CHPH'$ 的形状一定.

现在考虑三个图形的情况,可以认为它们是由一组对应线段,即基线 M_1N_1,M_2N_2,M_3N_3 决定的.为避免极限情况的麻烦,假定它们都不互相平行,六个端点也都不重合,三个相似中心也不共线.还要求直线 M_1N_1,M_2N_2,M_3N_3 不共点,从而组成一个三角形 $L_1L_2L_3$.将图形 Ⅱ,Ⅲ 的相似中心记为 C_1,有时为了强调它是这两个图形的自对应点,也记为 C_{23}.类似地,其他相似中心是 C_2 与 C_3,即 C_{31} 与 C_{12}.圆 $C_1C_2C_3$ 称为相似圆.在三角形 $L_1L_2L_3$ 中,$M_1M_2M_3$ 的密克点记为 $M,N_1N_2N_3$ 的密克点记为 N.于是,例如,L_1,M_2,M_3,C_1,M 在一个圆上,L_1,N_2,N_3,C_1,N 在另一个圆上(图107).

---

① 见 Emmerich 的书,§167.
② 参见 Simon 的书,171~172 页.

§517 **定理** 相似圆通过点 M, N. 直线 L_1C_1, L_2C_2, L_3C_3 相交于相似圆上一点.

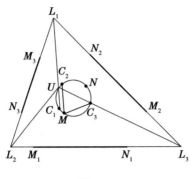

图 107

因为设 L_2C_2 交 L_3C_3 于 U, 则

$$\sphericalangle C_2MC_3 = \sphericalangle C_2M, L_2C_2 + \sphericalangle L_2C_2, L_3C_3 + \sphericalangle L_3C_3, MC_3 =$$
$$\sphericalangle MC_2L_2 + \sphericalangle L_3C_3M + \sphericalangle C_2UC_3 =$$
$$\sphericalangle MM_1L_2 + \sphericalangle L_3M_1M + \sphericalangle C_2UC_3 = \sphericalangle C_2UC_3$$

类似地 $\sphericalangle C_2NC_3 = \sphericalangle C_2UC_3$

因此过 C_2, C_3 与 M 的圆也过 U 与 N, 从而也过 C_1.

§518 **定理** 任意三条对应直线组成的三角形与相似三角形①成透视. 透视中心的轨迹是相似圆. 从透视中心 U 到对应直线的距离,与图形的大小成正比(参见§511).

设线段 UL_1, UL_2, UL_3 被 L'_1, L'_2, L'_3 分成相等的比,则 $L'_2L'_3, L'_3L'_1, L'_1L'_2$ 分别与 L_2L_3, L_3L_1, L_1L_2 平行,并且是对应直线. 特别地,过点 U 并且与相应基线平行的直线,是对应直线. 反过来,设三条对应直线共点,则这点在相似圆上.

§519 **定理** 三条共点的对应直线分别通过相似圆上三个固定的点. 这三个点称为不变点.

设 XP_2, XP_3 是 Ⅱ 与 Ⅲ 的对应直线,它们的交点 X 在相似圆上,它们又交这个圆于 T_2, T_3,则弧 C_1T_2 与 C_1T_3 的大小与方向均为一定,从而 T_2, T_3 是固定点. 类似地, XP_1 也通过一个固定点 T_1.

系 三个不变点是对应点. 它们所成的三角形,与任三条对应直线组成的三角形逆相似(§461). 相似圆上任一点与三个不变点的连线,是对应直线.

---

① 译者注:指 $C_1C_2C_3$.

§520 相似三角形与不变三角形①对一点 Q 成透视(§465).

因为记 C_1 为 C_{23},以提醒我们它是Ⅱ与Ⅲ中的自对应点;并令它在Ⅰ中的对应点为 C'_1. 设 T_2C_2 交 T_3C_3 于 Q,则 C'_1 在圆 C_2C_3Q 上. 这是因为
$$\measuredangle C_2C'_1C_3 = \measuredangle C_2C'_1T_1 + \measuredangle T_1C'_1C_3 =$$
$$\measuredangle C_2C_{23}T_3 + \measuredangle T_2C_{23}C_3 =$$
$$\measuredangle C_2T_2T_3 + \measuredangle T_2T_3C_3 =$$
$$\measuredangle C_2T_2,T_3C_3 = \measuredangle C_2QC_3$$

又 C'_1 与 Q 在直线 $C_{23}T_1$ 上. 这是因为
$$\measuredangle C_3T_1C'_1 = \measuredangle C_3T_3C_{23} = \measuredangle C_3T_1C_{23}$$
$$\measuredangle C_3C'_1Q = \measuredangle C_3C_2Q = \measuredangle C_3C_2T_2 = \measuredangle C_3C_{23}T_2 = \measuredangle C_3C'_1T_1$$

直线 C_1QT_1 与圆 QC_2C_3 的交点,是对应于 C_{23} 的点 C'_1(§513).

§521 **定理** 已知两组直线,每组由三条不共点的对应直线组成,则两组所形成的两个三角形相似,它们各自的透视中心②是关于这两个三角形的对应点,它们的相似中心在相似圆上(§512).

§522 **定理** 设 P_1, P_2, P_3 是相似图形中的对应点,则圆 $P_1C_2C_3$, $P_2C_3C_1, P_3C_1C_2$ 相交于一点 P.

因为我们在§516末知道圆 $P_2P_3C_1, P_3P_1C_2, P_1P_2C_3$ 共点,所以由§188e 即得结论.

定理 $\measuredangle C_2QC_3 = \measuredangle P_2P_1P_3 + \measuredangle C_2P_1C_3$.

§523 **定理** 设三个对应点 P_1, P_2, P_3 以这样的方式移动: $\measuredangle P_2P_1P_3$ 始终等于一个已知角 α,则每个点在一个固定的圆上; P_1 的轨迹是过 C_2, C_3 而且
$$\measuredangle C_2P_1C_3 + \alpha = \measuredangle C_2QC_3$$
的圆. 同时 P_2, P_3 在对应的圆上. 特别地,共线的三个对应点的轨迹是圆 $C_2C_3Q, C_3C_1Q, C_1C_2Q$.

定理 任意一条通过三个对应点的直线,也通过 Q.

因为 $\measuredangle C_3QP_1 = \measuredangle C_3C'_1P_1 = \measuredangle C_3C_1P_2 = \measuredangle C_3QP_2$.

§524 **定理** 有且仅有一组对应点,它们组成的三角形与一个已知三角形相似.

设需要找一个对应点组成的三角形 $P_1P_2P_3$,相似于一个已知三角形 $V_1V_2V_3$. 当一个角,如 $P_2P_1P_3$,等于已知角 $V_2V_1V_3$ 时,每个顶点的轨迹是一个圆. 如果现在指定第二个角,我们得到第二组三个轨迹圆. 容易看到两组圆相交于一组对应点,为了在 V_1, V_2, V_3 共线时,建立类似的定理,需要一个不同的而

---

① 译者注:指 $T_1T_2T_3$.
② 译者注:似指每个三角形与相似三角形的透视中心.

且较长的证明.

§525 **定理** 有且仅有一组对应点,它们之间的距离,与任三个已知的共线点之间的距离成正比.

§526 **练习** a. 求三个相似图形中,三个对应点各自的轨迹:(ⅰ)已知 $\overline{P_1P_2}:\overline{P_1P_3}$ 为定值. (ⅱ)已知三角形 $P_1P_2P_3$ 的面积为定值. (ⅲ)已知 $\overline{P_2P_3}$ 的长为定值.

b. 确定在一组三个相似图形中,基本元素的选择的自由程度有多大. 例如,证明如果两个三角形成透视并且内接于同一个圆,那么每一个可以作为这种组的相似三角形,另一个作为不变三角形.

c. 在这里讨论的一般理论与本章前一部分的特殊理论之间,建立起完全的平行关系:第一布洛卡三角形是不变三角形,第二布洛卡三角形是相似三角形,麦开圆即圆 QC_2C_3 等.

d. 在一般情况,存在一个三角形 $A_1A_2A_3$,使相似图形可在它的边上而作出的条件是:点 Q 是不变三角形的重心.

练习 在本章中,下列各节由读者证明:§507,§509,§513,§(514),§(515),§518,§519,§521～§523,§(525),§(526).

三角形中的符号索引

下面的符号在全书中意义保持一致. 不幸地,必须使用一些符号,在本书不同的部分有不同的意义;下面的表包含了所有标准化了的符号.

一般地,表示一个点的字母,如果加上下标,我们理解为由这点到这三角形的指定边的垂线的垂足(于是 K_1, K_2, K_3 是点 K 的垂足三角形的顶点). 但这不是一个永远不变的约定;下标也常常在其他意义下使用(如 N, N_1, N_2, N_3 的情况).

符号	意 义	页数①
A_1, A_2, A_3	已知三角形的顶点	8
a_1, a_2, a_3	边长	8
$\alpha_1, \alpha_2, \alpha_3$	三角形的角	8
B_1, B_2, B_3	第一布洛卡三角形的顶点	278
C_1, C_2, C_3	第二布洛卡三角形的顶点	279
D_1, D_2, D_3	一个相伴三角形的顶点	284
F	OH 的中点	195
H	垂心	9
H_1, H_2, H_3	高的垂足	9
h_1, h_2, h_3	高的长	9

---

① 译者注:以下数码为原版书中的页数.

	I	内心	9
	J',J'',J'''	旁心	182
	K	共轭重心	213
	L_1,L_2,L_3	阿波罗尼圆的圆心	294
	M	重心	9
[313]	m_1,m_2,m_3	中线的长	9
	N	奈格尔点	225
	N_1,N_2,N_3	纽堡圆的圆心	287
	O	外心	8
	O_1,O_2,O_3	边的中点	8
	R	外接圆半径	8
	R,R'	等角中心	218
	S,S'	等力点	295
	S	斯坦纳点	281
	s	半周长	9
	T	泰利点	282
	Z	OK 的中点	273
	Δ	已知三角形的面积	9
	ρ	内切圆半径	9
	ρ_1,ρ_2,ρ_3	旁切圆半径	182
	Ω,Ω'	布洛卡点	264
[314]	ω	布洛卡角	264

索　引

(译名后的数码为原书页码)

A

Affolter　77
Algebra of directed lines　有向线段
　的代数　2
Algebraic equations and formulas　代
　数方程与公式　188 以下
Alison　251
Altitudes　高　9,148,162 以下,189
Angle bisectors　角平分线　9,148,
　149,182 以下,255
Angles, directed　有向角　11~15
Anharmonic ratio　调和比　60
Anning　244
Antihomologous points　逆对应点
　19~21,41
Antiparallels　逆平行　172,215,
　271
Antipedal triangles　逆垂足三角形
　225
Antisimilitude, circles of　逆相似圆
　96 以下
Apollonius, circles of　阿波罗尼圆
　40,294
　problem of　阿波罗尼问题　117
　theorem of　阿波罗尼定理　70
Arbelos　鞋匠的刀　116
Archibald　vi, ix
Archimedes　阿基米德　116

B

Baker, H. F.　122
Baker, Marcus　189
Barrow　157
Beard　211
Bisectors　见　Angle bisectors
Bodenmiller　波登密勒　172
Brianchon, theorem of　布利安桑定
　理　237
Bricard　布里卡　245
Brocard angle　布洛卡角　266
　as related to angles of triangle　作
　　为与三角形有关的角　288,
　　293
　axis　布洛卡轴　272 以下,295
　circle　布洛卡圆　278,297,300,
　　303
　first triangle　第一布洛卡三角形
　　277,303

geometry of the quadrangle 四角形的布洛卡几何 301
　　second triangle 第二布洛卡三角形 279,296,302 以下
　　points 布洛卡点 264 以下

C

Candy 78
Casey,John 开世 vi,86,97,113,122,263
　　theorem on powers 开世关于幂的定理 86,88
　　criterion for circles tangent to a circle 开世关于几个圆同切于一个圆的判别法 121 以下
Center of gravity 重心 174,248,249
Center of similitude,homothetic 相似中心,位似中心 18
　　of directly similar figures 顺相似形的相似中心 23,302
　　of three circles 三个圆的位似中心 151
　　of two circles 两个圆的位似中心 19,197
Ceva 塞瓦 148
　　theorem of 塞瓦定理 145~147
Circle,circles 可参见 Antisimilitude,Apollonius,Brocard,Circumscribed,Coaxal,Cosine,Escribed,Fuhrmann,Hart,Inscribed,Lemoine,McCay,Miquel,Neuberg,Nine-Point,Pedal,Schoute,Similitude,Spieker,Taylor,Triplicate,ratio,Tucker
Circles,generalization of tern 圆,术语的推广 8
　　intersecting at given angles 交成已知角的圆 128 以下
　　orthogonal 正交圆 33
　　orthogonal to a given circle 一个已知圆的正交圆 42

orthogonal to two circles 两个圆的正交圆 37
　　tangent,externally or internally 两圆相切,外切或内切 110
　　tangent to two,three or four circles 与两个、三个、四个圆相切的圆 111 以下
　　three equal,through a point 过同一点的三个相等的圆 75
Circumcircle and circumcenter 外接圆与外心 8,9,161 以下
　　as related to incenter 与内心的关系 186
Coaxal circles,definition and properties 共轴圆,定义与命题 34 以下
　　systems,conjugate 共轴圆组 37,199,279
Coaxaloid circles 共轭共轴圆组 276
Collinear points on sides of triangle 三角形边上的共线点 147
Concurrent lines through vertices of triangle 过三角形顶点的共点线 145
Congruent figures 全等形 18
Conjugate．points and lines 共轭点与共轭线 102
Conjugate coaxal systems 共轭共轴圆组 37
Coolidge 柯立芝 vii,ix,115,124,130
Cosine circle 余弦圆 271
Cosines,law of 余弦定理 11
Cosymmedian triangles 协共轭中线三角形 218,283
Crelle 克莱尔 263
Cross ratio 交比 60
Cyclic quadrangle 见 Quadrangle

D

D-triangle D-三角形 285,296,307
Desargues,theorem of 笛沙格定理 230

[315]

Directed angles　有向角　11 以下
Directly similar figures　顺相似形
　　d'Ocagne　250
Double ratio　复比　60
Drawings　作图　60
Droz – Famy　杜洛斯－凡利　256
Duran Loriga　洛瑞革　260
Durell　vii,152

E

Eckhardt　301
Emmerich　vii,263
Equibrocardal triangles　等布格卡角的三角形　282 以下,287 以下
Equilateral triangles on sides of given triangle　已知三角形边上的等边三角形　218
Equilateral triangles projected into equibrocardal triangles　等边三角形射影成等布洛卡三角形　290 以下
Escribed circles　见 Excircles
Euclid　欧几里得　（Ⅰ43）,61
Euler　欧拉　3,76,165,196
Euler line　欧拉线　165,199,259
Excenters and excircles　旁切圆与旁心　182 以下,225
Exmedians and exmedian points　外中线与旁重心　175,176
Expansion of figure　图形的膨胀　21
Exsymmedians and exsymmedian points　外共轭中线与旁共轭重心　214
External center of similitude of two circles　两个圆的外位似中心　19

F

Fermat　费马　76,221
Feuerbach　费尔巴哈　190,196,200,204,277
　　theorem of　费尔巴哈定理　127,200 以下,244,246
Fontené　封腾　244,245
Forces treated geometrically　力的几何处理　251
Formulas for the triangle　三角形的有关公式　11,189 以下,266 以下
　　transformation of　公式的转换　191
Four circles touching a circle：Casey's criterion　与一个圆相切的四个圆：开世的判定法　122 以下
Fuhrmann　夫尔曼　vii,65,81,175,228,254,261,263
Fuhrmann triangle and circle　夫尔曼三角形,夫尔曼圆　228,300
Fuortes　福地　76

G

Gallatly　盖拉特雷　vii,157,225,247,299
Gauss – Bodenmiller　高斯－波登密勒　172
Gergonne　约尔刚　120
　　point of　约尔刚点　184,216
Gob　戈博　259,301
Grebe point　格黎伯点　213
Griffiths　245

H

Hagge　哈格　181,300
Happach　240
Harmonic set　调和点集　60,149
　　quadrangle　调和四角形　100,301
Hart,theorem of　哈特定理　127
Harvey　哈威　205
Hayashi　林鹤一　193
Hexagon inscribed in circle　圆内接六边形　235
Hillyer　希耶　152
Homologous points　对应点　18
　　of two circles　两个圆的对应点　19

Homothetic center　位似中心　18
　　centers of two circles　两个圆的位似中心　19,41
　　figures　位似形　18
hypocycloid　圆内旋轮线　212

I

Incenter and excenters　内心与旁心　182 以下,249
　　of four points on a circle　圆上四点的内心与旁心　255
　　of complete quadrilateral　完全四边形的内心　255
Incircle and incenter　内切圆与内心　9,182 以下,200 以下,225
Infinity, points at　无穷远点　5
　　line at　无穷远线　7
　　in inversion geometry　反演几何中的无穷远　45
Inscribed circle　见 Incircle
Internal center of similitude of two circles　两个圆的内位似中心　19
Invariable triangle　不变的三角形　310
Inversely similar figures　逆相似图形　18,26
Inversion, definition and leading properties　反演,定义与主要性质　43 以下
　　constructions　反演的作图　46,47
　　further properties　反演的进一步性质　96 以下,100 以下
　　in space　空间的反演　106 以下
　　applications of　反演的应用
Inversor of Peaucellier　波斯里亚反演器　48,51
Isodynamic points　等力点　222,295 以下
Isogonal lines　等角线　153,224
　　conjugates　等角共轭　154 以下,213,243

Isogonic centers　等角中心　218
Isosceles similar triangles on sides of given triangle　已知三角形边上的相似的等腰三角形　223
Isotomic conjugates　等距共轭　157,278

J

Jacobi　雅可比　263
Japanese theorems　日本定理　192,193

K

Kirkman　寇克曼　236

L

Lachlan　拉锡兰　vii,26,97,102,122,130,157,237
Lange　196
Larmor　127
Laws of sines and cosines　正弦与余弦定理　11
Lemoine　莱莫恩　192,263,300
　　circle　莱莫恩圆　273,278
　　circle, second　第二莱莫恩圆　271
　　line　莱莫恩线　294,297
　　point　莱莫恩点　213
Locus of center of circle orthogonal to two given circles　与两个已知圆正交的圆的圆心的轨迹　34
　　of center of similitude of two circles　两个圆的相似中心的轨迹　25
　　of point having equal power with regard to two circles　关于两个圆有相等幂的点的轨迹　31
　　of a point whence a given segment subtends a given angle　对一已知线段张已知角的点的轨迹　38
　　of point whose distances from given points are in given ratio　到两个已知点的距离为已知比的点的轨迹　38

of point whose pedal triangle is isosceles
垂足三角形为等腰三角形的点的轨迹 295

of point whose pedal triangle has a given Brocard angle 垂足三角形有已知布洛卡角的点的轨迹 298

of vertex of triangle on given base and with given Brocard angle 已知底上具有已知布洛卡角的三角形顶点的轨迹 287

M

Mackay. J. S. 麦凯 vii, 78, 116, 137, 138, 186, 189, 192, 196, 213, 215, 222

Mannheim 曼海姆 143

Maps 地图 24

Marr 马尔 254

McCay 麦开 245, 263
  circles 麦开圆 290, 306

Medians and median point 中线与重心 9, 148, 161, 173 以下, 223, 225

Median point as center of gravity 重心与物理上的重心 174, 249
  of first Brocard triangle 第一布洛卡三角形的重心 279
  of triangle of homologous points 对应点所成三角形的重心 223, 303

Median triangle 中线三角形 282, 283

Menelaus, theorem of 梅涅劳斯定理 147, 148

Mention 孟辛 203, 255

Minima, theorems concerning 关于最小的定理 169, 175, 216, 217, 221

Minimum chord 最小弦 29

Miquel, theorem of 密克定理 131 以下

Miquel point, triangles, circles 密克点,密克三角形,密克圆 131 以下

Morley, theorem of 莫莱定理 253

Muir 137

N

Nagel point 奈格尔点 149, 184, 225 以下

Neuberg 纽堡 247, 263, 301

Neuberg circles 纽堡圆 287, 307

Nine point circle 九点圆 165, 195 以下, 200 以下

Notation for triangle 三角形中的符号 8

Index of 三角形中的符号的索引 313

Null – circle 零圆 8, 30

O

Orthocenter of triangle 三角形的垂心 9, 98, 161 以下, 223

Orthocenters of complete quadrilateral 完全四边形的垂心 172, 209
  of cyclic quadrangle 圆内接四角形的垂心 169, 251

Orthocentric system 垂心组 165 以下, 182, 197
  center of gravity 垂心组的重心 249
  polar circles 垂心组的极圆 177

Orthogonal circles 正交圆 33, 163, 167
  circles, four mutually 四个互相正交的圆 178
  circle, common to three circles 三个圆的公共正交圆 34

Orthopole 垂极点 247

P

P – circle P – 圆 226

Pappus, theorems of 帕普斯定理 117, 237

Parallel projection of equilateral triangles 等边三角形的平行射影 290

Parallelogram law 平行四边形法则 251

Parallels, meeting at infinity 平行线相交于无穷远点 6

Paralogic triangles 神奇的三角形 258

Pascal, theorem of 帕斯卡定理 235
Pedal circle 垂足圆 135
    of Brocard points 布洛卡点的垂足圆 270
    of isogonal conjugate points 等角共轭点的垂足圆 155
Pedal circles in complete quadrangle 完全四角形的垂足圆 240
Pedal line 垂足线 137,138 以下
Pedal triangles 垂足三角形 135,136,139
    area of 垂足三角形的面积 139
    of orthocenter and circumcenter 垂心与外心的垂足三角形 162,163,197
Pedal triangles of Brocard point 布洛卡点的垂足三角形 269
Perimeter of triangle, center of gravity of 三角形的周长,重心 249
Perspective 透视 230 以下
    Brocard triangles 透视的布洛卡三角形 280
    double and triple 两重透视与三重透视 234
Poincaré 庞加莱 42
Points at infinity 无穷远点 5
Points whose pedal triangles have given form 垂足三角形形状为已知的点 136,297
Polar axis of triangle 三角形的极轴 199
Polar circle of triangle 三角形的极圆 176 以下
Polar of symmedian point 共轭重心的极线 294
    of point with regard to circle 点关于圆的极线 100,104
    reciprocation 极倒形 237
    trilinear 三重极线 150
Poles and polars 极点与极线 100 以下
Poncelet 彭赛列 138,196
    theorems of 彭赛列定理 91

Power of point as to circle 点关于圆的幂 28 以下
    of a triangle 点关于一个三角形的幂 260
Problem of Apollonius 阿波罗尼问题 117 以下
Projective geometry 射影几何 60,230
Ptolemy, theorem of 托勒密定理 62,63
    corollaries 托勒密定理的系 64 以下
    generalizations 托勒密定理的推广 65,89,122

Q

Quadrangles and quadrilaterals, simple and complete 简单与完全的四角形与四边形 61
Quadrangle inscribed in circle 圆内接四边形 81 以下,251 以下
Quadrangle, harmonic 调和四角形 100,301
Quadrilateral, complete 完全四边形 61
    bisectors of angles 完全四边形的角平分线 253
    mid-points of diagonals collinear 完全四边形对角线的中点共线 62,132,172
    Miquel point and Simson line 完全四边形的密克点与西摩松线 139
    perspective properties 完全四边形的透视性质 234
    polar circles coaxal 完全四边形的极圆共轴 179

R

Radical axis 根轴 31 以下
    constriction 根轴的作法 33
    relation to homothetic centers 根轴与位似中心 41
Radical center 根心 32

as center of common orthogonal circle 根心是公共正交圆的中心 34
Radii of in-and ex-centers, formulas connecting 内切圆与旁切圆的半径的公式 189
Ratio of distances from point to three given points 一点到三个已知点的距离的比 66 以下,143
Ratio of line – segments 线段的比 4,7
   on side of triangle 三角形边上的比 59
Reflection 反射 21
Resultant of vectors 向量的合成 251
Rotation 旋转 21
Russell 罗素 vii,169

S

Salmon 萨蒙 105
Sanjana 212
Schoute, circles of 舒特圆 297
   theorem of 舒特定理 298,305
Schroeder 189
Schroter 舒若特 261
Self-conjugate triangle 自共轭三角形 105,177
Self-homologous paint 自对应点 23
Servois 137
Shoemaker's Knife 鞋匠的刀 116
Similar figures 相似形 16 以下,302 以下
   directly 顺相似形 21 以下
   homothetic 位似形 17 以下
   inversely 逆相似形 26
   three 三个相似形 302 以下
Similitude 见 Centers and Circle of similitude
Simon 西蒙 vi,76,116,120
Simson 西摩松 76,137
Simson lines of a triangle 三角形的西摩松线 137 以下,206,以下,211
   of a cyclic quadrangle 圆内接四边形的

西摩松线 209,243,251
Simson line of a complete quadrilateral 完全四边形的西摩松线 139,209
Simson line, generalization 西摩松线的推广 209
Sines, law of 正弦定理 11
Sondat 桑达 259
Soons 松恩 247
Spencer, Herbeit 斯宾塞 151
Spieker circle 斯俾克圆 226,249
Steiner 斯坦纳 200,221,255,256,259
   chain of circles 斯坦纳圆链 113 以下
   point 斯坦纳点 281,288
Stereographic projection 球面射影 106
Sylvester 西尔维斯特 251
Symmedians and symmedian point 共轭中线与共轭重心 213 以下,268 以下,271 以下,303 以下
Symmetrical congruence 对称 18

T

Tangency of circles, a condition for 圆相切的条件 89
Tangency of circles, external and internal 圆的相切,内切与外切 110
   like and unlike 同向相切与异向相切 111
Tangents to circles, direct and trans verse 圆的公切线,内公切线与外公切线 19,111
Tangent Circles 见 Circles
Tangents to circumcircle of triangle 三角形外接圆的切线 214
Tarry point 泰利点 282,288
Taylor 泰勒 254
Taylor circle 泰勒圆 277
Third 塞尔得 277,299,300
Torricelli 托里拆利 21
Transformation of theorems 转换的定理

191

Translation 平移 221

Triangle 三角形 8 以下

    inscribed in given triangle, dividing its sides in equal ratios 已知三角形的、分边为定比的内接三角形 80,175,250,284

    inscribed in another and similar to it 内接于另一个三角形并与一个三角形相似的三角形 276,297

    inscribed in one circle and circumscribed to another 内接于一个圆并与另一个圆外切的三角形 187

    self-conjugate 自共轭三角形 105

Triplicate ratio circle 三乘比圆 274

Trisectors of angles of triangle 三角形角的三等分线 253

Tucker 塔克 263,301

Tucker circles 塔克圆 274 以下,300

V

Vectors 向量 251

Viviani 维维亚尼 221

W

Wallace 华莱士 138

Wallace line 华莱士线 138

Weill 韦勒 245,252

[319]

译者赘言

几何学历史悠久,自欧几里得算起,也已经有两千多年.平面欧几里得几何,既有优美的图形,令人赏心悦目;又有众多的问题,供大家思考探索.它的论证严谨而优雅,命题美丽而精致.入门不难,魅力无限.因此吸引了大批业余的数学家与数学爱好者,在这里大显身手.

平面欧几里得几何学是一座丰富的宝藏.经过两千多年的采掘,大部分菁华已经落入人类手中.然而,在上一世纪后半叶,又发现了一个宝库,得出不少新的结果,当时称为近世几何学.约翰逊(R. A. Johnson)的这本书,就是对这一部分内容的一个很好的介绍.问世以来,深受欢迎,被欧美不少大学选作教材.直到本世纪60年代,还有新的版本出现.

1949年以前,本书曾由邱丕荣先生翻译,在国内颇有影响.我在中学读书时,就曾与数学小组的朋友们一起学习过.但邱译本是文言意译,每每有与原文不尽符合的地方,也不太适合现在使用白话的读者.同时,邱译本早已绝版,经过文革劫火,更是很难见到.因此,应当重译此书以适应各方面的需要.

欧几里得几何能否又一次再现辉煌?未来的事难以预料.或许如著名数学家杨(J. W. Young)在介绍本书时所说的,数学像服装一样,往往重复过去的时尚.至少,几何的训练对于人,是非常需要的.在1998年美国科学年会上,学者们一致认为

21世纪的教育应把几何学放在头等重要的地位.硅谷的马克斯韦尔等人甚至喊出"几何学万岁"的口号.由此可见,重译此书确实很有必要.

应上海教育出版叶中豪先生之邀,承乏重译这本名著.每日课余,"爬"稿纸十页,终于完成任务.但这书篇幅不小,我又老眼昏花,恐怕难免有误译或不妥之处,敬请读者指正.

单 墫

1998年于广州桂花岗

再说几句

写近代欧氏几何学,约翰逊这本书最佳,内容丰富,体系严谨,叙述简明,引人入胜.

我们的译本问世后,颇收欢迎,很快销售一空.不少人询问怎么能买到这本书.但上海教育出版社负责这本书的编辑叶中豪先生已经离职,该社近期无人关心这书重印的事.哈尔滨工业大学出版社愿意重新出版这本书,满足了很多人的希望与要求,做了一件大好事.

借这次重新出版的机会,我们将全书仔细校勘一遍.十分欣慰的是,书中没有严重的错误.发现的问题极少,基本上是印刷错误(而且大都属于原著).曾有位认真的读者找出一些"严重"错误,但我们研究后发现其实都不是错误,而是这位读者没有读懂.例如§298 的 f,这位读者认为结论 $\overline{OO_1} + \overline{OO_2} + \overline{OO_3} = R + r$ 只对锐角三角形成立.其实其中 $\overline{OO_1}$ 等都是有向线段,结论对于一切三角形均是对的.由此我们想到读书的态度问题.读书时,首先要虚心,向书本学习.对于经典著作,更应当有一点敬畏之心.当然不必盲目崇拜,但绝不可过分自以为是.发现书中与自己想法不合的地方,应当先更多地考虑是否自己没有正确理解,而不要断然认为书上错了.这次校勘,我们也特别注意绝不随意

"纠正"作者. 我们随意"纠正"作者,谁来纠正我们? 所以,我们尊重原著,绝不乱改. 同时,我们希望读者多加批评.

感谢对本书提出宝贵意见的王曦,李毅等读者.

感谢哈工大出版社刘培杰工作室的刘培杰先生,张永芹女士,王勇钢先生,王慧女士.

单 塼

2012 年元旦于南京善斋

刘培杰数学工作室
已出版(即将出版)图书目录——初等数学

书　　名	出版时间	定　价	编号
新编中学数学解题方法全书(高中版)上卷(第2版)	2018—08	58.00	951
新编中学数学解题方法全书(高中版)中卷(第2版)	2018—08	68.00	952
新编中学数学解题方法全书(高中版)下卷(一)(第2版)	2018—08	58.00	953
新编中学数学解题方法全书(高中版)下卷(二)(第2版)	2018—08	58.00	954
新编中学数学解题方法全书(高中版)下卷(三)(第2版)	2018—08	68.00	955
新编中学数学解题方法全书(初中版)上卷	2008—01	28.00	29
新编中学数学解题方法全书(初中版)中卷	2010—07	38.00	75
新编中学数学解题方法全书(高考复习卷)	2010—01	48.00	67
新编中学数学解题方法全书(高考真题卷)	2010—01	38.00	62
新编中学数学解题方法全书(高考精华卷)	2011—03	68.00	118
新编平面解析几何解题方法全书(专题讲座卷)	2010—01	18.00	61
新编中学数学解题方法全书(自主招生卷)	2013—08	88.00	261
数学奥林匹克与数学文化(第一辑)	2006—05	48.00	4
数学奥林匹克与数学文化(第二辑)(竞赛卷)	2008—01	48.00	19
数学奥林匹克与数学文化(第二辑)(文化卷)	2008—07	58.00	36′
数学奥林匹克与数学文化(第三辑)(竞赛卷)	2010—01	48.00	59
数学奥林匹克与数学文化(第四辑)(竞赛卷)	2011—08	58.00	87
数学奥林匹克与数学文化(第五辑)	2015—06	98.00	370
世界著名平面几何经典著作钩沉——几何作图专题卷(共3卷)	2022—01	198.00	1460
世界著名平面几何经典著作钩沉(民国平面几何老课本)	2011—03	38.00	113
世界著名平面几何经典著作钩沉(建国初期平面三角老课本)	2015—08	38.00	507
世界著名解析几何经典著作钩沉——平面解析几何卷	2014—01	38.00	264
世界著名数论经典著作钩沉(算术卷)	2012—01	28.00	125
世界著名数学经典著作钩沉——立体几何卷	2011—02	28.00	88
世界著名三角学经典著作钩沉(平面三角卷Ⅰ)	2010—06	28.00	69
世界著名三角学经典著作钩沉(平面三角卷Ⅱ)	2011—01	38.00	78
世界著名初等数论经典著作钩沉(理论和实用算术卷)	2011—07	38.00	126
世界著名几何经典著作钩沉(解析几何卷)	2022—10	68.00	1564
发展你的空间想象力(第3版)	2021—01	98.00	1464
空间想象力进阶	2019—05	68.00	1062
走向国际数学奥林匹克的平面几何试题诠释.第1卷	2019—07	88.00	1043
走向国际数学奥林匹克的平面几何试题诠释.第2卷	2019—09	78.00	1044
走向国际数学奥林匹克的平面几何试题诠释.第3卷	2019—03	78.00	1045
走向国际数学奥林匹克的平面几何试题诠释.第4卷	2019—09	98.00	1046
平面几何证明方法全书	2007—08	48.00	1
平面几何证明方法全书习题解答(第2版)	2006—12	18.00	10
平面几何天天练上卷·基础篇(直线型)	2013—01	58.00	208
平面几何天天练中卷·基础篇(涉及圆)	2013—01	28.00	234
平面几何天天练下卷·提高篇	2013—01	58.00	237
平面几何专题研究	2013—07	98.00	258
平面几何解题之道.第1卷	2022—05	38.00	1494
几何学习题集	2020—10	48.00	1217
通过解题学习代数几何	2021—04	88.00	1301
圆锥曲线的奥秘	2022—06	88.00	1541

刘培杰数学工作室
已出版(即将出版)图书目录——初等数学

书　　名	出版时间	定　价	编号
最新世界各国数学奥林匹克中的平面几何试题	2007—09	38.00	14
数学竞赛平面几何典型题及新颖解	2010—07	48.00	74
初等数学复习及研究(平面几何)	2008—09	68.00	38
初等数学复习及研究(立体几何)	2010—06	38.00	71
初等数学复习及研究(平面几何)习题解答	2009—01	58.00	42
几何学教程(平面几何卷)	2011—03	68.00	90
几何学教程(立体几何卷)	2011—07	68.00	130
几何变换与几何证题	2010—06	88.00	70
计算方法与几何证题	2011—06	28.00	129
立体几何技巧与方法(第2版)	2022—10	168.00	1572
几何瑰宝——平面几何500名题暨1500条定理(上、下)	2021—07	168.00	1358
三角形的解法与应用	2012—07	18.00	183
近代的三角形几何学	2012—07	48.00	184
一般折线几何学	2015—08	48.00	503
三角形的五心	2009—06	28.00	51
三角形的六心及其应用	2015—10	68.00	542
三角形趣谈	2012—08	28.00	212
解三角形	2014—01	28.00	265
探秘三角形:一次数学旅行	2021—10	68.00	1387
三角学专门教程	2014—09	28.00	387
图天下几何新题试卷.初中(第2版)	2017—11	58.00	855
圆锥曲线习题集(上册)	2013—06	68.00	255
圆锥曲线习题集(中册)	2015—01	78.00	434
圆锥曲线习题集(下册·第1卷)	2016—10	78.00	683
圆锥曲线习题集(下册·第2卷)	2018—01	98.00	853
圆锥曲线习题集(下册·第3卷)	2019—10	128.00	1113
圆锥曲线的思想方法	2021—08	48.00	1379
圆锥曲线的八个主要问题	2021—10	48.00	1415
论九点圆	2015—05	88.00	645
近代欧氏几何学	2012—03	48.00	162
罗巴切夫斯基几何学及几何基础概要	2012—07	28.00	188
罗巴切夫斯基几何学初步	2015—06	28.00	474
用三角、解析几何、复数、向量计算解数学竞赛几何题	2015—03	48.00	455
用解析法研究圆锥曲线的几何理论	2022—05	48.00	1495
美国中学几何教程	2015—04	88.00	458
三线坐标与三角形特征点	2015—04	98.00	460
坐标几何学基础.第1卷,笛卡儿坐标	2021—08	48.00	1398
坐标几何学基础.第2卷,三线坐标	2021—09	28.00	1399
平面解析几何方法与研究(第1卷)	2015—05	28.00	471
平面解析几何方法与研究(第2卷)	2015—06	38.00	472
平面解析几何方法与研究(第3卷)	2015—07	28.00	473
解析几何研究	2015—01	38.00	425
解析几何学教程.上	2016—01	38.00	574
解析几何学教程.下	2016—01	38.00	575
几何学基础	2016—01	58.00	581
初等几何研究	2015—02	58.00	444
十九和二十世纪欧氏几何学中的片段	2017—01	58.00	696
平面几何中考.高考.奥数一本通	2017—07	28.00	820
几何学简史	2017—08	28.00	833
四面体	2018—01	48.00	880
平面几何证明方法思路	2018—12	68.00	913
折纸中的几何练习	2022—09	48.00	1559
中学新几何学(英文)	2022—10	98.00	1562
线性代数与几何	2023—04	68.00	1633
四面体几何学引论	2023—06	68.00	1648

刘培杰数学工作室
已出版(即将出版)图书目录——初等数学

书　名	出版时间	定　价	编号
平面几何图形特性新析.上篇	2019—01	68.00	911
平面几何图形特性新析.下篇	2018—06	88.00	912
平面几何范例多解探究.上篇	2018—04	48.00	910
平面几何范例多解探究.下篇	2018—12	68.00	914
从分析解题过程学解题:竞赛中的几何问题研究	2018—07	68.00	946
从分析解题过程学解题:竞赛中的向量几何与不等式研究(全2册)	2019—06	138.00	1090
从分析解题过程学解题:竞赛中的不等式问题	2021—01	48.00	1249
二维、三维欧氏几何的对偶原理	2018—12	38.00	990
星形大观及闭折线论	2019—03	68.00	1020
立体几何的问题和方法	2019—11	58.00	1127
三角代换论	2021—05	58.00	1313
俄罗斯平面几何问题集	2009—08	88.00	55
俄罗斯立体几何问题集	2014—05	58.00	283
俄罗斯几何大师——沙雷金论数学及其他	2014—01	48.00	271
来自俄罗斯的5000道几何习题及解答	2011—03	58.00	89
俄罗斯初等数学问题集	2012—05	38.00	177
俄罗斯函数问题集	2011—03	38.00	103
俄罗斯组合分析问题集	2011—01	48.00	79
俄罗斯初等数学万题选——三角卷	2012—11	38.00	222
俄罗斯初等数学万题选——代数卷	2013—08	68.00	225
俄罗斯初等数学万题选——几何卷	2014—01	68.00	226
俄罗斯《量子》杂志数学征解问题100题选	2018—08	48.00	969
俄罗斯《量子》杂志数学征解问题又100题选	2018—08	48.00	970
俄罗斯《量子》杂志数学征解问题	2020—05	48.00	1138
463个俄罗斯几何老问题	2012—01	28.00	152
《量子》数学短文精粹	2018—09	38.00	972
用三角、解析几何等计算解来自俄罗斯的几何题	2019—11	88.00	1119
基谢廖夫平面几何	2022—01	48.00	1461
基谢廖夫立体几何	2023—04	48.00	1599
数学:代数、数学分析和几何(10—11年级)	2021—01	48.00	1250
直观几何学:5—6年级	2022—04	58.00	1508
几何学:第2版.7—9年级	2023—08	68.00	1684
平面几何:9—11年级	2022—10	48.00	1571
立体几何.10—11年级	2022—01	58.00	1472

书　名	出版时间	定　价	编号
谈谈素数	2011—03	18.00	91
平方和	2011—03	18.00	92
整数论	2011—05	38.00	120
从整数谈起	2015—10	28.00	538
数与多项式	2016—01	38.00	558
谈谈不定方程	2011—05	28.00	119
质数漫谈	2022—07	68.00	1529

书　名	出版时间	定　价	编号
解析不等式新论	2009—06	68.00	48
建立不等式的方法	2011—03	98.00	104
数学奥林匹克不等式研究(第2版)	2020—07	68.00	1181
不等式研究(第三辑)	2023—08	198.00	1673
不等式的秘密(第一卷)(第2版)	2014—02	38.00	286
不等式的秘密(第二卷)	2014—01	38.00	268
初等不等式的证明方法	2010—06	38.00	123
初等不等式的证明方法(第二版)	2014—11	38.00	407
不等式·理论·方法(基础卷)	2015—07	38.00	496
不等式·理论·方法(经典不等式卷)	2015—07	38.00	497
不等式·理论·方法(特殊类型不等式卷)	2015—07	48.00	498
不等式探究	2016—03	38.00	582
不等式探秘	2017—01	88.00	689
四面体不等式	2017—01	68.00	715
数学奥林匹克中常见重要不等式	2017—09	38.00	845

— 3 —

刘培杰数学工作室
已出版(即将出版)图书目录——初等数学

书　名	出版时间	定价	编号
三正弦不等式	2018—09	98.00	974
函数方程与不等式:解法与稳定性结果	2019—04	68.00	1058
数学不等式.第1卷,对称多项式不等式	2022—05	78.00	1455
数学不等式.第2卷,对称有理不等式与对称无理不等式	2022—05	88.00	1456
数学不等式.第3卷,循环不等式与非循环不等式	2022—05	88.00	1457
数学不等式.第4卷,Jensen不等式的扩展与加细	2022—05	88.00	1458
数学不等式.第5卷,创建不等式与解不等式的其他方法	2022—05	88.00	1459
不定方程及其应用.上	2018—12	58.00	992
不定方程及其应用.中	2019—01	78.00	993
不定方程及其应用.下	2019—02	98.00	994
Nesbitt不等式加强式的研究	2022—06	128.00	1527
最值定理与分析不等式	2023—02	78.00	1567
一类积分不等式	2023—02	88.00	1579
邦费罗尼不等式及概率应用	2023—05	58.00	1637
同余理论	2012—05	38.00	163
[x]与{x}	2015—04	48.00	476
极值与最值.上卷	2015—06	28.00	486
极值与最值.中卷	2015—06	38.00	487
极值与最值.下卷	2015—06	28.00	488
整数的性质	2012—11	38.00	192
完全平方数及其应用	2015—08	78.00	506
多项式理论	2015—10	88.00	541
奇数、偶数、奇偶分析法	2018—01	98.00	876
历届美国中学生数学竞赛试题及解答(第一卷)1950—1954	2014—07	18.00	277
历届美国中学生数学竞赛试题及解答(第二卷)1955—1959	2014—04	18.00	278
历届美国中学生数学竞赛试题及解答(第三卷)1960—1964	2014—06	18.00	279
历届美国中学生数学竞赛试题及解答(第四卷)1965—1969	2014—04	28.00	280
历届美国中学生数学竞赛试题及解答(第五卷)1970—1972	2014—06	18.00	281
历届美国中学生数学竞赛试题及解答(第六卷)1973—1980	2017—07	18.00	768
历届美国中学生数学竞赛试题及解答(第七卷)1981—1986	2015—01	18.00	424
历届美国中学生数学竞赛试题及解答(第八卷)1987—1990	2017—05	18.00	769
历届国际数学奥林匹克试题集	2023—09	158.00	1701
历届中国数学奥林匹克试题集(第3版)	2021—10	58.00	1440
历届加拿大数学奥林匹克试题集	2012—08	38.00	215
历届美国数学奥林匹克试题集	2023—08	98.00	1681
历届波兰数学竞赛试题集.第1卷,1949~1963	2015—03	18.00	453
历届波兰数学竞赛试题集.第2卷,1964~1976	2015—03	18.00	454
历届巴尔干数学奥林匹克试题集	2015—05	38.00	466
保加利亚数学奥林匹克	2014—10	38.00	393
圣彼得堡数学奥林匹克试题集	2015—01	38.00	429
匈牙利奥林匹克数学竞赛题解.第1卷	2016—05	28.00	593
匈牙利奥林匹克数学竞赛题解.第2卷	2016—05	28.00	594
历届美国数学邀请赛试题集(第2版)	2017—10	78.00	851
普林斯顿大学数学竞赛	2016—06	38.00	669
亚太地区数学奥林匹克竞赛题	2015—07	18.00	492
日本历届(初级)广中杯数学竞赛试题及解答.第1卷(2000~2007)	2016—05	28.00	641
日本历届(初级)广中杯数学竞赛试题及解答.第2卷(2008~2015)	2016—05	38.00	642
越南数学奥林匹克题选:1962—2009	2021—07	48.00	1370
360个数学竞赛问题	2016—08	58.00	677
奥数最佳实战题.上卷	2017—06	38.00	760
奥数最佳实战题.下卷	2017—05	58.00	761
哈尔滨市早期中学数学竞赛试题汇编	2016—07	28.00	672
全国高中数学联赛试题及解答:1981—2019(第4版)	2020—07	138.00	1176
2024年全国高中数学联合竞赛模拟题集	2024—01	38.00	1702

刘培杰数学工作室
已出版(即将出版)图书目录——初等数学

书　名	出版时间	定　价	编号
20世纪50年代全国部分城市数学竞赛试题汇编	2017—07	28.00	797
国内外数学竞赛题及精解:2018~2019	2020—08	45.00	1192
国内外数学竞赛题及精解:2019~2020	2021—11	58.00	1439
许康华竞赛优学精选集.第一辑	2018—08	68.00	949
天问叶班数学问题征解100题.Ⅰ,2016—2018	2019—05	88.00	1075
天问叶班数学问题征解100题.Ⅱ,2017—2019	2020—07	98.00	1177
美国初中数学竞赛:AMC8准备(共6卷)	2019—07	138.00	1089
美国高中数学竞赛:AMC10准备(共6卷)	2019—08	158.00	1105
王连笑教你怎样学数学:高考选择题解题策略与客观题实用训练	2014—01	48.00	262
王连笑教你怎样学数学:高考数学高层次讲座	2015—02	48.00	432
高考数学的理论与实践	2009—08	38.00	53
高考数学核心题型解题方法与技巧	2010—01	28.00	86
高考思维新平台	2014—03	38.00	259
高考数学压轴题解题诀窍(上)(第2版)	2018—01	58.00	874
高考数学压轴题解题诀窍(下)(第2版)	2018—01	48.00	875
北京市五区文科数学三年高考模拟题详解:2013~2015	2015—08	48.00	500
北京市五区理科数学三年高考模拟题详解:2013~2015	2015—09	68.00	505
向量法巧解数学高考题	2009—08	28.00	54
高中数学课堂教学的实践与反思	2021—11	48.00	791
数学高考参考	2016—01	78.00	589
新课程标准高考数学解答题各种题型解法指导	2020—08	78.00	1196
全国及各省市高考数学试题审题要津与解法研究	2015—02	48.00	450
高中数学章节起始课的教学研究与案例设计	2019—05	28.00	1064
新课标高考数学——五年试题分章详解(2007~2011)(上、下)	2011—10	78.00	140,141
全国中考数学压轴题审题要津与解法研究	2013—04	78.00	248
新编全国及各省市中考数学压轴题审题要津与解法研究	2014—05	58.00	342
全国及各省市5年中考数学压轴题审题要津与解法研究(2015版)	2015—04	58.00	462
中考数学专题总复习	2007—04	28.00	6
中考数学较难题常考题型解题方法与技巧	2016—09	48.00	681
中考数学难题常考题型解题方法与技巧	2016—09	48.00	682
中考数学中档题常考题型解题方法与技巧	2017—08	68.00	835
中考数学选择填空压轴好题妙解365	2024—01	80.00	1698
中考数学:三类重点考题的解法例析与习题	2020—04	48.00	1140
中小学数学的历史文化	2019—11	48.00	1124
初中平面几何百题多思创新解	2020—01	58.00	1125
初中数学中考备考	2020—01	58.00	1126
高考数学之九章演义	2019—08	68.00	1044
高考数学之难题谈笑间	2022—06	68.00	1519
化学可以这样学:高中化学知识方法智慧感悟疑难辨析	2019—07	58.00	1103
如何成为学习高手	2019—09	58.00	1107
高考数学:经典真题分类解析	2020—04	78.00	1134
高考数学解答题破解策略	2020—11	58.00	1221
从分析解题过程学解题:高考压轴题与竞赛题之关系探究	2020—08	88.00	1179
教学新思考:单元整体视角下的初中数学教学设计	2021—03	58.00	1278
思维再拓展:2020年经典几何题的多解探究与思考	即将出版		1279
中考数学小压轴汇编初讲	2017—07	48.00	788
中考数学大压轴专题微言	2017—09	48.00	846
怎么解中考平面几何探索题	2019—06	48.00	1093
北京中考数学压轴题解题方法突破(第9版)	2024—01	78.00	1645
助你高考成功的数学解题智慧:知识是智慧的基础	2016—01	58.00	596
助你高考成功的数学解题智慧:错误是智慧的试金石	2016—04	58.00	643
助你高考成功的数学解题智慧:方法是智慧的推手	2016—04	68.00	657
高考数学奇思妙解	2016—04	38.00	610
高考数学解题策略	2016—05	48.00	670
数学解题泄天机(第2版)	2017—10	48.00	850

刘培杰数学工作室
已出版(即将出版)图书目录——初等数学

书　名	出版时间	定　价	编号
高中物理教学讲义	2018—01	48.00	871
高中物理教学讲义:全模块	2022—03	98.00	1492
高中物理答疑解惑65篇	2021—11	48.00	1462
中学物理基础问题解析	2020—08	48.00	1183
初中数学、高中数学脱节知识补缺教材	2017—06	48.00	766
高考数学客观题解题方法和技巧	2017—10	38.00	847
十年高考数学精品试题审题要津与解法研究	2021—10	98.00	1427
中国历届高考数学试题及解答.1949—1979	2018—01	38.00	877
历届中国高考数学试题及解答.第二卷,1980—1989	2018—10	28.00	975
历届中国高考数学试题及解答.第三卷,1990—1999	2018—10	48.00	976
跟我学解高中数学题	2018—07	58.00	926
中学数学研究的方法及案例	2018—05	58.00	869
高考数学抢分技能	2018—07	68.00	934
高一新生常用数学方法和重要数学思想提升教材	2018—06	38.00	921
高考数学全国卷六道解答题常考题型解题诀窍:理科(全2册)	2019—07	78.00	1101
高考数学全国卷16道选择、填空题常考题型解题诀窍.理科	2018—09	88.00	971
高考数学全国卷16道选择、填空题常考题型解题诀窍.文科	2020—01	88.00	1123
高中数学一题多解	2019—06	58.00	1087
历届中国高考数学试题及解答:1917—1999	2021—08	98.00	1371
2000～2003年全国及各省市高考数学试题及解答	2022—05	88.00	1499
2004年全国及各省市高考数学试题及解答	2023—08	78.00	1500
2005年全国及各省市高考数学试题及解答	2023—08	78.00	1501
2006年全国及各省市高考数学试题及解答	2023—08	88.00	1502
2007年全国及各省市高考数学试题及解答	2023—08	98.00	1503
2008年全国及各省市高考数学试题及解答	2023—08	88.00	1504
2009年全国及各省市高考数学试题及解答	2023—08	88.00	1505
2010年全国及各省市高考数学试题及解答	2023—08	98.00	1506
2011～2017年全国及各省市高考数学试题及解答	2024—01	78.00	1507
2018～2023年全国及各省市高考数学试题及解答	2024—03	78.00	1709
突破高原:高中数学解题思维探究	2021—08	48.00	1375
高考数学中的"取值范围"	2021—10	48.00	1429
新课程标准高中数学各种题型解法大全.必修一分册	2021—06	58.00	1315
新课程标准高中数学各种题型解法大全.必修二分册	2022—01	68.00	1471
高中数学各种题型解法大全.选择性必修一分册	2022—06	68.00	1525
高中数学各种题型解法大全.选择性必修二分册	2023—01	58.00	1600
高中数学各种题型解法大全.选择性必修三分册	2023—04	48.00	1643
历届全国初中数学竞赛经典试题详解	2023—04	88.00	1624
孟祥礼高考数学精刷精解	2023—06	98.00	1663

新编640个世界著名数学智力趣题	2014—01	88.00	242
500个最新世界著名数学智力趣题	2008—06	48.00	3
400个最新世界著名数学最值问题	2008—09	48.00	36
500个世界著名数学征解问题	2009—06	48.00	52
400个中国最佳初等数学征解老问题	2010—01	48.00	60
500个俄罗斯数学经典老题	2011—01	28.00	81
1000个国外中学物理好题	2012—04	48.00	174
300个日本高考数学题	2012—05	38.00	142
700个早期日本高考数学试题	2017—02	88.00	752
500个前苏联早期高考数学试题及解答	2012—05	28.00	185
546个早期俄罗斯大学生数学竞赛题	2014—03	38.00	285
548个来自美苏的数学好问题	2014—11	28.00	396
20所苏联著名大学早期入学试题	2015—02	18.00	452
161道德国工科大学生必做的微分方程习题	2015—05	28.00	469
500个德国工科大学生必做的高数习题	2015—06	28.00	478
360个数学竞赛问题	2016—08	58.00	677
200个趣味数学故事	2018—02	48.00	857
470个数学奥林匹克中的最值问题	2018—10	88.00	985
德国讲义日本考题.微积分卷	2015—04	48.00	456
德国讲义日本考题.微分方程卷	2015—04	38.00	457
二十世纪中叶中、英、美、日、法、俄高考数学试题精选	2017—06	38.00	783

刘培杰数学工作室
已出版(即将出版)图书目录——初等数学

书 名	出版时间	定 价	编号
中国初等数学研究 2009卷(第1辑)	2009—05	20.00	45
中国初等数学研究 2010卷(第2辑)	2010—05	30.00	68
中国初等数学研究 2011卷(第3辑)	2011—07	60.00	127
中国初等数学研究 2012卷(第4辑)	2012—07	48.00	190
中国初等数学研究 2014卷(第5辑)	2014—02	48.00	288
中国初等数学研究 2015卷(第6辑)	2015—06	68.00	493
中国初等数学研究 2016卷(第7辑)	2016—04	68.00	609
中国初等数学研究 2017卷(第8辑)	2017—01	98.00	712
初等数学研究在中国.第1辑	2019—03	158.00	1024
初等数学研究在中国.第2辑	2019—10	158.00	1116
初等数学研究在中国.第3辑	2021—05	158.00	1306
初等数学研究在中国.第4辑	2022—06	158.00	1520
初等数学研究在中国.第5辑	2023—07	158.00	1635
几何变换(Ⅰ)	2014—07	28.00	353
几何变换(Ⅱ)	2015—06	28.00	354
几何变换(Ⅲ)	2015—01	38.00	355
几何变换(Ⅳ)	2015—12	38.00	356
初等数论难题集(第一卷)	2009—05	68.00	44
初等数论难题集(第二卷)(上、下)	2011—02	128.00	82,83
数论概貌	2011—03	18.00	93
代数数论(第二版)	2013—08	58.00	94
代数多项式	2014—06	38.00	289
初等数论的知识与问题	2011—02	28.00	95
超越数论基础	2011—03	28.00	96
数论初等教程	2011—03	28.00	97
数论基础	2011—03	18.00	98
数论基础与维诺格拉多夫	2014—03	18.00	292
解析数论基础	2012—08	28.00	216
解析数论基础(第二版)	2014—01	48.00	287
解析数论问题集(第二版)(原版引进)	2014—05	88.00	343
解析数论问题集(第二版)(中译本)	2016—04	88.00	607
解析数论基础(潘承洞,潘承彪著)	2016—07	98.00	673
解析数论导引	2016—07	58.00	674
数论入门	2011—03	38.00	99
代数数论入门	2015—03	38.00	448
数论开篇	2012—07	28.00	194
解析数论引论	2011—03	48.00	100
Barban Davenport Halberstam 均值和	2009—01	40.00	33
基础数论	2011—03	28.00	101
初等数论100例	2011—05	18.00	122
初等数论经典例题	2012—07	18.00	204
最新世界各国数学奥林匹克中的初等数论试题(上、下)	2012—01	138.00	144,145
初等数论(Ⅰ)	2012—01	18.00	156
初等数论(Ⅱ)	2012—01	18.00	157
初等数论(Ⅲ)	2012—01	28.00	158

刘培杰数学工作室
已出版(即将出版)图书目录——初等数学

书　名	出版时间	定　价	编号
平面几何与数论中未解决的新老问题	2013—01	68.00	229
代数数论简史	2014—11	28.00	408
代数数论	2015—09	88.00	532
代数、数论及分析习题集	2016—11	98.00	695
数论导引提要及习题解答	2016—01	48.00	559
素数定理的初等证明.第2版	2016—09	48.00	686
数论中的模函数与狄利克雷级数(第二版)	2017—11	78.00	837
数论:数学导引	2018—01	68.00	849
范氏大代数	2019—02	98.00	1016
解析数学讲义.第一卷,导来式及微分、积分、级数	2019—04	88.00	1021
解析数学讲义.第二卷,关于几何的应用	2019—04	68.00	1022
解析数学讲义.第三卷,解析函数论	2019—04	78.00	1023
分析・组合・数论纵横谈	2019—04	58.00	1039
Hall代数:民国时期的中学数学课本:英文	2019—08	88.00	1106
基谢廖夫初等代数	2022—07	38.00	1531
数学精神巡礼	2019—01	58.00	731
数学眼光透视(第2版)	2017—06	78.00	732
数学思想领悟(第2版)	2018—01	68.00	733
数学方法溯源(第2版)	2018—08	68.00	734
数学解题引论	2017—05	58.00	735
数学史话览胜(第2版)	2017—01	48.00	736
数学应用展观(第2版)	2017—08	68.00	737
数学建模尝试	2018—04	48.00	738
数学竞赛采风	2018—01	68.00	739
数学测评探营	2019—05	58.00	740
数学技能操握	2018—03	48.00	741
数学欣赏拾趣	2018—02	48.00	742
从毕达哥拉斯到怀尔斯	2007—10	48.00	9
从迪利克雷到维斯卡尔迪	2008—01	48.00	21
从哥德巴赫到陈景润	2008—05	98.00	35
从庞加莱到佩雷尔曼	2011—08	138.00	136
博弈论精粹	2008—03	58.00	30
博弈论精粹.第二版(精装)	2015—01	88.00	461
数学 我爱你	2008—01	28.00	20
精神的圣徒 别样的人生——60位中国数学家成长的历程	2008—09	48.00	39
数学史概论	2009—06	78.00	50
数学史概论(精装)	2013—03	158.00	272
数学史选讲	2016—01	48.00	544
斐波那契数列	2010—02	28.00	65
数学拼盘和斐波那契魔方	2010—07	38.00	72
斐波那契数列欣赏(第2版)	2018—08	58.00	948
Fibonacci数列中的明珠	2018—06	58.00	928
数学的创造	2011—02	48.00	85
数学美与创造力	2016—01	48.00	595
数海拾贝	2016—01	48.00	590
数学中的美(第2版)	2019—04	68.00	1057
数论中的美学	2014—12	38.00	351

刘培杰数学工作室
已出版(即将出版)图书目录——初等数学

书 名	出版时间	定 价	编号
数学王者 科学巨人——高斯	2015—01	28.00	428
振兴祖国数学的圆梦之旅:中国初等数学研究史话	2015—06	98.00	490
二十世纪中国数学史料研究	2015—10	48.00	536
数字谜、数阵图与棋盘覆盖	2016—01	58.00	298
数学概念的进化:一个初步的研究	2023—07	68.00	1683
数学发现的艺术:数学探索中的合情推理	2016—07	58.00	671
活跃在数学中的参数	2016—07	48.00	675
数海趣史	2021—05	98.00	1314
玩转幻中之幻	2023—08	88.00	1682
数学艺术品	2023—09	98.00	1685
数学博弈与游戏	2023—10	68.00	1692
数学解题——靠数学思想给力(上)	2011—07	38.00	131
数学解题——靠数学思想给力(中)	2011—07	48.00	132
数学解题——靠数学思想给力(下)	2011—07	38.00	133
我怎样解题	2013—01	48.00	227
数学解题中的物理方法	2011—06	28.00	114
数学解题的特殊方法	2011—06	48.00	115
中学数学计算技巧(第2版)	2020—10	48.00	1220
中学数学证明方法	2012—01	58.00	117
数学趣题巧解	2012—03	28.00	128
高中数学教学通鉴	2015—05	58.00	479
和高中生漫谈:数学与哲学的故事	2014—08	28.00	369
算术问题集	2017—03	38.00	789
张教授讲数学	2018—07	38.00	933
陈永明实话实说数学教学	2020—04	68.00	1132
中学数学学科知识与教学能力	2020—06	58.00	1155
怎样把课讲好:大罕数学教学随笔	2022—03	58.00	1484
中国高考评价体系下高考数学探秘	2022—03	48.00	1487
数苑漫步	2024—01	58.00	1670
自主招生考试中的参数方程问题	2015—01	28.00	435
自主招生考试中的极坐标问题	2015—04	28.00	463
近年全国重点大学自主招生数学试题全解及研究.华约卷	2015—02	38.00	441
近年全国重点大学自主招生数学试题全解及研究.北约卷	2016—05	38.00	619
自主招生数学解证宝典	2015—09	48.00	535
中国科学技术大学创新班数学真题解析	2022—03	48.00	1488
中国科学技术大学创新班物理真题解析	2022—03	58.00	1489
格点和面积	2012—07	18.00	191
射影几何趣谈	2012—04	28.00	175
斯潘纳尔引理——从一道加拿大数学奥林匹克试题谈起	2014—01	28.00	228
李普希兹条件——从几道近年高考数学试题谈起	2012—10	18.00	221
拉格朗日中值定理——从一道北京高考试题的解法谈起	2015—10	18.00	197
闵科夫斯基定理——从一道清华大学自主招生试题谈起	2014—01	28.00	198
哈尔测度——从一道冬令营试题的背景谈起	2012—08	28.00	202
切比雪夫逼近问题——从一道中国台北数学奥林匹克试题谈起	2013—04	38.00	238
伯恩斯坦多项式与贝齐尔曲面——从一道全国高中数学联赛试题谈起	2013—03	38.00	236
卡塔兰猜想——从一道普特南竞赛试题谈起	2013—06	18.00	256
麦卡锡函数和阿克曼函数——从一道前南斯拉夫数学奥林匹克试题谈起	2012—08	18.00	201
贝蒂定理与拉姆贝克莫斯尔定理——从一个拣石子游戏谈起	2012—08	18.00	217
皮亚诺曲线和豪斯道夫分球定理——从无限集谈起	2012—08	18.00	211
平面凸图形与凸多面体	2012—10	28.00	218
斯坦因豪斯问题——从一道二十五省市自治区中学数学竞赛试题谈起	2012—07	18.00	196

刘培杰数学工作室
已出版(即将出版)图书目录——初等数学

书 名	出版时间	定 价	编号
纽结理论中的亚历山大多项式与琼斯多项式——从一道北京市高一数学竞赛试题谈起	2012-07	28.00	195
原则与策略——从波利亚"解题表"谈起	2013-04	38.00	244
转化与化归——从三大尺规作图不能问题谈起	2012-08	28.00	214
代数几何中的贝祖定理(第一版)——从一道IMO试题的解法谈起	2013-08	18.00	193
成功连贯理论与约当块理论——从一道比利时数学竞赛试题谈起	2012-04	18.00	180
素数判定与大数分解	2014-08	18.00	199
置换多项式及其应用	2012-10	18.00	220
椭圆函数与模函数——从一道美国加州大学洛杉矶分校(UCLA)博士资格考题谈起	2012-10	28.00	219
差分方程的拉格朗日方法——从一道2011年全国高考理科试题的解法谈起	2012-08	28.00	200
力学在几何中的一些应用	2013-01	38.00	240
从根式解到伽罗华理论	2020-01	48.00	1121
康托洛维奇不等式——从一道全国高中联赛试题谈起	2013-03	28.00	337
西格尔引理——从一道第18届IMO试题的解法谈起	即将出版		
罗斯定理——从一道前苏联数学竞赛试题谈起	即将出版		
拉克斯定理和阿廷定理——从一道IMO试题的解法谈起	2014-01	58.00	246
毕卡大定理——从一道美国大学数学竞赛试题谈起	2014-07	18.00	350
贝齐尔曲线——从一道全国高中联赛试题谈起	即将出版		
拉格朗日乘子定理——从一道2005年全国高中联赛试题的高等数学解法谈起	2015-05	28.00	480
雅可比定理——从一道日本数学奥林匹克试题谈起	2013-04	48.00	249
李天岩-约克定理——从一道波兰数学竞赛试题谈起	2014-06	28.00	349
受控理论与初等不等式:从一道IMO试题的解法谈起	2023-03	48.00	1601
布劳维不动点定理——从一道前苏联数学奥林匹克试题谈起	2014-01	38.00	273
伯恩赛德定理——从一道英国数学奥林匹克试题谈起	即将出版		
布查特-莫斯特定理——从一道上海市初中竞赛试题谈起	即将出版		
数论中的同余数问题——从一道普特南竞赛试题谈起	即将出版		
范·德蒙行列式——从一道美国数学奥林匹克试题谈起	即将出版		
中国剩余定理:总数法构建中国历史年表	2015-01	28.00	430
牛顿程序与方程求根——从一道全国高考试题解法谈起	即将出版		
库默尔定理——从一道IMO预选试题谈起	即将出版		
卢丁定理——从一道冬令营试题的解法谈起	即将出版		
沃斯滕霍姆定理——从一道IMO预选试题谈起	即将出版		
卡尔松不等式——从一道莫斯科数学奥林匹克试题谈起	即将出版		
信息论中的香农熵——从一道近年高考压轴题谈起	即将出版		
约当不等式——从一道希望杯竞赛试题谈起	即将出版		
拉比诺维奇定理	即将出版		
刘维尔定理——从一道《美国数学月刊》征解问题的解法谈起	即将出版		
卡塔兰恒等式与级数求和——从一道IMO试题的解法谈起	即将出版		
勒让德猜想与素数分布——从一道爱尔兰竞赛试题谈起	即将出版		
天平称重与信息论——从一道基辅市数学奥林匹克试题谈起	即将出版		
哈密尔顿-凯莱定理:从一道高中数学联赛试题的解法谈起	2014-09	18.00	376
艾思特曼定理——从一道CMO试题的解法谈起	即将出版		

刘培杰数学工作室
已出版(即将出版)图书目录——初等数学

书　名	出版时间	定　价	编号
阿贝尔恒等式与经典不等式及应用	2018—06	98.00	923
迪利克雷除数问题	2018—07	48.00	930
幻方、幻立方与拉丁方	2019—08	48.00	1092
帕斯卡三角形	2014—03	18.00	294
蒲丰投针问题——从2009年清华大学的一道自主招生试题谈起	2014—01	38.00	295
斯图姆定理——从一道"华约"自主招生试题的解法谈起	2014—01	18.00	296
许瓦兹引理——从一道加利福尼亚大学伯克利分校数学系博士生试题谈起	2014—08	18.00	297
拉姆塞定理——从王诗宬院士的一个问题谈起	2016—04	48.00	299
坐标法	2013—12	28.00	332
数论三角形	2014—04	38.00	341
毕克定理	2014—07	18.00	352
数林掠影	2014—09	48.00	389
我们周围的概率	2014—10	38.00	390
凸函数最值定理：从一道华约自主招生题的解法谈起	2014—10	28.00	391
易学与数学奥林匹克	2014—10	38.00	392
生物数学趣谈	2015—01	18.00	409
反演	2015—01	28.00	420
因式分解与圆锥曲线	2015—01	18.00	426
轨迹	2015—01	28.00	427
面积原理：从常庚哲命的一道CMO试题的积分解法谈起	2015—01	48.00	431
形形色色的不动点定理：从一道28届IMO试题谈起	2015—01	38.00	439
柯西函数方程：从一道上海交大自主招生的试题谈起	2015—02	28.00	440
三角恒等式	2015—02	28.00	442
无理性判定：从一道2014年"北约"自主招生试题谈起	2015—01	38.00	443
数学归纳法	2015—03	18.00	451
极端原理与解题	2015—04	28.00	464
法雷级数	2014—08	18.00	367
摆线族	2015—01	38.00	438
函数方程及其解法	2015—05	38.00	470
含参数的方程和不等式	2012—09	28.00	213
希尔伯特第十问题	2016—01	38.00	543
无穷小量的求和	2016—01	28.00	545
切比雪夫多项式：从一道清华大学金秋营试题谈起	2016—01	38.00	583
泽肯多夫定理	2016—03	38.00	599
代数等式证题法	2016—01	28.00	600
三角等式证题法	2016—01	28.00	601
吴大任教授藏书中的一个因式分解公式：从一道美国数学邀请赛试题的解法谈起	2016—06	28.00	656
易卦——类万物的数学模型	2017—08	68.00	838
"不可思议"的数与数系可持续发展	2018—01	38.00	878
最短线	2018—01	38.00	879
数学在天文、地理、光学、机械力学中的一些应用	2023—03	88.00	1576
从阿基米德三角形谈起	2023—01	28.00	1578
幻方和魔方(第一卷)	2012—05	68.00	173
尘封的经典——初等数学经典文献选读(第一卷)	2012—07	48.00	205
尘封的经典——初等数学经典文献选读(第二卷)	2012—07	38.00	206
初级方程式论	2011—03	28.00	106
初等数学研究(Ⅰ)	2008—09	68.00	37
初等数学研究(Ⅱ)(上、下)	2009—05	118.00	46,47
初等数学专题研究	2022—10	68.00	1568

刘培杰数学工作室
已出版(即将出版)图书目录——初等数学

书 名	出版时间	定 价	编号
趣味初等方程妙题集锦	2014—09	48.00	388
趣味初等数论选美与欣赏	2015—02	48.00	445
耕读笔记(上卷):一位农民数学爱好者的初数探索	2015—04	28.00	459
耕读笔记(中卷):一位农民数学爱好者的初数探索	2015—05	28.00	483
耕读笔记(下卷):一位农民数学爱好者的初数探索	2015—05	28.00	484
几何不等式研究与欣赏.上卷	2016—01	88.00	547
几何不等式研究与欣赏.下卷	2016—01	48.00	552
初等数列研究与欣赏·上	2016—01	48.00	570
初等数列研究与欣赏·下	2016—01	48.00	571
趣味初等函数研究与欣赏.上	2016—09	48.00	684
趣味初等函数研究与欣赏.下	2018—09	48.00	685
三角不等式研究与欣赏	2020—10	68.00	1197
新编平面解析几何解题方法研究与欣赏	2021—10	78.00	1426
火柴游戏(第2版)	2022—05	38.00	1493
智力解谜.第1卷	2017—07	38.00	613
智力解谜.第2卷	2017—07	38.00	614
故事智力	2016—07	48.00	615
名人们喜欢的智力问题	2020—01	48.00	616
数学大师的发现、创造与失误	2018—01	48.00	617
异曲同工	2018—09	48.00	618
数学的味道(第2版)	2023—10	68.00	1686
数学千字文	2018—10	68.00	977
数贝偶拾——高考数学题研究	2014—04	28.00	274
数贝偶拾——初等数学研究	2014—04	38.00	275
数贝偶拾——奥数题研究	2014—04	48.00	276
钱昌本教你快乐学数学(上)	2011—12	48.00	155
钱昌本教你快乐学数学(下)	2012—03	58.00	171
集合、函数与方程	2014—01	28.00	300
数列与不等式	2014—01	38.00	301
三角与平面向量	2014—01	28.00	302
平面解析几何	2014—01	38.00	303
立体几何与组合	2014—01	28.00	304
极限与导数、数学归纳法	2014—01	38.00	305
趣味数学	2014—03	28.00	306
教材教法	2014—04	68.00	307
自主招生	2014—05	58.00	308
高考压轴题(上)	2015—01	48.00	309
高考压轴题(下)	2014—10	68.00	310
从费马到怀尔斯——费马大定理的历史	2013—10	198.00	I
从庞加莱到佩雷尔曼——庞加莱猜想的历史	2013—10	298.00	II
从切比雪夫到爱尔特希(上)——素数定理的初等证明	2013—07	48.00	III
从切比雪夫到爱尔特希(下)——素数定理100年	2012—12	98.00	III
从高斯到盖尔方特——二次域的高斯猜想	2013—10	198.00	IV
从库默尔到朗兰兹——朗兰兹猜想的历史	2014—01	98.00	V
从比勒巴赫到德布朗斯——比勒巴赫猜想的历史	2014—02	298.00	VI
从麦比乌斯到陈省身——麦比乌斯变换与麦比乌斯带	2014—02	298.00	VII
从布尔到豪斯道夫——布尔方程与格论漫谈	2013—10	198.00	VIII
从开普勒到阿诺德——三体问题的历史	2014—05	298.00	IX
从华林到华罗庚——华林问题的历史	2013—10	298.00	X

刘培杰数学工作室
已出版(即将出版)图书目录——初等数学

书 名	出版时间	定 价	编号
美国高中数学竞赛五十讲.第1卷(英文)	2014—08	28.00	357
美国高中数学竞赛五十讲.第2卷(英文)	2014—08	28.00	358
美国高中数学竞赛五十讲.第3卷(英文)	2014—09	28.00	359
美国高中数学竞赛五十讲.第4卷(英文)	2014—09	28.00	360
美国高中数学竞赛五十讲.第5卷(英文)	2014—10	28.00	361
美国高中数学竞赛五十讲.第6卷(英文)	2014—11	28.00	362
美国高中数学竞赛五十讲.第7卷(英文)	2014—12	28.00	363
美国高中数学竞赛五十讲.第8卷(英文)	2015—01	28.00	364
美国高中数学竞赛五十讲.第9卷(英文)	2015—01	28.00	365
美国高中数学竞赛五十讲.第10卷(英文)	2015—02	38.00	366
三角函数(第2版)	2017—04	38.00	626
不等式	2014—01	38.00	312
数列	2014—01	38.00	313
方程(第2版)	2017—04	38.00	624
排列和组合	2014—01	28.00	315
极限与导数(第2版)	2016—04	38.00	635
向量(第2版)	2018—08	58.00	627
复数及其应用	2014—08	28.00	318
函数	2014—01	38.00	319
集合	2020—01	48.00	320
直线与平面	2014—01	28.00	321
立体几何(第2版)	2016—04	38.00	629
解三角形	即将出版		323
直线与圆(第2版)	2016—11	38.00	631
圆锥曲线(第2版)	2016—09	48.00	632
解题通法(一)	2014—07	38.00	326
解题通法(二)	2014—07	38.00	327
解题通法(三)	2014—05	38.00	328
概率与统计	2014—01	28.00	329
信息迁移与算法	即将出版		330
IMO 50年.第1卷(1959—1963)	2014—11	28.00	377
IMO 50年.第2卷(1964—1968)	2014—11	28.00	378
IMO 50年.第3卷(1969—1973)	2014—09	28.00	379
IMO 50年.第4卷(1974—1978)	2016—04	38.00	380
IMO 50年.第5卷(1979—1984)	2015—04	38.00	381
IMO 50年.第6卷(1985—1989)	2015—04	58.00	382
IMO 50年.第7卷(1990—1994)	2016—01	48.00	383
IMO 50年.第8卷(1995—1999)	2016—06	38.00	384
IMO 50年.第9卷(2000—2004)	2015—04	58.00	385
IMO 50年.第10卷(2005—2009)	2016—01	48.00	386
IMO 50年.第11卷(2010—2015)	2017—03	48.00	646

刘培杰数学工作室
已出版(即将出版)图书目录——初等数学

书　名	出版时间	定　价	编号
数学反思(2006—2007)	2020—09	88.00	915
数学反思(2008—2009)	2019—01	68.00	917
数学反思(2010—2011)	2018—05	58.00	916
数学反思(2012—2013)	2019—01	58.00	918
数学反思(2014—2015)	2019—03	78.00	919
数学反思(2016—2017)	2021—03	58.00	1286
数学反思(2018—2019)	2023—01	88.00	1593
历届美国大学生数学竞赛试题集.第一卷(1938—1949)	2015—01	28.00	397
历届美国大学生数学竞赛试题集.第二卷(1950—1959)	2015—01	28.00	398
历届美国大学生数学竞赛试题集.第三卷(1960—1969)	2015—01	28.00	399
历届美国大学生数学竞赛试题集.第四卷(1970—1979)	2015—01	18.00	400
历届美国大学生数学竞赛试题集.第五卷(1980—1989)	2015—01	28.00	401
历届美国大学生数学竞赛试题集.第六卷(1990—1999)	2015—01	28.00	402
历届美国大学生数学竞赛试题集.第七卷(2000—2009)	2015—08	18.00	403
历届美国大学生数学竞赛试题集.第八卷(2010—2012)	2015—01	18.00	404
新课标高考数学创新题解题诀窍:总论	2014—09	28.00	372
新课标高考数学创新题解题诀窍:必修 1～5 分册	2014—08	38.00	373
新课标高考数学创新题解题诀窍:选修 2-1,2-2,1-1,1-2 分册	2014—09	38.00	374
新课标高考数学创新题解题诀窍:选修 2-3,4-4,4-5 分册	2014—09	18.00	375
全国重点大学自主招生英文数学试题全攻略:词汇卷	2015—07	48.00	410
全国重点大学自主招生英文数学试题全攻略:概念卷	2015—01	28.00	411
全国重点大学自主招生英文数学试题全攻略:文章选读卷(上)	2016—09	38.00	412
全国重点大学自主招生英文数学试题全攻略:文章选读卷(下)	2017—01	58.00	413
全国重点大学自主招生英文数学试题全攻略:试题卷	2015—07	38.00	414
全国重点大学自主招生英文数学试题全攻略:名著欣赏卷	2017—03	48.00	415
劳埃德数学趣题大全.题目卷.1:英文	2016—01	18.00	516
劳埃德数学趣题大全.题目卷.2:英文	2016—01	18.00	517
劳埃德数学趣题大全.题目卷.3:英文	2016—01	18.00	518
劳埃德数学趣题大全.题目卷.4:英文	2016—01	18.00	519
劳埃德数学趣题大全.题目卷.5:英文	2016—01	18.00	520
劳埃德数学趣题大全.答案卷.英文	2016—01	18.00	521
李成章教练奥数笔记.第 1 卷	2016—01	48.00	522
李成章教练奥数笔记.第 2 卷	2016—01	48.00	523
李成章教练奥数笔记.第 3 卷	2016—01	38.00	524
李成章教练奥数笔记.第 4 卷	2016—01	38.00	525
李成章教练奥数笔记.第 5 卷	2016—01	38.00	526
李成章教练奥数笔记.第 6 卷	2016—01	38.00	527
李成章教练奥数笔记.第 7 卷	2016—01	38.00	528
李成章教练奥数笔记.第 8 卷	2016—01	48.00	529
李成章教练奥数笔记.第 9 卷	2016—01	28.00	530

刘培杰数学工作室
已出版(即将出版)图书目录——初等数学

书　名	出版时间	定　价	编号
第19～23届"希望杯"全国数学邀请赛试题审题要津详细评注(初一版)	2014—03	28.00	333
第19～23届"希望杯"全国数学邀请赛试题审题要津详细评注(初二、初三版)	2014—03	38.00	334
第19～23届"希望杯"全国数学邀请赛试题审题要津详细评注(高一版)	2014—03	28.00	335
第19～23届"希望杯"全国数学邀请赛试题审题要津详细评注(高二版)	2014—03	38.00	336
第19～25届"希望杯"全国数学邀请赛试题审题要津详细评注(初一版)	2015—01	38.00	416
第19～25届"希望杯"全国数学邀请赛试题审题要津详细评注(初二、初三版)	2015—01	58.00	417
第19～25届"希望杯"全国数学邀请赛试题审题要津详细评注(高一版)	2015—01	48.00	418
第19～25届"希望杯"全国数学邀请赛试题审题要津详细评注(高二版)	2015—01	48.00	419

物理奥林匹克竞赛大题典——力学卷	2014—11	48.00	405
物理奥林匹克竞赛大题典——热学卷	2014—04	28.00	339
物理奥林匹克竞赛大题典——电磁学卷	2015—07	48.00	406
物理奥林匹克竞赛大题典——光学与近代物理卷	2014—06	28.00	345

历届中国东南地区数学奥林匹克试题集(2004～2012)	2014—06	18.00	346
历届中国西部地区数学奥林匹克试题集(2001～2012)	2014—07	18.00	347
历届中国女子数学奥林匹克试题集(2002～2012)	2014—08	18.00	348

数学奥林匹克在中国	2014—06	98.00	344
数学奥林匹克问题集	2014—01	38.00	267
数学奥林匹克不等式散论	2010—06	38.00	124
数学奥林匹克不等式欣赏	2011—09	38.00	138
数学奥林匹克超级题库(初中卷上)	2010—01	58.00	66
数学奥林匹克不等式证明方法和技巧(上、下)	2011—08	158.00	134,135

他们学什么:原民主德国中学数学课本	2016—09	38.00	658
他们学什么:英国中学数学课本	2016—09	38.00	659
他们学什么:法国中学数学课本.1	2016—09	38.00	660
他们学什么:法国中学数学课本.2	2016—09	28.00	661
他们学什么:法国中学数学课本.3	2016—09	38.00	662
他们学什么:苏联中学数学课本	2016—09	28.00	679

高中数学题典——集合与简易逻辑·函数	2016—07	48.00	647
高中数学题典——导数	2016—07	48.00	648
高中数学题典——三角函数·平面向量	2016—07	48.00	649
高中数学题典——数列	2016—07	58.00	650
高中数学题典——不等式·推理与证明	2016—07	38.00	651
高中数学题典——立体几何	2016—07	48.00	652
高中数学题典——平面解析几何	2016—07	78.00	653
高中数学题典——计数原理·统计·概率·复数	2016—07	48.00	654
高中数学题典——算法·平面几何·初等数论·组合数学·其他	2016—07	68.00	655

刘培杰数学工作室
已出版(即将出版)图书目录——初等数学

书　　名	出版时间	定价	编号
台湾地区奥林匹克数学竞赛试题.小学一年级	2017—03	38.00	722
台湾地区奥林匹克数学竞赛试题.小学二年级	2017—03	38.00	723
台湾地区奥林匹克数学竞赛试题.小学三年级	2017—03	38.00	724
台湾地区奥林匹克数学竞赛试题.小学四年级	2017—03	38.00	725
台湾地区奥林匹克数学竞赛试题.小学五年级	2017—03	38.00	726
台湾地区奥林匹克数学竞赛试题.小学六年级	2017—03	38.00	727
台湾地区奥林匹克数学竞赛试题.初中一年级	2017—03	38.00	728
台湾地区奥林匹克数学竞赛试题.初中二年级	2017—03	38.00	729
台湾地区奥林匹克数学竞赛试题.初中三年级	2017—03	28.00	730
不等式证题法	2017—04	28.00	747
平面几何培优教程	2019—08	88.00	748
奥数鼎级培优教程.高一分册	2018—09	88.00	749
奥数鼎级培优教程.高二分册.上	2018—04	68.00	750
奥数鼎级培优教程.高二分册.下	2018—04	68.00	751
高中数学竞赛冲刺宝典	2019—04	68.00	883
初中尖子生数学超级题典.实数	2017—07	58.00	792
初中尖子生数学超级题典.式、方程与不等式	2017—08	58.00	793
初中尖子生数学超级题典.圆、面积	2017—08	38.00	794
初中尖子生数学超级题典.函数、逻辑推理	2017—08	48.00	795
初中尖子生数学超级题典.角、线段、三角形与多边形	2017—07	58.00	796
数学王子——高斯	2018—01	48.00	858
坎坷奇星——阿贝尔	2018—01	48.00	859
闪烁奇星——伽罗瓦	2018—01	58.00	860
无穷统帅——康托尔	2018—01	48.00	861
科学公主——柯瓦列夫斯卡娅	2018—01	48.00	862
抽象代数之母——埃米·诺特	2018—01	48.00	863
电脑先驱——图灵	2018—01	58.00	864
昔日神童——维纳	2018—01	48.00	865
数坛怪侠——爱尔特希	2018—01	68.00	866
传奇数学家徐利治	2019—09	88.00	1110
当代世界中的数学.数学思想与数学基础	2019—01	38.00	892
当代世界中的数学.数学问题	2019—01	38.00	893
当代世界中的数学.应用数学与数学应用	2019—01	38.00	894
当代世界中的数学.数学王国的新疆域(一)	2019—01	38.00	895
当代世界中的数学.数学王国的新疆域(二)	2019—01	38.00	896
当代世界中的数学.数林撷英(一)	2019—01	38.00	897
当代世界中的数学.数林撷英(二)	2019—01	48.00	898
当代世界中的数学.数学之路	2019—01	38.00	899

刘培杰数学工作室
已出版(即将出版)图书目录——初等数学

书　　名	出版时间	定　价	编号
105个代数问题:来自AwesomeMath夏季课程	2019—02	58.00	956
106个几何问题:来自AwesomeMath夏季课程	2020—07	58.00	957
107个几何问题:来自AwesomeMath全年课程	2020—07	58.00	958
108个代数问题:来自AwesomeMath全年课程	2019—01	68.00	959
109个不等式:来自AwesomeMath夏季课程	2019—04	58.00	960
110个几何问题:选自各国数学奥林匹克竞赛	2024—04	58.00	961
111个代数和数论问题	2019—05	58.00	962
112个组合问题:来自AwesomeMath夏季课程	2019—05	58.00	963
113个几何不等式:来自AwesomeMath夏季课程	2020—08	58.00	964
114个指数和对数问题:来自AwesomeMath夏季课程	2019—09	48.00	965
115个三角问题:来自AwesomeMath夏季课程	2019—09	58.00	966
116个代数不等式:来自AwesomeMath全年课程	2019—04	58.00	967
117个多项式问题:来自AwesomeMath夏季课程	2021—09	58.00	1409
118个数学竞赛不等式	2022—08	78.00	1526
紫色彗星国际数学竞赛试题	2019—02	58.00	999
数学竞赛中的数学:为数学爱好者、父母、教师和教练准备的丰富资源.第一部	2020—04	58.00	1141
数学竞赛中的数学:为数学爱好者、父母、教师和教练准备的丰富资源.第二部	2020—07	48.00	1142
和与积	2020—10	38.00	1219
数论:概念和问题	2020—12	68.00	1257
初等数学问题研究	2021—03	48.00	1270
数学奥林匹克中的欧几里得几何	2021—10	68.00	1413
数学奥林匹克题解新编	2022—01	58.00	1430
图论入门	2022—09	58.00	1554
新的、更新的、最新的不等式	2023—07	58.00	1650
数学竞赛中奇妙的多项式	2024—01	78.00	1646
120个奇妙的代数问题及20个奖励问题	2024—04	48.00	1647
澳大利亚中学数学竞赛试题及解答(初级卷)1978~1984	2019—02	28.00	1002
澳大利亚中学数学竞赛试题及解答(初级卷)1985~1991	2019—02	28.00	1003
澳大利亚中学数学竞赛试题及解答(初级卷)1992~1998	2019—02	28.00	1004
澳大利亚中学数学竞赛试题及解答(初级卷)1999~2005	2019—02	28.00	1005
澳大利亚中学数学竞赛试题及解答(中级卷)1978~1984	2019—03	28.00	1006
澳大利亚中学数学竞赛试题及解答(中级卷)1985~1991	2019—03	28.00	1007
澳大利亚中学数学竞赛试题及解答(中级卷)1992~1998	2019—03	28.00	1008
澳大利亚中学数学竞赛试题及解答(中级卷)1999~2005	2019—03	28.00	1009
澳大利亚中学数学竞赛试题及解答(高级卷)1978~1984	2019—05	28.00	1010
澳大利亚中学数学竞赛试题及解答(高级卷)1985~1991	2019—05	28.00	1011
澳大利亚中学数学竞赛试题及解答(高级卷)1992~1998	2019—05	28.00	1012
澳大利亚中学数学竞赛试题及解答(高级卷)1999~2005	2019—05	28.00	1013
天才中小学生智力测验题.第一卷	2019—03	38.00	1026
天才中小学生智力测验题.第二卷	2019—03	38.00	1027
天才中小学生智力测验题.第三卷	2019—03	38.00	1028
天才中小学生智力测验题.第四卷	2019—03	38.00	1029
天才中小学生智力测验题.第五卷	2019—03	38.00	1030
天才中小学生智力测验题.第六卷	2019—03	38.00	1031
天才中小学生智力测验题.第七卷	2019—03	38.00	1032
天才中小学生智力测验题.第八卷	2019—03	38.00	1033
天才中小学生智力测验题.第九卷	2019—03	38.00	1034
天才中小学生智力测验题.第十卷	2019—03	38.00	1035
天才中小学生智力测验题.第十一卷	2019—03	38.00	1036
天才中小学生智力测验题.第十二卷	2019—03	38.00	1037
天才中小学生智力测验题.第十三卷	2019—03	38.00	1038

刘培杰数学工作室
已出版(即将出版)图书目录——初等数学

书 名	出版时间	定 价	编号
重点大学自主招生数学备考全书:函数	2020-05	48.00	1047
重点大学自主招生数学备考全书:导数	2020-08	48.00	1048
重点大学自主招生数学备考全书:数列与不等式	2019-10	78.00	1049
重点大学自主招生数学备考全书:三角函数与平面向量	2020-08	68.00	1050
重点大学自主招生数学备考全书:平面解析几何	2020-07	58.00	1051
重点大学自主招生数学备考全书:立体几何与平面几何	2019-08	48.00	1052
重点大学自主招生数学备考全书:排列组合·概率统计·复数	2019-09	48.00	1053
重点大学自主招生数学备考全书:初等数论与组合数学	2019-08	48.00	1054
重点大学自主招生数学备考全书:重点大学自主招生真题.上	2019-04	68.00	1055
重点大学自主招生数学备考全书:重点大学自主招生真题.下	2019-04	58.00	1056
高中数学竞赛培训教程:平面几何问题的求解方法与策略.上	2018-05	68.00	906
高中数学竞赛培训教程:平面几何问题的求解方法与策略.下	2018-06	78.00	907
高中数学竞赛培训教程:整除与同余以及不定方程	2018-01	88.00	908
高中数学竞赛培训教程:组合计数与组合极值	2018-04	48.00	909
高中数学竞赛培训教程:初等代数	2019-04	78.00	1042
高中数学讲座:数学竞赛基础教程(第一册)	2019-06	48.00	1094
高中数学讲座:数学竞赛基础教程(第二册)	即将出版		1095
高中数学讲座:数学竞赛基础教程(第三册)	即将出版		1096
高中数学讲座:数学竞赛基础教程(第四册)	即将出版		1097
新编中学数学解题方法1000招丛书.实数(初中版)	2022-05	58.00	1291
新编中学数学解题方法1000招丛书.式(初中版)	2022-05	48.00	1292
新编中学数学解题方法1000招丛书.方程与不等式(初中版)	2021-04	58.00	1293
新编中学数学解题方法1000招丛书.函数(初中版)	2022-05	38.00	1294
新编中学数学解题方法1000招丛书.角(初中版)	2022-05	48.00	1295
新编中学数学解题方法1000招丛书.线段(初中版)	2022-05	48.00	1296
新编中学数学解题方法1000招丛书.三角形与多边形(初中版)	2021-04	48.00	1297
新编中学数学解题方法1000招丛书.圆(初中版)	2022-05	48.00	1298
新编中学数学解题方法1000招丛书.面积(初中版)	2021-07	28.00	1299
新编中学数学解题方法1000招丛书.逻辑推理(初中版)	2022-06	48.00	1300
高中数学题典精编.第一辑.函数	2022-01	58.00	1444
高中数学题典精编.第一辑.导数	2022-01	68.00	1445
高中数学题典精编.第一辑.三角函数·平面向量	2022-01	68.00	1446
高中数学题典精编.第一辑.数列	2022-01	58.00	1447
高中数学题典精编.第一辑.不等式·推理与证明	2022-01	58.00	1448
高中数学题典精编.第一辑.立体几何	2022-01	58.00	1449
高中数学题典精编.第一辑.平面解析几何	2022-01	68.00	1450
高中数学题典精编.第一辑.统计·概率·平面几何	2022-01	58.00	1451
高中数学题典精编.第一辑.初等数论·组合数学·数学文化·解题方法	2022-01	58.00	1452
历届全国初中数学竞赛试题分类解析.初等代数	2022-09	98.00	1555
历届全国初中数学竞赛试题分类解析.初等数论	2022-09	48.00	1556
历届全国初中数学竞赛试题分类解析.平面几何	2022-09	38.00	1557
历届全国初中数学竞赛试题分类解析.组合	2022-09	38.00	1558

刘培杰数学工作室
已出版(即将出版)图书目录——初等数学

书　名	出版时间	定　价	编号
从三道高三数学模拟题的背景谈起:兼谈傅里叶三角级数	2023—03	48.00	1651
从一道日本东京大学的入学试题谈起:兼谈π的方方面面	即将出版		1652
从两道2021年福建高三数学测试题谈起:兼谈球面几何学与球面三角学	即将出版		1653
从一道湖南高考数学试题谈起:兼谈有界变差数列	2024—01	48.00	1654
从一道高校自主招生试题谈起:兼谈詹森函数方程	即将出版		1655
从一道上海高考数学试题谈起:兼谈有界变差函数	即将出版		1656
从一道北京大学金秋营数学试题的解法谈起:兼谈伽罗瓦理论	即将出版		1657
从一道北京高考数学试题的解法谈起:兼谈毕克定理	即将出版		1658
从一道北京大学金秋营数学试题的解法谈起:兼谈帕塞瓦尔恒等式	即将出版		1659
从一道高三数学模拟测试题的背景谈起:兼谈等周问题与等周不等式	即将出版		1660
从一道2020年全国高考数学试题的解法谈起:兼谈斐波那契数列和纳卡穆拉定理及奥斯图达定理	即将出版		1661
从一道高考数学附加题谈起:兼谈广义斐波那契数列	即将出版		1662
代数学教程.第一卷,集合论	2023—08	58.00	1664
代数学教程.第二卷,抽象代数基础	2023—08	68.00	1665
代数学教程.第三卷,数论原理	2023—08	58.00	1666
代数学教程.第四卷,代数方程式论	2023—08	48.00	1667
代数学教程.第五卷,多项式理论	2023—08	58.00	1668

联系地址:哈尔滨市南岗区复华四道街10号　哈尔滨工业大学出版社刘培杰数学工作室
邮　　编:150006
联系电话:0451—86281378　　13904613167
E-mail:lpj1378@163.com